系统工程中的验证和确认

——评估 UML/SysML 设计模型

Verification and Validation in Systems Engineering
Assessing UML/SysML Design Models

穆拉德·德巴比（Mourad Debbabi）

法齐·哈桑（Fawzi Hassaine）

[加拿大]　约萨尔·贾拉亚（Yosr Jarraya）　　编著

安德烈·索亚努（Andrei Soeanu）

卢埃·埃尔万内（Luay Alawneh）

江洋溢　刘　欣　姜海波　夏博远　邓　森　译

国防工业出版社

·北京·

著作权合同登记　图字：军-2020-037号

First published in English under the title

Verification and Validation in Systems Engineering: Assessing UML/SysML Design Models

by Mourad Debbabi, Fawzi Hassaine, Yosr Jarraya, Andrei Soeanu and Luay Alawneh, edition: 1

Copyright © Springer-Verlag Berlin Heidelberg, 2010 *

This edition has been translated and published under licence from

Springer-Verlag GmbH, DE, part of Springer Nature.

Springer-Verlag GmbH, DE, part of Springer Nature takes no responsibility and shall not be made liable for the accuracy of the translation.

图书在版编目（CIP）数据

系统工程中的验证和确认：评估 UML/SysML 设计模型 /

（加）穆拉德·德巴比等编著；江洋溢等译. -- 北京：

国防工业出版社，2025. -- ISBN 978-7-118-13655-5

Ⅰ. N945

中国国家版本馆 CIP 数据核字第 20255FC041 号

※

国防工业出版社出版发行

（北京市海淀区紫竹院南路 23 号　邮政编码 100048）

雅迪云印（天津）科技有限公司印刷

新华书店经售

*

开本 710×1000　1/16　印张 15½　字数 265 千字

2025 年 6 月第 1 版第 1 次印刷　印数 1—1500 册　定价 128.00 元

（本书如有印装错误，我社负责调换）

国防书店：（010）88540777　　书店传真：（010）88540776

发行业务：（010）88540717　　发行传真：（010）88540762

译　者　序

当前，基于模型的系统工程（model-based systems engineering，MBSE）和 SysML 语言在国内工业界和学术界得到了广泛应用，但大多还停留在作图、描述或建模层面，仅用来描述复杂系统、辅助梳理思路，利用系统模型开展问题分析的鲜有案例。国际业界和研究机构早期也存在这方面的问题，为此开展了大量探索，即将发布的 SysML v2 的一个重要更新就是要加强基于模型的分析能力。

基于模型的分析在复杂系统研究领域有非常广泛的应用，形式化验证较为基础的重要方面，能够确保系统逻辑建模的合理性。形式化验证方法在系统工程尤其是 MBSE 中具有重要作用，但一直以来，利用 SysML 系统模型开展形式化模型验证方面存在着诸多不足和挑战。首先，形式化验证的应用场景和方法多样化，难以形成统一的标准化框架；其次，形式化验证方法通常需要较高的数学和逻辑背景，且学习曲线陡峭，导致其在工程实践中的普及度较低；再次，形式化验证缺少工具支持，和 MBSE 工具之间的集成需要大量的技术开发和标准化工作，目前尚未形成成熟的生态系统。因此，许多工程团队更依赖传统的仿真和测试方法，而非形式化验证。这种方式大大限制了系统模型的使用价值，制约着数字化转型的发展进程。

本书介绍了通过数学方法验证系统模型是否符合预期需求和规范的方法，开展基于系统模型的形式化分析，以期解决高端装备和复杂体系设计与评估问题，确保在各种场景和边界条件下所设计的系统都能正确运行。

内容安排上，本书前 4 章是系统工程、体系架构与框架和建模语言等基础内容；从第 5 章开始，进入本书的核心内容，主要介绍了基于系统模型的验证、确认和认证的方法。

在基于模型的设计实践中，形式化验证是确保系统符合严格安全标准和法规的重要手段。尤其是当形式化验证方法与 MBSE 工具链集成实现自动化验证后，可以大大提高验证效率和准确性。译者希望通过抛砖引玉，使这些优势成为现代系统工程中不可或缺的一部分，为提升国内复杂系统设计能力、加速数字化转型落地提供有力支撑。

译者

2025 年 3 月

致我们的家人和朋友！

前　　言

在 21 世纪信息时代曙光初现之际，通信和计算能力正变得唾手可得，几乎渗透到现代社会经济交往的每一个层面，因此已经出现了技术中介活动显著增长的迹象。事实上，许多现代活动领域都严重依赖于各种底层系统和软件密集型平台。这些技术广泛应用于通勤、交通控制和管理、移动计算、导航、移动通信等日常生活中。因此，计算系统的功能是否正常运行成为关注的重点。这一点至关重要，因为尽管持续发布着大量的更新、补丁和固件修订，大范围内的现代软件平台（如操作系统）和软件密集型系统（如嵌入式系统）还是频繁爆出新的逻辑漏洞。

此外，许多当下的产品和服务都被部署在一个高度竞争的环境中。借助于给定功能集上所具备的性价比，单一产品或服务在大多数情况下都取得了成功。相应地必须考虑一些关键的环节，如在保持高质量、合理价格以及短时间上市的同时，能否在给定的产品或服务中打包尽可能多的功能。因为支持受控的设计流程，从而允许在可预测的时间线上进行设计重用和简单的功能集成，建模正日益成为产品开发中的一项关键活动。此外，经济全球化和跨国合作也是驱动标准化建模与工程实践的积极动力。标准化有可能潜在地促进成本低、收效大的验证和确认技术得到部署与采纳，这些技术反过来又能够与当前的业务目标保持协调一致。

在现代产品开发过程中，最大化直接经济收益的总体目标可能会导致业务目标和工程实践之间出现冲突。因此，诸如人机工程学、各种环境问题、彻底的验证和确认，亦或计算效率这些方面的内容常常被忽略掉。这样的案例尤其多见于那些效果无法立刻显现的领域，如软件应用（操作系统、浏览器、办公套装软件）或软件密集型系统（计算机和移动网络、便携式/可穿戴电子设备和普适计算）。

尽管我们能够观察到人们在人机工程学和环境问题上的重视程度日渐提升，但很难说他们认识到了完全的验证和确认方法对于现代软件与软件密集型系统的必要性。目前，大多数系统的验证和确认一般是通过测试和仿真来完成的。这些技术虽然对于某些类别的系统来说非常方便，但没有提供全面扫描系统所有可能状态所必需的功能。

因此，任何发展计划在某种程度上都应该始终伴随着一种科学合理的环境。在这种环境下，我们不难承认人类社会从中受益的最宝贵的资源不是任何物理或材料数据，而是人力资源本身。因此可能会有人认为，随着人类社会变得越来越依赖于技术，确保鲁棒的、无漏洞的、高质量的软件和系统的重要性也同样在与日俱增。

在这个被复杂系统设计和开发所占据的新时代，伴随着新挑战的接踵而至，系统工程也以令人印象深刻的方式归来。因为系统工程师的主要目标是支持实现成功的系统，所以验证和确认代表了一项重要的过程，用于对工程系统进行质量评估，并检验它们是否符合在系统开发之初所设定的需求。此外，为了应对现代软件和系统日益增长的复杂性，系统工程实践已经从根本上过渡到基于模型的方法。在这些背景下，系统工程协会和标准化机构对使用和/或开发一些专门的建模语言萌生了兴趣，这些建模语言支持系统工程从业者之间的协同配合和信息交换。

本书研究了能够付诸实践的可用手段，以便提供一种专用的方法来自动验证和确认用标准化建模语言表示的系统工程设计模型。建模语言包括软件和系统工程中的两种，即统一建模语言（UML）和最新的系统建模语言（SysML）。此外，也对大量的定量和定性技术进行了详细说明。这些技术将自动验证技术、程序分析和软件工程定量方法协同地结合在一起，使其适用于用 UML 和 SysML 这类现代建模语言所描述的设计模型。本书组织结构：第 1 章简要介绍验证和确认问题、系统工程、各种相关标准、模型驱动架构以及建模语言。第 2 章讨论经国防组织采用和扩展的架构框架的范式，它们也作为企业架构框架应用于商业领域。第 3 章简要回顾导致 UML 2.0 模型语言诞生的历史背景。第 4 章展示的 SysML 建模语言，列出其得到应用的时间历程，并且比较 SysML 和 UML 之间的共同点和具体差异。第 5 章描述验证、确认和认证的概念，回顾了基于软件工程技术、形式化验证和程序分析的评估方法。第 6 章描述一种高效协同的方法来验证和确认用标准建模语言 UML、SysML 表示的系统工程设计模型。第 7 章展示软件工程量度在评估由 UML 类和包图捕获的结构化系统方面的相关性和实用性。第 8 章详细介绍 UML 行为图的自动验证和确认。计算模型由状态机图、序列图或活动图衍生而来，并与捕获验证和确认需求的逻辑属性相匹配。同时对相应的模型检测验证方法进行了描述。第 9 章讨论从带有概率注释的 SysML 活动图到马尔可夫决策过程（MDP）的映射过程，其中 MDP 可以通过概率模型检测程序进行评估。第 10 章使用离散时间马尔可夫链模型详细分析带有时间约束和概率工件注释的 SysML 活动图的性能。第 11

章专门讨论 SysML 活动图的语义基础。我们定义了一个概率演算，称为活动演算（AC）。后者使用操作语义框架从代数上捕获活动图的形式化语义。第12 章建立从 SysML 活动图转换到 PRISM 规范的合理性，这确保由我们算法生成的代码能够正确地捕获作为输入的 SysML 活动图所期望的行为。第 13 章对所做的工作进行了讨论，并给出了一些结束语作为结论。

致　　谢

　　我们要向所有为实现这项工作作出过贡献的人员表达最深切的感谢。最初，我们针对系统工程设计模型的验证和确认所做的研究得到了加拿大国防研究与发展署一份研究合同的支持。该署为加拿大国防部的研发机构，隶属于协同能力定义、工程和管理（Cap-DEM）项目。我们还要感谢加拿大自然科学和工程研究委员会（国家科学基金创新项目）以及康科迪亚大学（资深讲座教授）所提供的支持。我们还要向帮助校阅该书初稿的康科迪亚大学计算机安全实验室的成员们表达我们的感激之情。

目　　录

第 1 章　绪　　论

当今时代，各种形式的编程和计算在人们生活的城市环境中已经司空见惯，它们通常被嵌入在传感器、交通和其他与驾驶相关的辅助装置、公共广告、热点、智能电梯以及许多其他基于微控制器或中央处理器（CPU）的系统中。此外，手机、个人数字助理（PDA）这样的可穿戴电子产品也比以往任何时候更受欢迎。因此，在现代工程领域，特别是与软件密集型系统相关的领域，可编程方面的出现极大地拓展了供设计师和工程师使用的解决方案空间。在这种背景下，单纯的直觉和独创性虽然仍发挥着重要作用，却很难确保强大的、完美的、有凝聚力的设计，尤其是在达到高度的复杂性之后。此外，可编程方面允许某种给定设计具有更宽广的专业范围，使得工程师从设计重用中获益。因此，在现代系统设计中，可理解性、可扩展性和模块化等各个方面以及成本与性能等一般性需求正变得日趋重要。于是，系统工程设计实践和方法论的系统化与标准化是大势所趋。

系统可以依赖于包括人员、硬件和/或软件在内的众多组件，这些组件一起工作以便实现一组共同的特定目标。成功系统的设计和实现，以及工程项目的有效管理，代表了系统工程（SE）的主要关注点[229]。值得注意的是，系统开发中的关键方面在于难以确保符合规范的产品。这是由众多因素造成的，其中包括工程系统复杂度的提高、应用方法的有效性以及预算约束的存在。

随着系统规模和复杂度的增加，质量保证方法也需要进行相应的扩展。在这种背景下，基于测试和仿真的常用方法就变得单调、冗长，更重要的是几乎无法贯彻到底。此外，现实生活中的系统可能表现出随机行为，其中不确定性的概念无处不在。不确定性可以看作用来建模失败或随机性风险的一种概率性行为，如有损通信信道系统[213]和动态电力管理系统[16]，因此考虑到这一方面可以得到更精确的模型。在验证和确认中，概率方面的集成从很多方面上来看都是相关的，许多质量属性本质上都是概率性的，如性能、可靠性和可用性，因此性能可以用期望概率来表示。此外，可靠性可以由系统成功运行的概率来定义。可用性是指当需要执行特定任务或应用程序时，系统运行令人满意的概率[75]。对成功集成的系统进行定量评估通常是行业规范，然而，在开发生命周期的早期进行定量系统评估也许会揭示出被定性评估忽略的重要信息。

作为 SE 的一部分，验证和确认（V&V）旨在为系统的可靠性提供一项相当程度的信任。因此，重点是以合理的成本及时有效地执行验证和确认任务。显然，在开发的早期阶段对潜在错误所做的预期评估和修正产生了许多好处，如更高的投资回报，因为它能够降低维护时间、工作量和成本。

Bohem[25] 的研究证实了这一点，他声称："在系统交付之后修复一个缺陷的花费要比在需求和设计阶段修复该缺陷的花费贵 100 倍。"因此，早期的验证和确认降低了复杂系统工程中涉及的风险。此外，它还提高了系统质量，缩短了系统上市时间。

验证和确认跨越了系统的生命周期。在这方面，大多数工作量传统上都集中在测试上，这是一种在软件工程中广泛使用的技术。测试包括使用各种测试场景，这些场景由工程师在从模拟器到实际硬件的不同测试台上开发完成[171]。测试还将最终结果与预期或期望结果进行对比。然而，这种方法通常容易在"游戏后期"发现错误，并且某些类型的错误仍然可能是透明的。因此，这项技术展现出一种特定的限制，因为它只能显示故障的存在，但不能保证故障不存在[701]，于是它仅限于指定的测试场景。

下面将介绍 SE 规程中涉及的核心概念，并且对相关标准和建模语言进行回顾。

1.1　验证和确认问题语句

现有的验证技术很少能够得到形式化基础与合理性证据的支持。在理想情况下，一种高效的验证和确认方法需要遵循以下原则：

（1）尽可能使用自动化。自动化不仅优化了验证和确认过程，而且避免了可能由人工干预引入的潜在错误。

（2）包含形式化和严格的推理，以便最小化由于人工主观判断而导致的错误。

（3）为了保留视觉符号的可用性，支持由建模语言提供的图形化显示，并隐藏所涉及机制下的即时转换。

（4）结合定量和定性评估技术。

在系统和软件的验证领域，为了构建一个全面的验证和确认框架，特别推荐了三种成熟的技术：一是指自动形式化验证技术，即模型检测，认为它是一种用来验证软件和硬件应用程序行为的成功方法。许多模型检测器都可以为失效的定性属性生成反例，以支持调试活动。在随机世界中，概率模型检测器也正广泛应用于定量分析包含与系统行为有关的概率信息的规范[172]。二是应用于软件程序的静态分析[32]通常在测试[21]和模型检测[232]之前使用。例如，静态切片[232]生成较小的程序，其验证成本较低。三是实证方法特别是软件工程量度，已经被证明在定量度量面向对象设计模型的质量属性方面是成功的。由于测量的缺席排除了任何相关的比较[66]，量度提供了一种评估所提出的设计方案质量方法，可以帮助评估审阅各种设计决策。

1.2　系 统 工 程

系统工程是指与系统的整个生命周期相关的工程学科，涵盖了系统的概念、设计、原型、实施/实现、装备和处置。系统工程贯穿这些阶段，被视为一种多学科方法，着眼于将系统作为一个整体看待。一个系统最常用的定义是指“一组相互关联的组件为了某些共同的目标一起工作”[138]。虽然系统工程得到应用已历经很长的时间[229]，但它有时还被称为一门新兴学科[62]。从感觉上来说这是可以理解的，因为人们在当今问题日趋复杂的背景下已经意识到了它的重要性。几十年来，系统已然发生了很大的变化，规模越来越膨胀，结构也越来越复杂，集成了软件、电子和机械等各种组件，这给成功系统的设计和开发带来了新的挑战。

系统工程与许多其他工程学科一样，也得到了许多组织和标准化机构的支持。最活跃的组织之一是国际系统工程协会（INCOSE）[50]。它的主要任务是“通过推广跨学科、可扩展的方法来促进工业界、学术界和政府部门中系统工程的技术水平和实践能力，从而产生满足社会需求的技术上可行的解决方案”[120]。

国际系统工程协会[50]将系统工程描述为一种通过“系统”方法来“促使成功系统得以实现的跨学科方法”，以便用来设计系统的系统（SoS）这样复杂的系统。无处不在的系统，如高科技便携式电子设备、移动设备、自动取款机，以及许多其他像航空航天、国防或电信平台这样的先进技术，正是系统工程重要的应用领域。美国电子和电气工程师协会（IEEE）[113]总结了 SE 的任务：“推导、演进以及验证一个满足客户期望和公众接受度的生命周期平衡系统解决方案。”换句话说，除了获得一个有效的系统解决方案，系统工程的职责还包括确保工程系统满足其需求和开发目标，并成功地执行其预期的操作[138]。为此，系统工程师试图在开发周期中尽早预测和解决潜在的问题。

系统工程在设计方面着眼于某个通用解决方案域的上下文中为给定的问题寻找可行的解决方案。这可能涉及许多与子系统分解、目标硬件平台、数据存储等相关的任务。同时为了描述所提出的解决方案，设计模型通常会详细描述

3

在先决分析阶段中已经确定的必要或现有的结构和行为方面的内容。分析和设计之间的界限难以分清，分析阶段关注问题的描述和用户的需求，而设计阶段则集中于构建满足确定需求的解决方案。

目前，系统设计的瓶颈已经不再体现在概念混乱或技术短板上，而是越来越难以确保合适并且无漏洞的设计。明显可以看到系统工程的设计和开发正在从传统的基于文档向基于模型转变，从而支持和促进工具辅助设计的使用。建模的一个重要优势是允许各种类型的分析。在愿景产品（如系统或应用程序）必要或现有结构和行为的背景下，对模型的分析有助于人们更深入地理解其所描述的属性和/或操作。此外，模型分析为应用领域中的分析师和专家所做的评估提供了一个基础，反过来又可以向利益攸关方提供相关的信息。

建模与仿真（M&S）是系统工程师广泛使用的一种方法，在有效地生成系统结构和行为之前人们就应深入了解其特性，这使得故障风险管理能够满足系统任务和性能需求[230]。建模被定义为"应用标准的、严格的、结构化的方法来创建和验证系统、实体、现象或过程的物理、数学或其他逻辑表示[69]"。Shannon[220]将仿真定义为"设计真实系统的模型，并使用该模型进行实验，用以理解系统行为和/或评估各种系统运行策略的过程"。一般来说，正是由各学科专家负责开发和验证模型、进行仿真并对结果进行分析[230]。

模型可以用于表示系统、系统环境以及系统与其他使能系统和接口系统的交互。M&S 是一种重要的决策工具，为工程师提供了预测性能、可靠性和运行等系统特性的手段。这些预测用于指导与系统设计、构建和运行有关的决策，以及验证其接受度[230]。也就是说，为了匹配现代系统设计迅速增长的复杂度，仿真正经受着越来越多的困难。的确，验证过程中所需要的仿真周期的数量正在持续增加，并且基于仿真的方法需要创建极为耗时的测试输入。

为了应对在模型驱动的 SE 上所取得的进步，并满足用来正确表示系统的相关需求，出现了标准化建模语言以及图形化显示，如 UML 2.x[185-186]、SysML 1.0[187]。

1.3　系统工程标准

随着系统工程领域的不断发展，出现了众多软件和系统工程建模语言，这些语言是为了对设计及其组件进行抽象高级的描述而创建的，允许设计师处理日益复杂的问题。系统工程师一直在使用不同的文档方法来捕获系统需求，并且使用各种建模技术来表示完整的设计。遗憾的是，这种技术和方法上的多样性限制了协同配合和信息交流的开展。为了确保全球范围内 SE 技术的兼容性和互操作性，需要制定相应的国际标准。因此，各种国际标准化组织（ISO）都参与了 SE 标准的制定工作，提供了用于 SE 的标准框架和建模语言。对象管理组（OMG）、国际系统工程协会和国际标准化组织是主要的相关标准化组织。

OMG[183] 是成立于 1989 年的国际计算机行业联盟，其职责是开发和维护计算机行业规范。OMG 工作小组为各种各样的技术开发企业集成标准，这些技术包括实时、嵌入式和专门的系统、分析和设计。在这些标准中，值得注意的是统一建模语言（UML）和模型驱动架构（MDA）[178]，它们提供的功能包括强大的可视化设计、执行、软件维护以及其他流程。此外，OMG 还开发了 UML 概要文件，通过对 UML 进行专门化设计来支持基于内置扩展机制的特定领域。OMG 还建立了一些广泛使用的标准，如元对象工具（MOF）[175] 和 XML 元数据交换（XMD）[176] 等，它们也只是 OMG 制定的众多标准中很小的一部分。

INCOSE[120] 是成立于 1992 年的国际组织，其使命是"在工业界、学术界和政府部门中推广促进世界级 SE 的定义、理解和实践"[148]。INCOSE 和 OMG 之间的合作产生了一种专门用于 SE 的建模语言（SysML）。2007 年 9 月，OMG 发布了第一份 SysML 规范文档[187]。

ISO[116] 是世界上最大的标准开发商，上至政府和其他监管机构，下到最终用户，各种类型的工业和商业组织都在使用 ISO 开发的这些标准。ISO 发布的与产品数据表示和交换相关的标准之一是 ISO 10303[122]，即产品模型数据交换标准（STEP）[121]。它是一个多部分标准，其中最相关的部分之一是应用协议 233（AP233，也称为 ISO 10303-233），被命名为系统工程数据表示。它被设计成一个用于 SE 和相关工具之间数据交换的中性信息模型，以便确保互操作性[244]。

1.4　模型驱动架构

模型驱动架构是一个 OMG 架构框架和标准，它的目标是"引领行业走向可互操作、可重用、可移植的软件组件和基于标准模型的数据模型"。MDA 源于将给定系统的操作规范从与系统使用其平台底层功能的方式相关的细节中分离出来的概念[178]。从本质上讲，MDA 方法是在软件开发中使用模型，其中包括规范和应用程序的实际开发，独立于支持它们的平台。通过首先创建一个或多个独立于平台的模型（PIM），然后将 PIM 转换为一个或多个专属于平台的模型（PSM），就可以轻松地将应用程序从一个环境移植到另一个环境。因此，MDA 的三个主要目标是可移植性、互操作性以及可重用性，这些目标都是通过关注点的架构分离来实现的[178]。MDA 范式正处在有序开发过程中，以便成功地应用于几乎所有的软件开发项目，如电子商务、金融服务、医疗保健、航空航天和交通运输这样的主要领域。它使用的元建模包括对适于在问题的预定义类中建模的框架、规则、约束、模型和理论所做的分析、构建和开发。

如图 1.1 所示，MDA 基于四层元建模架构[180]以及 OMG 的几个补充标准。这些标准包括元对象机制[175]、统一建模语言和 XML 元数据交换（XMI）。具体来说，这些层包括元元模型层、元模型层、模型层和实例层。在一个通用的元元模型架构中包含四个层的主要目标是支持和允许多个元模型及模型的可扩展性和集成性。

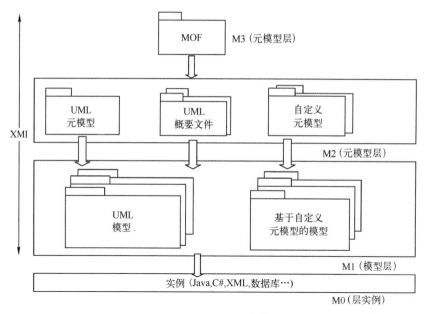

图 1.1 MDA 层级[71]

在 SE 的上下文中，INCOSE 将基于模型的系统工程（MBSE）定义为"用于支持系统需求、设计、分析、验证和确认的建模的形式化应用程序"。它起始于概念设计阶段，并贯穿开发和后期生命周期阶段[117]。MBSE 对于系统工程的意义，就像 MDA 对于软件工程一样。这两种范式都以使用基于模型的开发方法为目标，其中被开发系统的功能和行为与实施细节相分离。在 MBSE 中，主要的工件是正处于开发中的系统的相干模型。它旨在支持传统上使用基

6

于文档的方法执行的系统工程活动。MBSE 的目标是加强通信、规范和设计精度、系统设计集成以及系统工件的重用[85]。在 MBSE 的众多优势中，最相关的包括以下几项[86]：

（1）独立于提供商/承包商的对系统需求的理解；

（2）需求确认；

（3）分析和设计的共同基础；

（4）加强风险标识；

（5）通过使用多个视图来分离关注点；

（6）通过层级系统模型实现可跟踪性；

（7）支持需求和设计变更的影响分析；

（8）支持增量开发；

（9）改进设计质量；

（10）支持早期验证和确认；

（11）提高知识获取。

著名的可视化建模语言（如 UML 和 SysML）支持 MBSE 方法。

1.5　系统工程建模语言

建模语言通常用于指定、可视化、存储、文档化和交换设计模型。它们受限于特定的领域，本质上包含关于给定应用领域的所有语法、语义和表示信息。为了针对不同的领域，多个机构和公司都定义了各种建模语言。如网页建模语言（WebML）[41]、电信（TeD）[169]、硬件描述语言（HDL）[2]、软件以及统一建模语言（UML）[184]，其他语言，如功能模型集成定义（IDEF）[154]，则是为了能够广泛用于包括功能建模、数据建模和网络设计在内的工作而设计出来的。

虽然 SE 已经存在 50 多年，但直到最近还没有专门针对这一学科的建模语言[255]。传统上，系统工程师严重依赖于文档来表达系统需求，并且在缺乏特定标准语言的情况下[177]，不得不使用各种各样的建模语言来表达一项完整的设计解决方案。这种技术和方法的多样性限制了协同配合与信息交换。在已经被系统工程师采用的现有建模语言中，可以引用的语言包括 HDL、IDEF 和 EFFBD[106-107, 147]。为了提供一种补救措施，OMG 和 INCOSE，以及来自 SE 领域的一些专家，一直致力于合作构建一种用于 SE 的标准建模语言。作为软件工程中最优秀的建模语言，UML 是根据系统工程师需求而定制的首选语言。然而，UML 1.x 被发现未能充分满足这样的需求[73, 256]，于是又发布了 UML

的演进版本 UML 2.0。该版本具有系统工程师特别感兴趣的一些特性。2006 年 4 月，OMG 收到了一份关于系统建模的标准建模语言 SysML 的提案，其目标是实现最终的标准化过程。

下面简要描述 UML 2. x[188]、SysML 1.0[187] 以及 IDEF[154] 建模语言背后的核心概念。UML 2. x[188] 和 SysML 1.0[187] 将分别在第 3 章和第 4 章中进行详细介绍。

1.5.1　统一建模语言

统一建模语言[198, 207] 是一种通用目的的可视化建模语言，OMG 自 1997 年以来就承担了这种语言的维护工作。它融合了三种主要的概念，即 Grady Booch 提出的用来描述一组对象及其关系的方法论，James Rumbaugh 提出的对象建模技术（OMT）和 Ivar Jacobson 提出的用例方法论。

虽然 UML 的设计初衷是为了专门化、可视化以及文档化软件系统，但是它也可以应用于各种其他领域，如公司的组织和业务流程。UML 具有许多优点，从而被多数行业领导者所广泛接受。UML 是非专有的和可扩展的，并且在商业上得到众多工具和教科书的支持。UML 标准已经被修订了很多次，并且发布了很多版本。2003 年 8 月，发布了一个主要的修订 UML 2.0[181] 来纠正在 UML 1. x[35,184] 中发现的缺陷。最近发布的 UML 2.1[186] 由特定的更新组成，保留了相同数量的图表。

OMG 为 UML 特性发布了四项规范[200]，分别是图表交换、UML 基础架构、UML 上层结构以及对象约束语言（OCL）。图表交换提供了一种在不同建模工具之间共享 UML 模型的方法。UMI 基础架构在 UML 中定义了低层概念，并且表示了一个元模型。UML 上层结构处理 UML 元素的定义。上层结构文档包含了对 UML 语法所做的描述，包括图表的规范。它定义了 13 张图表，主要可以分为结构图和活动图两大类。在第 3 章进一步阐述 UML 图，并对它们的特性和特征进行描述。OCL 规范定义了一种用于在 UML 模型中编写约束和表达式的语言。

1.5.2　系统建模语言

系统建模语言的最初想法可以追溯到与 INCOSE 一起召开的"模型驱动的系统设计"工作组会议上所作出的决策。该会议于 2001 年 1 月举行，试图获得用于系统工程的 UML 扩展版本。该语言旨在提供在广泛领域内建模的核心能力，这些领域包括软件密集型、信息密集型、硬件密集型、人员密集型或自然系统。系统建模语言[187] 是为了响应用于 SE 的 UML 提案请求（RFP）而开发的一种 SE 专用语言[177]，由 OMG 于 2003 年发布。SysML 的设计目标是满足 SE 社区的基本需求。SysML 是 INCOSE 和 OMG 共同努力的结果。大量企业投身到 SysML 的开发过程中，包括 BAE 系统公司、波音公司、迪尔公司、EADS Astrium 公司以及摩托罗拉公司。一些政府机构也参与其中，如美国航空航天局（NASA）喷气推进实验室（JPL）、国家标准和技术研究院（NIST）和国防部长办公室（OSD）。此外，工具提供商如 ARTISAN Ware Tools、IBM、I-Logix、Telelogic 和 Vitech 也参与了这个项目。除了新的图表，SysML[187] 还引入了分配的概念。标准将后者定义为"系统工程师用来描述分配职责的设计决策……或向系统结构元素实施一种行为时所使用的术语"。分配专门用于系统设计的早期阶段，是为了以一种抽象甚至试探性的方式在设计模型的结构或层级内显示元素的映射。分配可用于评估用户模型的一致性或指导未来的设计活动。此外，分配建立了可以用于模型导航的交叉关联，并且促进了模型组件的集成。第 4 章将专门对 SysML 进行详细的介绍，进一步阐述相应的图表并描述它们的特征和特性。

1.5.3　功能模块集成定义方法

IDEF[154, 242] 是集成计算机辅助制造（ICAM）定义的一个复合缩略语，它为工程学科之间的交流提供了技术和标准语言。ICAM 定义语言家族始于 20 世纪 70 年代，完成于 80 年代，在当时发展出了数量众多但大多不兼容的计算机数据存储方法。

这些"定义语言"原计划作为标准建模技术来使用，应用的范围涵盖了功能建模和仿真、面向对象的分析和设计，甚至包括知识获取。

第一代 IDEF 方法（IDEF0 功能建模方法、IDEF1 信息建模方法和 IDEF2 仿真建模方法）诞生于 20 世纪 70 年代末由美国空军主持的集成计算机辅助制造项目[153]。IDEF 方法是为信息需求定义、过程知识捕获和面向对象的系统设计等任务而设计的。每种 IDEF 方法都致力于解决一个独特的方面或工程视角。

IDEF 可以在许多领域中用于执行需求分析、需求定义、功能分析、系统设计以及业务流程的文档化。它由一组从 IDEF0～IDEF14 的 16 种方法组成，其中包括 IDEF1X。表 1.1 列出了不同的方法及其所提供的视角。IDEF0 和 IDEF1X（IDEF1 的后续方法）是在各种政府与行业背景下应用最为广泛的方法。使用 IDEF1 数据建模技术的最大好处是能够独立于存储方式来表示数据结构。相比之下，IDEF2 在很大程度上已经不再使用[114]。

表 1.1　IDEF 方法及描述

IDEF 方法	描　　述
IDEF0	功能建模
IDEF1	信息建模
IDEF1X	数据建模
IDEF2	仿真模型设计
IDEF3	过程描述
IDEF4	面向对象的设计
IDEF5	本体描述
IDEF6	设计原理
IDEF7	信息系统审核
IDEF8	用户界面建模
IDEF9	业务约束发现
IDEF10	实施架构
IDEF11	信息工件
IDEF12	组织设计
IDEF13	三模式映射设计
IDEF14	网络化/分布式设计

1.6　本书组织结构

本书其余部分的组织结构如下：

在第 2 章中讨论了架构框架的范式。虽然架构框架这一概念最初来源于像 IBM 公司这样的行业领导者所开展的研究，但是其应用和扩展是由国防组织（主要是美国国防部）完成的。美国国防部根据国防系统采购和能力工程的具体需求定制了该范式，为其主要的承包商提供了实现互操作性的指南以及一种常用的方法。架构框架的概念也出现在商业领域中，被称为企业架构框架。后者通常被大型企业和公司所使用，它们所承担的长期项目涉及众多的设计和开发团队，这些团队经常分布在一个大的地理区域内。架构框架维持了视图的通用性，并且促进了对于设计概念的一致理解，从而使有效的信息共享和通信成为可能。因此，标准化系统工程建模语言（如 SysML）的出现要求它们在架构框架的使用关联中必须使用其自身的特性。在这方面，还将详细介绍感兴趣的相应特征。

第 3 章回顾了 UML 2.0 建模语言的发展历程，描述了导致其出现的历史背景，然后给出了其相应的结构图和活动图。此外，还介绍了 UML 概要机制。

第 4 章介绍了新采用的 SysML 建模语言及其采用过程的时间叙述法。在讨论了 SysML 和 UML 之间存在的共同特征以及具体差异之后，又描述了 SysML 结构图和活动图的特征。同时还详细描述了最相关的 UML 2.0 行为模型的非形式化语法和语义，即状态机图、序列图以及活动图，关注的重点是在控制流方面。

第 5 章描述了验证、确认和认证的概念，同时回顾了最相关的验证和确认方法以及用于面向对象设计的具体验证技术，如软件工程技术、形式化验证以及程序分析。本章还介绍了一些有用的技术和相关的研究计划，如针对 UML 和 SysML 设计模型所作的验证和确认研究的最新进展。最后，对在验证和确认过程的特定领域中应用的各种工具进行了检验，包括形式化验证环境和静态程序分析器。

第 6 章提出了一种有效的协同方法，用于在以标准化建模语言（主要是 UML 和 SysML）表示的系统工程设计模型上执行验证和确认过程。这种方法能够以高度自动化的方式应用于系统工程设计模型。此外，也提交了一些已经确立的结果来为这种方法提供依据。

第 7 章演示了软件工程量度在评估由 UML 类图和包图捕获的系统结构方面的作用。为此，专门在一个相关的示例中讨论了一组 15 个量度。

第 8 章给出了用于成熟活动图的验证方法。在上下文中，详细介绍了配置迁移系统（CTS）的可计算模型概念，并且展示了如何将该模型用作以状态机图、序列图或活动图表示的设计模型的语义解释。同时通过使用一个合适的模型检测器（NuSMV，新符号模型检测工具）描述了相应的模型检测验证方法。该模型检测器可以用来评估所提出的语义模型。还展示了模型检测在验证以成熟的活动图表示的系统工程设计模型方面能够具有多大的潜力。在这方面，引入了 NuSMV 使用的时态逻辑（也称计算树逻辑（CTL）），清晰地描述了时态操作符及其相应的表达性，同时给出了一种有用的 CTL 宏符号。然后，给出并讨论了一些相关的案例研究，举例说明了对状态机图、序列图以及活动图所做的评估。

第 9 章给出了 SysML 活动图的概率验证。解释了将这些类型的图映射到异步概率模型（马尔可夫决策过程（MDP））中所使用的转换算法，其中 MDP 的基础是概率模型检测器 PRISM 的输入语言。接下来，通过一个案例证明了用于异步 SysML 活动图模型性能分析的验证和确认方法的概念。

第 10 章详细介绍了将带有时间约束和概率工件的 SysML 活动图转换为离

散时间马尔可夫链网络的流程。这一流程能够通过概率模型检测器（PRISM）进行分析，以便对时间限制的可达性这样的各种性能进行评估。

第 11 章描述了活动演算（AC），它是迄今为止专门用于捕获 SysML 活动图本质的未经尝试的演算。首先提出了 AC 语言的语法定义，并且总结了从活动图的图形符号到 AC 术语的映射；然后对其相应的操作语义进行了定义；最后在 SysML 活动图的案例研究中阐述了这种形式化语义的作用。

第 12 章主要检验了第 9 章中所描述的转译过程的合理性。为此，首先对所使用的方法进行了解释；然后使用功能核心语言对转换算法进行了形式化的描述，在此基础上进一步提出了用于 PRISM 规范语言的操作语义；最后提出了一种基于马尔可夫决策过程的仿真前序，用于构造和证明该转换算法的正确性。

第 13 章给出了最后的结论。

第 2 章 架构框架、模型驱动架构与仿真

随着个人计算机（PC）在 20 世纪 70 年代末推出并迅速取得成功，众多计算机应用程序被推向市场用以支持各种领域内的用户。特别是在 SE 领域，伴随着这些软件应用程序的推出，一些形式化和非形式化语言，如 VHDL[246]、Petri 网家族[4]、IDEF[154, 242]、UML[184] 和 SysML[255] 都是为了支持开发人员捕获正处于工程化阶段的系统的本质方面而创建出来的。系统属性通常反映结构、时态或功能方面的内容，并且可能与不同的领域相关，这些领域涉及流程、信息基础设施、内部系统/组件、与其他系统的互操作性以及用户交互。

伴随着设计语言的出现，系统设计的复杂度也随之增加。这种复杂度既反映在内部结构和系统行为上，也反映在与其他系统（通常是非常大的系统）的交互中。在这一背景下，出现了重大的困难，并且阻碍了大型系统聚合的开发和生命周期。因此，大型组织特别需要一种系统的方法来对某个系统进行描述。在这一系统中，捕获与系统的需求、设计、架构、开发、部署和处置相关的所有信息。对所有企业级的系统而言，信息的捕获必须以一致和全面的方式来执行。作为回报，各级组织都将从这些努力中受益，因为这些努力的结果就包括了对企业正在处理的所有结构和系统所做的存档完好与结构化的共同视图。此外，这将保证所有合同缔约方在描述所交付的系统时都具有一个共同的布局。这种方法通常被描述为企业架构框架（简称架构框架）。

2.1 节介绍了架构框架的概念以及该领域中最相关的计划，2.2 节概述了数据交换的标准，即 AP233。2.3 节讨论了可执行架构及其在建模和仿真中的作用，2.4 节将 DoDAF[243] 与 SE 领域和 SysML 联系起来。

2.1 架 构 框 架

架构框架的概念通常支持并应用于企业架构的范式中。企业架构的概念最初发轫于信息技术（IT）领域，历经不断的演进已经逐渐涵盖了更加广泛的范围。时至今日，它已经在多个行业中得到了应用，包括汽车和 IT 行业，抑

或国防和问责领域内的政府部门。尽管企业架构所涉及的大部分内容只与企业业务结构和流程相关，但是其当前的定义还包含了一个更普遍的含义，如在美国联邦政府问责局（GAO）给出的定义中[104]："作为一种用于组织变革的蓝图，企业架构被定义为一组描述（以业务和技术术语的形式）实体在当前如何操作以及打算在将来如何操作的模型；同时，它还包括了向该未来状态转换的计划。"

因此，企业架构的概念似乎已经足够详尽，囊括了用于当前和未来业务的企业结构与业务蓝图，涉及业务、技术、人员，附带上转换路线图、相关的执行计划、流程和程序。在企业架构中，架构框架通过图形化工件来捕获特定领域内的视图。这些视图可以与特定的系统或平台相关联，并向包括用户、开发人员、投资人等在内的利益攸关方提供所有必要的架构信息。

下面将按照时间顺序来概述架构框架领域中最相关的方案。关于最相关架构框架的对比研究参见文献［42］。

2.1.1　Zachman 框架

1987 年，Zachman 在《IBM 系统期刊》上发表了一篇题为《信息系统架构框架》（*A framework for information systems architecture*）的文章[259]。尽管他在这篇文章中并未直接提及"企业架构框架"这一术语，但是人们普遍认为他的这项工作为架构框架范式的开发奠定了基础。

Zachman 指出了在应用经典方法的信息系统建模领域中存在的不足之处，并常常带有对一步一步过程所做的结果性描述。通过借鉴其他工程学科（如建筑、施工和制造）中常用于设计和开发的架构表示，他引入了一种更加多样化的方法来描述系统。他还为给定的系统明确定义了这些架构所表示的三种潜在用户，即所有者、设计人员和构建人员。在现代架构框架中，这些架构表示也被称为视图，并且对应于系统的每个利益攸关方都应该引起注意的各种透视图。

通过为每个利益攸关方构建不同的透视图（架构表示），Zachman 还指出需要提供不同的表示来捕获系统的各个方面。他提出，要考虑一个对象的三个参数，即材料、功能和位置。它们分别映射到一个矩阵的"什么""如何"和"在哪里"这三列中（表2.1）。后来，他又通过添加"谁""何时"和"为什么"这三列描述对其矩阵进行了扩展（表2.2）。矩阵中的这些元素分别为相关人员和组织提供触发业务活动的事件，以及决定业务如何开展的动机和约束。

表 2.1　对同一产品所做的三种不同类型的描述[259]

	描述 1	描述 2	描述 3
定位	材料	功能	位置
重点	结构	转换	流
描述	事物是由什么做成的	事物如何工作	流（连接）存在于何处
示例	材料列表	功能规范	图纸
描述性模型	部分-关系-部分	输入-过程-输出	地点-连接-地点

表 2.2　用于不同类型描述的信息系统模拟[259]

	描述 1（材料）	描述 2（功能）	描述 3（位置）
信息系统模拟	数据模型	过程模型	网络模型
I/S 描述性模型	实体-关系-实体	输入-过程-输出	节点-线-节点

2.1.2　开放组架构框架

信息技术领域的各个组织都认识到了企业架构框架的重要性。在开放组架构论坛[194]下成立了一家合资企业，目标是为信息系统架构开发一个开放的行业标准，该标准称为开放组架构框架（TOGAF）[195]。1994 年开始收集该框架的形式化用户需求，1995 年发布了作为概念证明的第一个 TOGAF 版本。最初的基本概念是开发一个能够满足特定领域需求的全面架构框架。然而，TOGAF 后来演进成一种用于建模和分析组织的整体业务架构的方法论。框架的实际版本由三个部分组成：

（1）架构开发方法（ADM）捕获了 TOGAF 方法论，具体表现为使用在以下 9 个阶段的迭代执行过程中捕获的架构视图：

① 初始阶段：框架和原则。利益攸关者就总体计划和原则达成一致。

② 阶段 A：架构愿景。定义范围、重点和需求。

③ 阶段 B：业务架构。使用业务过程模型和特定的图表来确定当前和未来的架构。

④ 阶段 C：信息系统架构。开发目标架构（如应用程序、数据模型）。

⑤ 阶段 D：技术架构。创建将在未来阶段（如系统）实施的整体目标架构。

⑥ 阶段 E：机遇和解决方案。开发面向步骤 5（阶段 D）（如实施）中描述的架构的总体策略。

⑦ 阶段 F：迁移计划。

⑧ 阶段 G：实施治理。

⑨ 阶段 H：架构变更管理。检查当前的系统并且在必要时实施调整；迭代过程。

（2）企业统一体捕获执行架构开发方法步骤所得到的输出结果。它本质上是企业级别的一个虚拟存储库，用于存储架构资产（数据、模型、模式、架构描述和其他工件）。它也可能包含来自外部组织的资产。

（3）资源库是一组以示例、技术、模板、指南和背景信息的形式收集的资源，其主要目的是通过架构开发方法来支持架构师们的工作①。

2.1.3　DoD 架构框架

美国国防部（DoD）架构框架（DoDAF）[243]是经 DoD 首席信息官（CIO）下辖的企业架构与标准部门批准的架构框架。2003 年，为了响应《克林格-科恩法案》的通过，DoDAF1.0 取代了之前使用的创建于 1996 年的美国指挥、控制、通信、计算机、情报及监视与侦察（C⁴ISR）架构框架。后一种框架要求 DoD 首席信息官使用已经建立起来的基于系统架构文档化的技术来实施任何一种新的业务过程以及迁移现有的系统。

经过多次迭代，DoDAF[243]已经演进到支持用于网络中心化作战（NCW）的 DoD 转换。网络中心化作战也称为网络中心化操作（NCO）[68]，是一种新的作战范式，能够支持分散在不同地理区域内的作战人员通过鲁棒的网络链接来有效地交换数据并参与作战。此外，为了完全实现 DoD 系统与 NCO 概念的一致性，还采用了面向服务架构（SOA）的方法[68]。SOA 方法使用核心架构数据模型（CADM）将数据放置在架构的核心上，从而影响了 DoDAF 的开发。与其他几个架构框架（TOGAF、MODAF 等）一样，DoDAF 也代表了一种共享存储库，以视图的形式来保存符合标准化分类法的产品。视图一共分为四类，分别是作战视图（OV）、系统视图（SV）、技术标准视图（TV）及全视图（AV）。每个作战视图、系统视图和技术标准视图都对应于一个特定的关注领域，如图 2.1 所示。每个视图都包含一组在图形化、表格化或基于文本的产品中描述的架构数据元素。与所有三类视图（OV、SV、TV）相关的架构方面，但不代表架构的独特视图，都可以在全视图（AV）产品中获得。

架构视图与架构产品的不同之处在于，视图代表一个给定架构的透视图，而产品则是该透视图某一特殊方面上的特定表示。应该注意的是，在 DoDAF 的使用过程中，一个通用的做法是只生成完整 DoDAF 视图的一个子集来指定

---

① 产生的输出架构用于填充企业统一体。

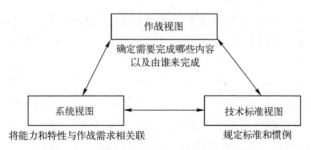

图 2.1 DoDAF 视图和相应的关注领域[63]

或描述某个系统的架构。下面将对 DODAF 1.5[243] 中的视图进行描述。

1. 作战视图

作战视图产品旨在描述完成既定目标或任务所需的已执行任务、活动和作战元素，以及交换的信息（如类型、频率、性质）。表 2.3 总结了下面将要描述的作战视图。

表 2.3 DODAF 1.5 作战视图[243]

框架产品		框架产品名称	一般性描述
OV-1		高级作战概念图	对作战概念所进行的高级图形或文字性描述
OV-2		作战节点互连性描述	作战节点、节点内活动、互连性以及节点之间的信息交换
OV-3		作战信息交换矩阵	节点之间的信息交换及其相关属性
OV-4		组织关系图表	组织的、角色或组织之间的其他关系
OV-5		作战活动模型	作战活动、活动之间的关系、输入以及输出；覆盖图能够显示成本、执行节点或其他相关信息
OV-6	OV-6a	作战规则模型	用来描述作战活动的三种产品之一，标识约束作战的业务规则
	OV-6b	作战状态转换描述	用来描述作战活动的三种产品之一，标识响应事件的业务过程
	OV-6c	作战事件追踪描述	用来描述作战活动的三种产品之一，追踪某一场景或事件序列中的动作
OV-7		逻辑数据模型	系统数据需求的文档化以及作战视图的结构化业务过程规则

（1）OV-1 提供了一个高级透视图，以图形化的方式描述了架构的总体概念。它通常用于描述一项任务并高亮显示与 OV-2 相关的主要作战节点。此外，它还描述了主体架构与其环境之间的交互，以及架构与外部系统之间的交互。

（2）OV-2 描述了与信息流相关的作战节点依赖关系。它描述了作战节点及其互连性，以及作战节点之间的信息交换需求线。OV-2 代表了一种将概念转换为能力差距以及将组织连接到活动上的重要工具。根据 DoDAF 规范，"需求线表示两个作战节点之间的信息流聚合，其中聚合的信息交换具有类似的信息类型或共享某些特性。"

（3）OV-3 跟踪和详细描述信息交换，并且标识"谁交换什么信息、与谁交换信息、为什么该信息是必要的以及信息交换必须如何进行"。构建该产品需要开展大量的知识捕获工作。通过在模型构建过程中开展有选择性的访谈并随之进行确认，可以有效地实现这项工作。

（4）OV-4 显示了组织关系以及在给定架构中起关键作用的人员角色、组织或组织类型之间的各种指挥和控制特性。

（5）OV-5 用于描述功能活动和任务，并且能够用于将工作与能力领域和任务需求相关联，还可以用于划分职责线。它包括能力、作战活动、活动之间的关系、输入以及输出。此外，还可以使用注释来显示成本、执行节点以及其他相关的信息。

（6）OV-6 系列涵盖了管理作战活动的业务规则。对于现有的作战元素，作战理论和标准作战程序（SOP）可以为构建 OV-6 提供基础。OV-5 作战活动图为开发 OV-6 提供了"排序"参考。总之，OV-6 系列中的三种产品描述了一个过程或活动的当前状态如何响应内部和外部事件而随时间发生变化。其定义如下：

① OV-6a 所指定的作战或业务规则代表了对一个企业、一项任务、一种作战或一种业务的约束，可以用来将场景任务映射到作战活动上，以便表明作战活动是如何由场景任务驱动的。此外，它还扩展了 OV-5 用例中提出的业务需求捕获和作战概念的范畴。

② OV-6b 以图形的方式描述了事件驱动型的状态转换，用于描述作战节点或活动如何通过更改其状态来响应各种事件。

③ OV-6c 是用于描述作战活动的三种产品之一。它跟踪场景或事件序列中的行动，并包括按时间顺序来检查信息交换。

（7）OV-7 与处理持久性数据的存储、检索和更新的建模信息系统有关。它描述了架构域系统中所使用的数据类型的结构，以及管控系统数据的结构化业务过程规则。在架构相应的 OV-6a 产品中对后者进行了定义。此外，它还定义了架构域数据类型及其属性、特性以及相互之间的关系。

2. 系统视图

系统视图产品描述了系统、服务以及支持企业业务、知识和支撑系统的基础性系统/组件互连。SV 的功能旨在直接支持作战活动。因此，在系统视图工件与作战视图工件之间存在着一种直接的联系。表 2.4 对 SV 视图进行了汇总。对每种 SV 产品及其与 OV 产品之间的关系进行了以下的描述：

表 2.4 DoDAF 1.5 系统和服务[243]

框架产品		框架产品名称	一般性描述
SV-1		系统/服务接口描述	在节点内和节点之间对系统节点、系统、系统项、服务和服务项及其互连所做的标识
SV-2		系统/服务通信描述	系统节点、系统、系统项、服务和服务项及其相关的通信部署
SV-3		系统-系统/服务-系统/服务-服务矩阵	给定架构中不同系统与服务之间的关系；可以设计成显示感兴趣的关系，如系统型接口、规划与现有接口
SV-4	SV-4a	系统功能描述	系统执行的功能与系统功能之间的系统数据流
	SV-4b	服务功能描述	服务执行的功能与服务功能之间的服务数据流
SV-5	SV-5a	作战活动到系统功能可追溯矩阵	将系统功能映射回作战活动
	SV-5b	作战活动到系统可追溯矩阵	将系统映射回功能或作战活动
	SV-5c	作战活动到服务可追溯矩阵	将服务映射回作战活动
SV-6		系统数据交换/服务	数据交换矩阵详细说明了在系统或服务之间交换的系统或服务数据元素以及该交换的属性
SV-7		系统性能参数/服务性能参数矩阵	在适当时间框架内的系统和服务视图元素的性能特性
SV-8		系统演进/服务演进描述	已计划的渐进步骤致力于将一套系统或服务迁移到一套更高效的系统或服务上，或者将当前系统演进到未来去实现
SV-9		系统技术/服务技术预测	在一组给定的时间框架内预计能够使用并将影响架构未来开发的新兴技术和软/硬件产品
SV-10	SV-10a	系统/服务规则模型	用于描述系统和服务功能的三种产品之一，标识由于系统设计或实现方面的某些原因而强加在系统/服务功能上的约束
	SV-10b	系统/服务状态转换描述	用于描述系统和服务功能的三种产品之一，标识某个系统/服务对事件的响应
	SV-10c	系统/服务事件追踪描述	用于描述系统和服务功能的三种产品之一，标识作战视图中描述的关键事件序列针对特定系统/服务所做的细化
SV-11		物理模式	逻辑数据模型实体的物理实现，如信息格式、文件结构、物理模式

（1）SV-1 标识系统节点和接口，将它们与 OV-1 和 OV-2 中反映的作战节点联系在一起，并且描述支持组织/人员角色的系统常驻节点。SV-1 还标识了协作或交互系统之间的接口。

（2）SV-2 描述了有关通信系统、通信链路以及通信网络的信息。SV-2 记录了用来支持系统并实现 SV-1 中描述的接口的通信媒体类型。因此，SV-2 显示了 SV-1 接口的通信细节，这些接口自动处理 OV-2 中表示的需求线的各个方面。严格来说，虽然 SV-1 和 SV-2 分属两种不同的 DoDAF 产品，但是两者之间存在着许多的交叉，如它们通常可以用同一张图来表示。这些产品用来标识系统、系统节点、系统项及其相互连接。

（3）SV-3 为架构提供了一种矩阵表示，详细介绍了 SV-1 中描述的接口特性。在与其相关的视图中，它描述了逻辑接口的属性。

（4）SV-4 描述了系统特性和系统执行的功能，以及系统功能之间的系统数据流。随着系统功能被映射到作战活动上，SV-4 可以在能力评估期间用于支持分析。通常来说，可以通过对主题专家（SME）进行访谈来捕获系统特性。

（5）SV-5 指定了适用于某架构的一组作战活动与适用于该架构的一组系统功能之间的关系。该关系矩阵可以从 OV-5 和 SV-4 的图表与元素注释中生成。

（6）SV-6 详细介绍了系统之间交换的系统数据元素以及该交换的属性。

（7）SV-7 通过指定系统和硬件或软件项目的数量特性、它们的接口（接口所携带的系统数据以及实现接口的通信链路细节）及其功能来表示系统级性能。性能参数包括了系统所有的技术性能特性，通常可以在与 SME 的交互过程中对这些特性的需求进行开发，并对其规范进行定义。

（8）SV-8 所捕获的演进计划描述了系统或开发系统所使用的架构将如何在一个典型长期可预测的时间间隔内发生演进。

（9）SV-9 定义了潜在的当前和预期的支持技术。预期的支持技术包括在给定的技术现状和预期进展条件下能够被合理预测的类别。这些新技术应该与特定的时间周期互相耦合，这里所指的时间周期可以与 SV-8 里程碑中所考虑的时间周期相互关联。

（10）SV-10 产品套件用于描述系统功能，并且标识强加于系统之上的约束，这些约束包括某个系统对事件的响应以及作战视图中描述的关键事件序列针对特定系统所做的细化。具体包括：

① SV-10a 产品描述了在指定条件下管控架构行为或其系统的规则。在较低的粒度级别，它可能由指定系统功能的前置和后置条件的规则组成。

② SV-10b 采用图形化的方法描述系统的状态变化或某个系统功能对各种事件的响应。

③ SV-10c 提供了一种按照时间排序的检验方法，用来检查给定场景背景下参与系统（外部和内部）、系统功能或者人员角色之间交换的系统数据元素。

（11） SV-11 是在架构框架设计流程中最接近实际系统设计的一个视图。它定义了架构中系统使用的不同类型的持久性系统数据的结构。

3. 技术标准视图

技术标准视图的目的是以技术标准、实现惯例、标准选项以及业务规则的形式提供一整套技术系统实现指南，从而确保架构得到良好的"管控"。表 2.5 对技术标准视图进行了总结，相关定义如下：

表 2.5 DoDAF 1.5 技术标准[243]

框架产品	框架产品名称	一般性描述
TV-1	技术标准概要	在给定架构内应用于系统和服务视图元素的标准清单
TV-2	技术标准预测	描述在一组时间框架内出现的新标准及其对当前系统和服务视图元素的潜在影响

（1） TV-1 产品负责收集系统标准规则，这些规则用于实现并可能约束在设计和实现架构描述的过程中出现的可能选择。

（2） TV-2 包含了对 TV-1 中所记录的技术相关标准以及惯例所做的预期更改。用于标准的演进更改预测必须与 SV-8 和 SV-9 产品中提到的时间间隔相互关联。

4. 全视图

全视图产品提供了架构中能够与 OV、SV 以及 TV 相关的主要方面，但不指定其中任何一种视图。这些产品还定义了架构的范围（主题区域和时间框架）和上下文。全视图见表 2.6，其定义如下：

表 2.6 DoDAF 1.5 全视图[243]

框架产品	框架产品名称	一般性描述
AV-1	技术标准简介	列出应用于给定体系结构中的系统和服务视图元素的标准
AV-2	技术标准预测	在一组时间框架内描述新出现的标准和当前系统与服务视图元素的潜在影响

（1） AV-1 以一致的形式提供执行级摘要信息，并允许进行快速索引和架构比较。它所关注的假设、约束和限制可能在涉及架构的高层决策过程中产生

影响。

（2）AV-2 由在框架描述中使用的术语定义组成。它包含与架构数据存储库相对应的以术语表形式表示的文本定义，以及与已开发的架构产品相关联的架构数据所对应的分类和元数据信息。

2.1.4 英国国防部架构框架

英国国防部（MoD）架构框架（MoDAF）[165]代表了一种适用于 MoD 的 DoDAF 的变种。MoDAF 1.2 对 DoDAF 所做的初步扩展是添加了三个视点，分别是战略、采购以及面向服务的方面，它同时也将人员维度添加到系统视图中。

2.1.5 用于 DoDAF/MoDAF 的 UML 概要文件

尽管 DoDAF 既不要求也不提倡特定的方法论、符号或语义模型，但是人们在使用 UML 和/或 IDEF 符号生成 DoDAF 产品视图方面已经付出了大量的努力。为了标准化这些工作，OMG[183]内部启动了一项相对较新的计划，被称为用于 DoDAF/MoDAF 或 UPDM[191]的 UML 概要文件。这项工作现在由 UPDM 小组[241]负责，该小组是一个新的标准化联盟，包括了行业和政府间合作伙伴（如 DoD 和 MoD）。UPDM 小组将继续开展 OMG 过去的工作，同时确保所有新的开发都符合北大西洋公约组织（NATO）架构框架（NAF）。后者虽然是以 MoDAF 为基础开发出来的，但是具有用于面向服务架构的特定扩展。

UPDM 的目标如下：

（1）提供一个完全支持 DoDAF 和 MoDAF 的行业标准表示；

（2）以 UML 为基础，UML 专业用语包括 SysML 和其他 OMG 标准；

（3）使用架构框架；

（4）确保不同工具提供商之间的架构数据的互操作性；

（5）促进架构数据的重用和可维护性。

2.2 AP233 数据交换标准

在伴生标准尚未得到充分开发的情况下，现成的商用 SE 建模应用程序和环境就已经开始了相对快速的增长，导致鲜有开发环境能够实现互操作性。造成这种不足的原因主要有两个方面：一是缺乏派生架构产品数据的公共语义；二是缺乏公共数据表示格式。然而，这两个方面都是数据在不同工具之间交换所必需的。

AP233[244]计划是专门为了解决 STEP 开展的系统工程项目①中存在的这一不足而发起的；STEP 也称为 ISO 10303，是一项用于计算机解释性表示和产品数据交换的国际标准。AP233 的开发需要与计算机辅助设计（CAD）、结构和电气工程、分析和支持领域内的其他计划保持一致，并通过与 OMG 和 INCOSE 的协作来完成。

2.3　可执行架构或从设计到仿真

在很长一段时间里，工程师都一直抱有执行自己架构的想法，并且在某些情况下也的确达成了这一目标。例如，一些建模工具可以执行它们的模型，如 TAU[127]、Simulink[59]等。或者，可以使用适当的代码生成技术（Simulink RTW[205]、TAU[127]等）以特定的目标编程语言（C、C++、Java 等）来生成相应的源代码。因此，可以获得可执行的行为模型。通过使用这些技术，在诸如 Simulink 这样的工具中设计的控制模型将生成和构建其等价的 C 语言程序，随后直接嵌入受控的目标硬件中。

在某些领域，特别是在将控制理论应用于动态系统的情况下，以上这种做法极为常见。然而，它并没有在 SE 的所有分支上都取得类似的成功。虽然在某个架构框架中一项给定设计的许多方面（视图）在本质上都是静态的（如一辆车的 CAD 模型），但是常常伴有随着时间推移能够被执行的动态方面（如行为引擎模型），从而生成架构系统某些方面的执行/仿真。此外，来自静态设计的数据通常作为输入嵌入或提供给执行。例如，为了准确地表示目标模型，在模拟车辆运动时应该考虑车辆的底盘结构。

2.3.1　为什么是可执行架构

工程师可以从"可执行架构"的范式中获得好处：

（1）模型的可执行版本可以用于验证和确认的目的。通过运行该模型，可以侦测到语法模型无法揭示的多余行为。此外，可以使用可执行模型对系统进行压力测试，或者搜索"假设"的情况。可执行模型的这一优势在当前显得尤为引人注目，因为随着系统变得越来越复杂，其组件通常首先经过单独的设计，然后组合在一起。从这个方面来说，观察"整体"动态的方法所提供的能力要比寥寥数张单独的静态设计视图/图表更具洞察性。

（2）在 SE 领域内所做的其他并行开发也会遇到一些特殊的情况，这些开

---

① STEP 指用于产品交换的标准。

发包括 AP233、各种架构框架（DoDAF、MoDAF 等）、UML 2. x[181]、SysML[187] 以及被广泛接受的 XML[257] 等。后者支持使用包含规则的元语言来构造与 IT 相关的 Web 应用程序领域之外的专门的标记语言，并且专门针对 SE 领域。这一点在模型驱动架构（MDA）的范式上反映得尤为明显[178]。通过提供商业工具提供商能够在其上构建应用程序并且清晰地表述为"可执行架构"的基础，所有这些开发都有潜力进一步授权可执行架构的概念。

（3）用户从架构蓝图阶段就开始频繁地干预系统开发将导致出现更高的错误风险。这主要是由于开发人员在转译架构模型时引入了自己的解释①，并且添加了架构中未提供的实施细节。因此，以自动化或仅仅半自动化的方式处理系统开发/生产过程就可以通过将人工干预排除在循环之外或至少将其最小化来减轻此类风险。此外，无论是出于技术还是非技术目的（如早期概念展示、可视化），生成架构的可执行版本（特别是如果将其耦合进虚拟仿真环境，通常称为合成环境）能够提供一种方式来促进各个项目利益攸关方之间的通信和交换。

（4）如果要直接使用架构模型来生成系统，那么在设计和架构阶段还需要更多地关注可执行架构。作为回报，在无疑需要更多工程师和开发团队以及额外财政支出的实际系统开发过程中，可执行架构所带来的最小化设计缺陷风险的好处将变得非常重要。因为在设计和架构阶段执行验证和确认的次数越多，在系统生成以后就可以越少地执行这一过程。这再次证实了 Bohem 的发现[25]。

2.3.2 建模和仿真作为可执行架构的使能器

由于与系统架构相关的视图存在着多样性和多重性，因此不大可能将所有的视图聚合到一个单独的可执行应用程序中，以便有意图地表示出整个架构。尽管如此，最可能的情况是整个架构可以映射到多个应用程序，这些应用程序可以联网进入单一的执行环境或联邦中。在建模和仿真领域，联邦的概念通常被定义为"一组参与某项公共目标并且通过预定义的通信协议进行互操作的交互仿真（也称为联邦成员）"。

在自组织架构中会频繁使用到联邦这一概念。然而，只有通过分布式交互仿真（DIS）[118]协议和高层架构（HLA）[119]，这一概念才得以在联邦组成、数据交换②、发布和订阅机制、运行时间支撑系统以及各种服务（如时间管

---

① 很多时候，设计和架构团队与开发团队不是同一拨人。
② 对象模型，出自某种面向对象的描述方法。

理、对象管理）方面被完全形式化，并且在技术上被阐释清楚。下面将重点
介绍高层架构，并且解释它是如何能够支持可执行架构这一概念的。

1. 高层架构

美国国防部建模与仿真高层架构[60]是在国防建模与仿真办公室（DMSO）
的监督下开发完成的。HLA 的主要目标是增强仿真之间的互操作性，促进仿
真及其组件的重用。经过数轮的开发迭代，HLA 的定义由一系列文档给出，
它们用于指定：

（1）基本概念和一组定义了一般原则的规则。

（2）联邦开发与执行过程（FEDEP）：用于开发分布式模拟的六步过程
（图 2.2）。

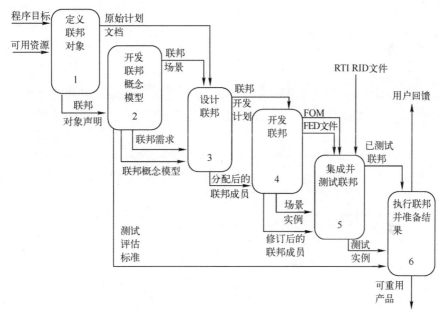

图 2.2　DMSO HLA FEDEP[237]

（3）联邦接口规范：用于指定联邦成员和一个运行时间支撑（RTI）系统
之间的接口。RTI 是一种软件，用来管理联邦成员之间的数据分布，并向它们
提供各种服务，如仿真时间管理。

（4）HLA 对象模型模板（OMT）规范，它定义的格式用于指定联邦对象
模型（FOM）和联邦成员（仿真相关）对象模型（SOM）。FOM 指定在联邦
执行期间创建和共享的一组对象、属性和交互。SOM 根据对象的类型、属性
以及提供给未来联邦的交互来对联邦进行描述。它不应是对联邦成员（仿

真）所进行的一项内部说明，而应该是以接口的形式对其能力所进行的一种描述。

2000 年，电气和电子工程师学会对 HLA 进行了扩展，采用了以下 IEEE 标准，从而使其获得了更广泛的承认：

（1）IEEE 1516—2000：建模与仿真高层架构 IEEE 标准——框架和规则。

（2）IEEE 1516.1—2000：建模与仿真高层架构 IEEE 标准——联邦成员接口规范。

（3）IEEE 1516.2—2000：建模与仿真高层架构 IEEE 标准——对象模型模板规范。

（4）IEEE 1516.3—2003：高层架构联邦开发与执行过程 IEEE 推荐实践（图 2.3）。

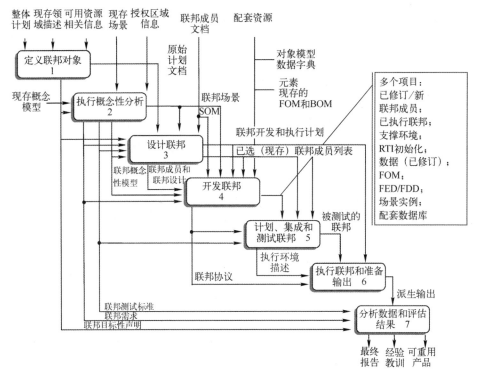

图 2.3　IEEE 1516.3 七步 HLA FEDEP[237]

由于各种各样的规则和服务、联邦与联邦成员对象描述以及 RTI，人们可以将联邦设想为一组同时运行的应用程序（如联邦成员），提供自身的对象更新并消耗其他的联邦对象（为其他仿真/联邦成员所有）。所有的交互都只发生在应用程序和 RTI 之间，联邦成员之间不允许进行通信。此外，联邦成员的类型不受约束，因此它可以是纯数学模拟、模拟器（如飞行模拟器）或与联邦中其他虚拟或真实资产发生交互的真实系统（如飞机）。HLA 联邦的概念图如图 2.4 所示。

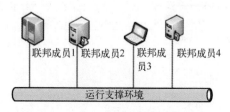

图 2.4　HLA 联邦的概念视图

2. 通过 HLA 实现可执行架构

为了实现一个可执行架构，架构产品（DoDAF、MoDAF 等）应该满足以下先决条件：

（1）将要执行的架构产品应该使用明确一致的（形式化）表示（语言）进行描述。

（2）应该存在一种机制将这些架构产品转译成依赖于时间的可执行软件包，该机制通常由自动代码生成技术或专用执行环境（TAU、Simulink 等）来完成。

（3）生成的软件应该封装为 HLA 联邦成员。

（4）特定联邦 FOM 和联邦成员 SOM 的选择或开发。

（5）一个仿真场景的规范和开发。

（6）所有具有初始状态、输入和参数的应用程序的激活状态规范。

2.4　关于 SE 和 SysML 的 DoDAF

DoDAF 视图和产品在对作战和系统描述以及它们之间的关系进行分类与表示时非常有用，如图 2.5 所示。在 SE 的上下文中，SysML 在其元模型的语义支持下可以用作建模符号。此外，AP233 可以为架构框架中显示的数据提供一种中立的数据交换[192]格式。

DoDAF 会根据架构的预期用途来推荐产品，并指出架构需要一个最小集来取得"集成架构"的资格。它的主要目的是在增强用户友好性的同时，更好地解释架构的适用性。此外，随着 UML 的日益流行，各种类型的 UML 表示

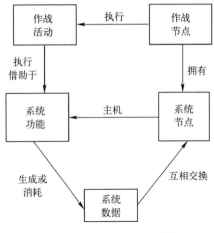

图 2.5　DoDAF 元素关系[63]

都可以用来描述 DoDAF 架构产品。当数据在作战视图、系统视图以及技术视图之间实现合理的共享时，就实现了"集成架构"这一目标。根据 DoDAF 给出的定义："当产品及其组成架构的数据元素被开发到这样的程度，即使得一个视图中定义的架构数据元素与另一个视图中所引用的架构数据元素完全一致时（如相同的名称、定义以及数值），这样的架构描述就被定义为一种集成架构[261]"。SysML 提供了 UML 的功能以及 DoDAF 所需的其他模型和表示方法。在该上下文中，SysML 和 DoDAF 规范得到了元模型的支持，这些元模型定义了规范中元素的含义，并且提供了这些元素之间的关系。由于元模型的内容必须能够与 AP233 规范进行对比，因此元模型代表了 AP233 标准开发中的关键环节，这与任何一种系统建模方法无关。AP233 格式可以作为使用不同符号的工具之间进行模型交换的桥梁。

于是，有可能将 AP233 当作一种中立格式来使用，以便将现有系统工程工具中的数据转换为 SysML 模型，并在 DoDAF 架构产品的上下文中使用这些模型。例如，利用 IDEF0 活动图就可以导出 AP233，再作为 SysML 活动图导入基于 UML 的工具中。这就允许合作伙伴在使用自己所喜欢的符号的同时，仍然能够交换信息，并以一种公共符号（如 SysML）的方式来准备他们的 DoD 架构框架。此外，由于 DoDAF 根据 UPDM[191] 的倡议承认 UML 适用于其众多产品，因此 SysML 的增强功能可能有助于减少歧义，同时为许多 DoDAF 产品添加丰富的语义和表达方式。从 DoDAF 产品到系统工程领域的映射见表 2.7~表 2.10[63]。

表 2.7　AV 产品映射

框架产品	UML	AP233	SysML
AV-1	图表和元素注释	大部分元素都包含在视图定义上下文、项目、人员以及组织之中	适用描述上的图表和元素注释
AV-2	图表和元素注释	用于支持标准术语以及产品或属性类型的引用数据库	图表和元素注释，以及相关的模型存储库

表 2.8　OV 产品映射

框架产品		UML	AP233	SysML
OV-1		非完全等价，但是包含在用例图之中	非完全等价，但是包含在视图定义上下文、项目、人员以及组织之中	自由形式的图标类图，或者利用用例图来描述参与者（作战节点）使用系统（主题）的情况
OV-2		交互（协作）图	人员与组织模块，由组织关系实体表示的需求线	以包形式表示的对作战活动进行分组的作战节点，以项流形式表示的需求线显示了沿着需求线进行的信息交换
OV-3		不可用	人员与组织模块，需求线可能用组织关系实体来表示	非完全等价，信息交换属性可以通过 OV-2 中标识的项流的分解和规范来描述。这些项流也可以对应于 OV-5 中的对象节点
OV-4		类图	人员与组织模块。可能使用到组织关系实体，并通过恰当的引用数据对其进行分类	块定义图。类关系可能用于显示组织之间的关系
OV-5		用例图和活动图	活动方法和模式模块	用例图、活动图以及活动层次
OV-6	OV-6a	不可用	活动方法、需求分配、需求标识以及版本	用于指定约束条件的需求图和参数图。参数图可以描绘 OV-5 作战用例属性之间的约束条件
	OV-6b	状态图（状态机）	状态定义、状态观察以及状态表征	状态机图
	OV-6c	序列图和活动图	活动、活动方法、模式以及人员与组织模块	序列图和活动图
OV-7		类图	不可用	块定义图

表 2.9 SV 产品映射

框架产品		UML	AP233	SysML
SV-1		部署图和组件图	系统故障和接口模块	包代表了系统分组。系统通过块定义图来表示，内部块（组合结构）图用于递归分解系统
SV-2		非精确等价，但在某种程度上可以使用部署图	系统故障和接口模块。通用接口可以用于表示 SV-1 和 SV-2 中的连接	维持逻辑连接器和物理连接器之间可跟踪性的内部块图和分配关系。分配关系可以用于逻辑连接器和物理连接器（如 SV-1 逻辑连接器和 SV-2 物理连接器）之间的可跟踪性
SV-3		不可用	系统故障和接口模块	非精确等价。可以为连接器指定属性，同时可以将引用数据（如项目状态）添加到 SV-1 中的项流或连接器中
SV-4		用例图、类图和包图	系统故障、功能故障以及接口模块	带有对象节点的活动图用来表示数据流
SV-5		不可用	部分内容包含在活动方法、方法分配、系统故障、功能故障以及接口模块中	非精确等价。矩阵可以由对应于 OV-5 和 SV-4 产品的图表和元素注释生成
SV-6		不可用	系统故障以及接口模块。矩阵表示超出了 AP233 的范围，AP233 只寻求对系统之系统的底层语义进行建模	非精确等价。系统数据交换可以表示为 SV-1 中描述的接口上的项流。它也可能对应于 SV-4 中的对象节点
SV-7		不可用	系统故障以及属性分配模块	用于标识关键性能参数及其关系的参数图
SV-8		不可用	模式、系统故障、产品版本、日期时间分配	非精确等价。时间线结构可以在 SysML 或 UML 2.x 中定义，以便随着时间的推移显示用例功能
SV-9		不可用	部分内容包含在系统故障以及日期时间分配模块之中	非精确等价。可以使用表格形式或带有技术预测的时间线来显示关于时间方面的属性（技术标准预测）
SV-10	SV-10a	不可用	需求标识、需求分配、系统故障和规则	需求图描述了系统属性之间的约束
	SV-10b	状态（状态机）图	状态定义、状态观察以及状态表征	状态机图
	SV-10c	序列图	状态定义、状态观察、状态表征以及功能行为	活动图和序列图
SV-11		类图	不可用	块定义图

表 2.10　TV 产品映射

框架产品	UML	AP233	SysML
TV−1	不可用	文档标识、文档分配以及系统故障	需求图
TV−2	不可用	文档标识、文档分配、系统故障以及日期时间分配	非精确等价。可能以表格形式或作为时间线来显示属性（技术预测）与时间的对应关系

2.5　小　　结

更高的计算能力、更快的网络连接能力以及大型数据存储解决方案的广泛应用，极大地促进了仿真在合成环境中的使用，在展示高水平逼真的同时，允许真实系统与虚拟系统进行交互。在这个方面，系统工程方法论使得设计从实现过程中分离出来，从而促进了对设计的重用，并且允许构建基于真实实体系统工程设计的合成环境和虚拟系统。

在这一背景下，本章的主题给出了架构框架所包含的一般范式，并且讨论了可执行架构的好处以及建模和仿真的相关概念。强调了 DoDAF 及其与架构、合成环境、系统工程建模语言和方法论相关的有价值的建模特征和功能。此外，在 AP233 中立格式的上下文中显示了从 DoDAF 产品到相应 SysML/UML 设计图表的映射。

第 3 章　统一建模语言

统一建模语言[185-186]是一种标准化的多用途建模语言，它允许指定、可视化、构建和记录软件密集型系统的工件。这种语言的目标是在构建之前对软件系统进行建模，与此同时实现生产的自动化、提高质量、降低推断成本并且缩短投放市场的时间。最后得到的模型在系统实际实现之前就显示了其不同层次的细节。

基于一组图表的 UML 符号在种类上异常丰富，每张图表都提供了在其特定上下文中被建模元素的一种视图。尽管模型和图表可能看起来很相似，但实际上它们是两种不同的概念。模型使用 UML（或其他一些符号）来描述处于不同抽象程度的系统。它通常包含了一个或多个图表，以图形化的方式表示某个给定的方面或模型元素的某个子集。另外，图表以可视化的形式描述了可量化的方面，如关系、行为、结构以及功能。例如，类图描述了系统的结构，而序列图则显示了基于对象之间消息发送的交互随时间的变化。因此，UML 图可以分为结构图和行为图两个独立的部分。本章概述了 UML，并介绍了它的符号及其含义。3.1 节简要介绍了 UML 定义的历史，3.2 节根据 OMG 规范[186]描述了 UML 图的语法规则及其含义，3.3 节介绍了 UML 概要分析机制。

3.1　UML 的历史

在 20 世纪 90 年代早期，由软件工程社区开发的几种面向对象建模语言对整个软件社区来说都是未尽人意的，因此对统一的解决方案的需求变得至关重要。在 1994 年，Booch[30]（Rational 软件公司）寻求创建一种丰富的建模语言，于是引出了 UML 背后的思想。1995 年，Booch 描述对象及其关系的方法论与 Rumbaugh 的对象建模技术[182]合二为一，形成了一种专门用来表示面向对象软件的建模语言 UML 0.8。1996 年 6 月，发布了包含有 Ivar Jacobson 面向对象软件工程（OOSE）方法[123]的 UML 0.9，它由用例方法论组成。此后，该标准通过版本 1.1、1.3 和 1.4 得到了进一步改进。

尽管 UML 1.x 在社区中被广泛接受，但仍然出现了一些不足之处，如缺乏对图表互换的支持[136]、复杂度增加、可定制能力有限以及语义定义不充分。此外，UML 1.x 与 MOF[175] 和 MDA[178] 不完全一致。因此，要解决这些问题还需要进行大的修改[35]。于是 OMG 正式采用了一个新的 UML 大修版本UML 2.0[181]。此后，对该语言所做的许多改进都以小修的形式应用于UML 2.0。

3.2　UML 图

UML 图主要分为结构图和行为图两大类，后一类包括了一个子集类，称为交互图。图 3.1 描述了图的分类。

结构图对系统的静态方面和结构特征进行建模，而行为图则对系统的动态行为进行描述。结构图包括类图、组件图、对象图、组合结构图、部署图和包图。行为图包括活动图、交互图、用例图和状态机图。交互图是行为图类的一部分，因为它们强调建模组件之间的交互；它们包括序列图、通信图、交互概览图和时序图。UML 2.x 中提出的新图表包括组合结构图、交互概览图和时序图。另外，自 UML 1.x 以来，其他图表也得到了扩展和修订，它们包括活动图、状态机图、序列图和通信图。

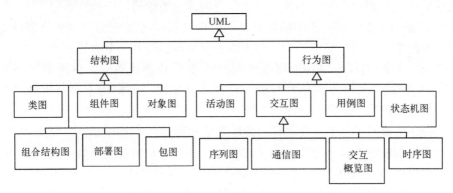

图 3.1　UML 2 图分类[186]

3.2.1　类图

类图表示面向对象的建模中主要的构建块，它描绘了模型的特定区域或其整体的静态视图，用于描述结构元素及其关系，主要用于构建系统架构。它捕获并定义了类和接口以及它们之间的关系。此外，类是抽象模板，实时对象从中实现了实例化。类图描述了类之间的关系，而不是具体实例化对象之间的关系。类通过不同的关系相互关联，这些关系包括关联、聚合、组合、依赖或继承。

作为一种基本的构建块，类图定义了系统正常运行所需的基本资源。每种资源都根据其结构、关系和行为进行建模。通常来说，类图包含以下特征：

（1）类：每个类都由类名、属性以及方法三个部分组成。属性和方法可以是公共的、私有的或受保护的。系统中类的抽象角色也可以被指示出来。

（2）接口：标题框表示系统中的接口，提供有关接口名称及其方法的信息。

（3）泛化关系。

① 继承关系：用一条尾端带有实心箭头的实线表示，箭头从子类（或接口）指向其父类（或接口）。

② 实现关系：用一条尾端带有实心箭头的虚线表示，箭头从类指向其实现接口。

（4）关联关系：表示"包含"关系。关联关系用一条尾端带有空心箭头的实线表示。箭头从包含类指向被包含类。组合关系和聚合关系是两种特殊类型的关联关系，其定义如下：

① 组合关系：用一条尾端带有实心黑色钻石的实线表示。一个由组合关系建模的类"拥有"另一个类，因此负责创建和销毁另一个类的对象。

② 聚合关系：用一条尾端带有空心白色钻石的实线表示。一个由聚合关系建模的类"使用"另一个类，但不负责创建和销毁另一个类的对象。

（5）依赖关系：用一条尾端带有空心箭头的虚线表示。它表明一个类"实体"依赖于另一个实体的行为。它有助于显示一个类用于实例化另一个类，或者使用另一个类作为输入参数。

图 3.2 显示了一个包含预订功能的住宅租赁系统的类图示例。结果表明，可供选择的住宅类型分为公寓和住宅两种。公寓类和宿舍类都继承自住宅类。客户概况类通过组合关系包含在客户类中。后者意味着一个类（客户概况）不能脱离另一个类（客户）而独立存在。住宅库存类和租赁地点类之间存在着相同的组合关系。住宅类和住宅库存类之间也存在着一种聚合关系，因为一张住宅库存列表可能由多座住宅组成。然而，即使住宅库存类被销毁，住宅类将继续存在。此外，在进行预订时，将同时使用住宅类和客户类。

3.2.2　组件图

组件图描述了软件组件及其相互之间的依赖关系，它显示了系统组件之间的定义、内部结构和依赖关系。组件是一种模块化和可部署的系统部件。组件

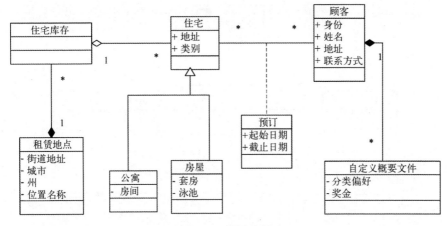

图 3.2　类图示例

在图中被描绘为方框，并且一般通过连接器相互关联。组件图具有比类图更高的抽象程度，通常由一个或多个类（或对象）在运行时实现。组件图允许捕获系统主要构建块之间的关系，而不必深入挖掘功能和/或实现的细节。

组件图达到以下目的：

（1）在实现环境下建模真实的软件或系统。

（2）通过依赖分析揭示软件或系统配置问题。

（3）在做出更改和改进之前描绘出系统的一副精确画面。

（4）揭示实现过程中的瓶颈而无须检查整个系统或代码。

（5）定义物理软件模块以及它们彼此之间的关系。

图 3.3 显示了一个表示操作系统及其应用程序子集的组件图示例。该图显示操作系统能够运行文本编辑器、Web 导航器和文件管理器等软件应用程序。此外，本例中的 Windows、Unix 和 Macintosh 操作系统继承了操作系统组件的行为。

3.2.3　组合结构图

组合结构图是一张静态结构图，显示了分类器（如类、组件或协作）的内部结构。它还可以包括像端口这样的内部部件，分类器通过端口彼此交互，或者与外部实体及其底层连接器交互。此外，它还显示了系统不同部件的配置和关系，这些部件作为一个整体执行包含分类器的行为。组合结构图的元素如下：

（1）包含分类器：表示组合结构元素的类、组件或协作。如图 3.4 所示，汽车是关系图的包含分类器。

（2）部件：由包含分类器所拥有的一个或多个实例组成的元素。如图 3.4

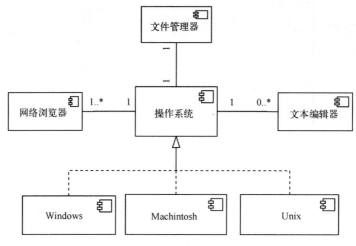

图 3.3　组件图示例

所示，汽车拥有发动机、车轴、车轮三个部件的实例。

（3）端口：表示包含分类器可见部分的元素。它定义了分类器与其环境之间的交互。端口可以存在于被包含分类器的边界上，也可以存在于组合结构自身的边界上。此外，端口还可以指定包含分类器提供的服务以及环境提供给分类器的服务。

（4）接口：类似于类，但是带有一些限制条件。它的属性都是常量，并且其操作都是抽象的。它们能够以组合结构图的形式表示。当接口为类所拥有时，它们被称为"公开接口"，类型可以是"提供的"或"必需的"。在前一种类型中，包含分类器提供由命名接口定义的操作，并通过实现关联链接到接口；在后一种类型中，包含分类器与另一个分类器进行通信，从而提供由命名接口定义的操作。

图 3.4 是一个描述车辆主要元素的组合结构图示例。更准确地说，一辆汽车应该包含一个发动机、两个或更多的轮子以及一个车轴。一个端口位于发动机部件的边界上，发动机通过该端口为驱动提供动力。在这种情况下，动力代表发动机向车轴提供服务。

3.2.4　部署图

UML 部署图描绘了系统的硬件架构以及运行在每个硬件上的组件。部署图对于运行在多个设备上的应用程序来说是必要的，因为它显示了用于连接系统中硬件设备的硬件、软件和中间件。

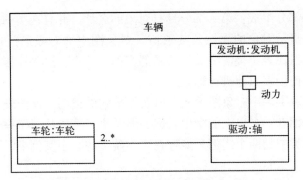

图 3.4　组合结构图示例

硬件组件使用方框来描绘。组件图可以嵌入部署图中。更准确地说，用于建模 UML 组件图的方框同样用于硬件方框中，以表示在特定硬件上运行的软件。此外，部署图中的节点可以通过直线（连接器）进行互连，以表示相互依赖关系。

图 3.5 描绘了一个通信网络架构的部署图示例。它描述了通过 TCP/IP 网络连接的三种不同硬件组件之间的关系。应用服务器可以连接到一个或多个 Web 服务器。每个硬件组件运行一个或多个软件应用程序。例如，Web 服务器部署 Windows XP 和其他服务，如 Http、SSL 和 Apache。总之，部署图用于描绘所设计系统中硬件架构和软件组件架构的抽象视图。

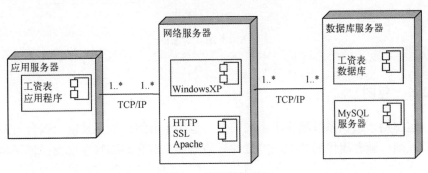

图 3.5　部署图示例

3.2.5　对象图

对象图显示了某个类的特定实例在运行时是如何相互关联的。它由与其相对应的类图中相同的元素组成。当一个类图根据属性和方法定义软件的类时，对象图将值分配给相应的类属性和方法参数。对象图通过对来自问题域的示例进行建模支持需求研究。此外，它们还可以用来生成测试案例，这些案例可以用于类图的验证。

对象由两部分组成：第一部分具有对象的名称，并且在类图中有相对应的类；第二部分显示对象的属性及其数值。对象图中的对象通过连接器相互连接。这些连接器代表了类图中关联关系的实例。注意，这些连接器没有像它们在类图中那样使用多重值进行标记。

图3.6显示了一个对象图示例，以及派生它的类图。该图表明：大学中的一个学院可以拥有一名以上的学生，但一名学生只可能从属于一个学院。对象图表明：学生类中的两个实例只能存在于学院类的一个实例中。

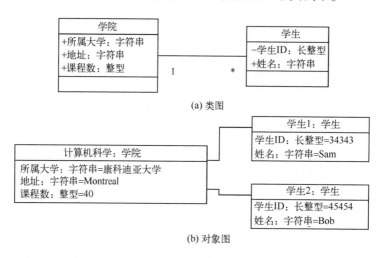

图 3.6　类图和对象图

3.2.6　包图

包图用于组织系统模型中不同的包。包用于分组模型元素以及聚合关系中的其他图。随着用例图和类图数量的日趋增加，对它们的管理也变得越来越困难，有必要对这些图进行分组。因此，包帮助将项目解构成可管理的部件。包用一个矩形描绘，矩形顶部带有一个显示包名称的小标签。包图可以包含以层次结构组织的多个包。与类图中的类相似，包也使用不同类型的连接器，如关联连接器、依赖连接器以及泛化连接器进行相互关联。

一个包中的某种元素可能以不同的方式依赖于另一个包中的元素。例如，一个包中的某个类可能继承另一个包中某个类的属性，这样就应该在这两个包含包之间建立起一种泛化关系。图3.7显示了某旅游服务系统的包图子集示例。

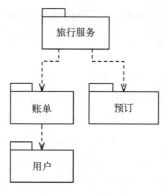

图 3.7　包图示例

3.2.7　活动图

活动图通常用于描绘某个给定过程的流，它强调了协调过程行为所需的输入/输出依赖关系、排序和其他条件（如同步）。此外，UML 活动图[207]可以在广泛的领域内捕获过程或系统的行为，用于详细描述计算、业务和其他工作流过程的用例以及一般的建模。为了描述一个给定的系统，可能需要大量的活动图；每张图可能专注于系统的某个侧面或者显示模型的某个特定方面。

活动图由一组与控制流路径相关的动作按照特定的调用（或执行）顺序组成。可以使用数据流路径来强调输入和输出之间的依赖关系。

动作代表了行为规范的基本单元，在活动中不能做进一步的分解。活动可以由一组按顺序和/或并发协调的动作组成。另外，该活动还可能涉及同步和/或分支。可以通过使用包括分叉、汇合、决策和合并在内的控制节点来启用这些特征。这些节点支持各种形式的路由控制。此外，还可以通过调用行为动作节点来指定活动之间的层次结构，这方面也可以参考活动的另一个定义。下面将详细描述活动图的建模元素。

1. 活动动作

活动动作用于指定细粒度的行为，类似于普通编程语言中可执行指令这种行为。从本质上讲，一个动作可以理解为从一组输入到一组输出所发生的数值转换。对于某个给定的动作，输入由传入边集指定，输出由传出边集指定。注意，在基本动作节点的情况下，可能只允许指定一个传入和传出边。给定动作在运行时的效果用动作的前置条件与其后置条件之间的系统状态差异来描述。前置条件在动作执行以前立即生效，后置条件在动作执行完成以后立即生效。

在这一背景下，UML 规范没有对动作的持续时间做任何限制。因此，按照需求和约束条件，可以使用瞬时（零时差）或定时执行语义模型。

2. 活动流

为了获得总体上的预期效果，通常需要组合大量的转换动作，这是通过使用活动流来完成的。这些活动流用于组合执行原始（基本）状态转换的动作，正是通过将动作及其效果与活动流组合在一起，才生成了复杂的转换，并且满足组合动作的条件和执行顺序。UML 标准同时支持控制流和数据流（对象流）。本节将重点聚焦在控制流上，因为它们代表了我们验证和确认工作的主要目标之一。控制流是最传统和最自然的组合动作方式。实际上，两个动作之间的控制流边可理解为在执行完边缘处的动作以后，立即启动边目标端的动作执行。在大多数情况下，使用到活动图的过程需要给执行流提供各种备选路径，如条件分支和循环。为了支持上述结构，许多特定的控制节点（包括像分叉和汇合这样的标准控制结构）的使用方式与它们在状态机图中的使用方式类似。同样的，可以通过指定标记流的警戒（本质上是无副作用的布尔谓词）来对控制流进行调整，这些警戒用于控制的条件迁移。

3. 活动构建块

活动图可能包含用于捕获相应对象流的对象节点①。然而，由于控制流方面代表了行为评估上的兴趣点，因此将在下面讨论与之相对应的控制流工件子集。

活动图的构建块由图 3.8 中描绘的控制流元素组成，具体描述如下：

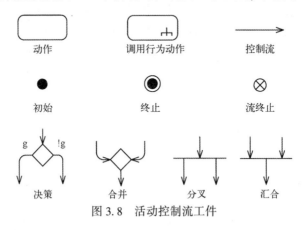

图 3.8　活动控制流工件

① 数据流连接动作的方式与控制流不同。它们用于连接动作上的输入和输出插脚，同时允许在结束产生数据流的活动之前激活某些动作。因此，与控制流相比，数据流依赖倾向于高细粒度，因为动作可能有多个以敏感和复杂方式连接的输入和输出。

（1）初始节点：表示活动图的开始（如初始入口点）。

（2）终止节点：表示何时结束整张活动图的执行。

（3）流程终止节点：用于停止特定动作流的执行。

（4）动作节点：是一些处理节点。动作可以顺序执行，也可以并发执行。此外，一个动作表示一项基本的执行步骤，该步骤不能进一步分解为更小的动作。

（5）分叉节点：是一个控制节点，它触发并行执行路径中的并发处理。

（6）汇合节点：是一个控制节点，它将不同的并发执行路径同步到一个执行路径中。

（7）活动边（迁移）：用于将活动图中的控制流从一个活动节点转移到另一个活动节点。如果已经指定，那么由警戒来控制边的触发。

（8）决策节点（分支节点）：根据警戒的真实值来指定执行路径，从而在活动图中不同的执行流之间做出选择。

（9）合并节点：是一个构件，它将多个备选路径合并（不同步）到一个公共活动流中。

动作节点和边的聚合表示一个可执行块。可执行块经常被认为是一个结构化的活动节点，它通常以某些结构化编程语言的方式与块的概念相对应。它们在构建任意复杂的活动节点层次结构时非常有用。

3.2.8　活动图执行

UML 活动图的执行语义类似于 Petri 网令牌流。在这方面，根据规范要求，每个活动动作在接收到控制流令牌以后都会立即启动。一旦上一个动作完成，后续动作将接收到一个控制流令牌，并且在使用令牌的同时立即被触发。

图 3.9 显示了几种用来定义过程控制初级方面的基本控制流模式：

（1）排序：能够按顺序执行一系列活动。

（2）并行拆分（分叉连接器）：能够将控制的单一线程拆分成多个控制线程，拆分过程是并行执行的。

（3）同步（汇合连接器）：允许将多个并行的子过程/活动融合成单一的控制线程，从而实现多线程的同步。

（4）排他选择（分支连接器）：能够在决策点处选择多个分支的其中之一。

（5）多路选择：能够在选择性基础上将一个控制线程拆分成几个并行线程。

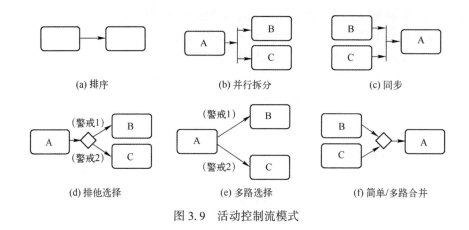

图 3.9　活动控制流模式

（6）简单合并（合并连接器）：是工作流过程中的一个点，在该点处两个或两个以上的替代分支未经同步便合并在一起。

（7）多路合并（合并连接器）：允许两个或两个以上的明显分支以不同步的方式融合在一起。如果不止一个分支处于激活状态，则为每个传入分支的每次激活启动合并后的活动。

3.2.9　用例图

用例图描述了一组场景，这些场景揭示了用户和系统之间的交互。用户可以是一个人，也可以是一个系统。用例指的是系统通过与其参与者进行交互而能够执行的动作，因此用例图显示了一系列动作以及能够执行这些动作的参与者。用例用于开发过程的初始阶段，它们在引出软件和系统的需求方面非常有用。大多数用例在初始阶段就已经被定义，并且在开发过程中可能还需要定义新的用例。此外，用例被用来标识系统期望、系统特定的特征以及系统组件之间的共享行为。

通常情况下，用例图由以下三个实体组成：

（1）参与者：是用户、子系统或设备在与系统进行交互时可以扮演的角色。参与者被绘制成简笔画。

（2）用例：为参与者提供了一系列可执行的操作。用例被绘制成水平放置的椭圆。

（3）关联关系：指两个或多个分类器之间的语义关系，它们指定了实例之间允许的连接。关联关系被绘制成实线，在必要的时候，这些直线可以带有指示连接方向的箭头。

图 3.10 显示了一个用例图的示例。它建模了一个在线用户预订系统。销售人员负责注册新客户。用户将登录到系统中并检查不同的项目。他可以下订单，稍后由销售人员进行检查。该图显示了每个参与者可以在系统中执行的功能。

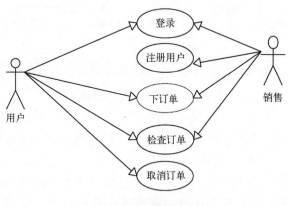

图 3.10　用例图示例

3.2.10　状态机图

开发通用的尤其是 UML 形式的层次状态机的主要动机是为了克服传统状态机在描述大型复杂系统行为时所受到的限制。

UML 状态机本质上是分层次的，并且支持正交区域（并发性）。它们之所以能够得到使用，是为了以可视化、直观和紧凑的方式表达系统或其组件的行为。状态机根据一组可能的传入事件进行演进，每次从事件队列中分派一个这样的传入事件。这些事件可以触发状态机迁移，而状态机迁移反过来通常与一系列已执行动作相关联。

UML 状态机的一些关键特性包括将状态集群为组合（或）超级状态的能力，以及将抽象状态细化为子状态的能力，从而提供了一种层次结构。此外，并发性可以用包含两个或更多并发激活区域的正交（"和"）组合并发状态来描述，每种并发状态都是对状态所做的进一步集群，如图 3.11 所示。因此，当系统处于"和"状态时，其每个区域将包含至少一个激活状态。此外，因为每次可能不止一个激活状态，所以状态机的动态是基于配置的，而不是基于状态的。配置指一组激活状态；当从一个步骤推进到下一个步骤时，配置也代表状态机动态变化过程中的一个稳定点。为了描述某个给定实体的行为，有时需要许多状态机图，并且每张图都可以用来关注实体行为一个不同的侧面。

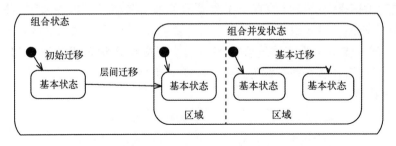

图 3.11　状态机层次结构集群

状态机基本上是状态和迁移以及许多其他伪状态组件的结构化聚合。图 3.12 显示了一个状态机的构建块。这些状态要么是简单的，要么是组合的（集群了多个子状态）。此外，状态被嵌套在一个包容层次结构中，这样包含在某组合状态某个区域内的那些状态就被表示为该组合状态的子状态。

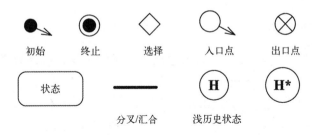

图 3.12　状态机组件

1. 区域

区域是包含某个组合状态的子状态的占位符。组合状态可能包含一个或多个区域，其中不同的区域用虚线分隔，并且每个区域与相同组合状态中的其他区域正交。因此，当某个组合状态包含不止一个区域时，就会出现并发性问题。

2. 状态

每个状态都具有唯一的名称或标签，用于表示迁移的源或目标。状态也可能具有"入口"、"出口"和"进行"这些关联动作。终止状态只能是迁移的目标，不能再有子状态或关联动作。一旦到达终止状态，就需要完成父区域。

简单或基本状态用来表示状态层次树的叶子，因此不包含子状态或区域。与之相反，组合状态用所有其他非叶子节点表示，因此至少具有一个包含子状态的区域。此外，只要组合状态处于激活状态，它的所有区域都恰恰只有一个激活的嵌套子状态。单区域组合状态称为非正交组合状态或顺序（OR）状态，而多区域组合状态则被称为正交（AND）组合状态。

3. 伪状态

UML 状态机在形式上对状态和伪状态进行了区分，因为后者没有包含在配置中；它们的主要功能是建模各种形式的复合迁移。此外，伪状态没有名称或关联动作，并且被用作各种类型中间顶点的抽象。这些中间顶点用于链接状态机层次树中不同的状态。下面显示了不同类型的伪状态：

（1）初始：用于指示入口上某个特定区域的默认激活状态。此外，在组合状态的每个区域中只能出现一个初始顶点。

（2）分叉：意味着传入的迁移起源于单一状态，并且具有多个并发的传出迁移，这要求目标位于并发区域内。

（3）汇合：将出自并发区域内多个状态的两个或多个迁移组合为一个带有单一目标状态的复合同步迁移。

（4）浅度历史：用于表示组合状态区域内到最近激活的子状态的入口点。此入口点对应于上次退出组合状态时所建立的状态配置。在以前从未访问过组合状态的情况下，允许使用单独的迁移来指示默认的浅度历史状态。

（5）深度历史：是浅度历史的扩展或泛化，用于表示包含在组合状态区域内到最近激活的配置的入口点。因此，通过递归下降到最近激活的子状态来建立配置，同时在每个包容层次激活最近被激活的子代。

4. 迁移

迁移是相关的状态对，用来表明一旦满足某些指定条件（警戒）以后，动态元素（如对象）就根据触发器（事件）来更改状态。对警戒所做的评估发生在事件被分派之后，但在触发相应的迁移之前。如果警戒被评估为 true，则启用迁移；否则，迁移将被禁用。每个迁移都允许指定一个可选的动作（如发布一个新事件），如果该动作得到应用，就会导致迁移的效果。

来自组合状态的迁移称为高级迁移或组迁移。当该迁移被触发时，将退出给定组合状态的所有子状态。此外，复合迁移是由各种伪状态链接起来的非循环迁移链，代表了从源状态集（可能是单例）到目标状态集（可能是单例）

的路径。当源状态集和目标状态集都是单例时，迁移被称为基本迁移或简单迁移。此外，如果属于两个或更多启用迁移的源状态交集为非空集，则这些迁移将被告知处于"冲突中"。在这种情况下，某个迁移的优先级可能高于其他迁移。因此，在简单迁移的情况下，UML 标准为具有最深嵌套源状态的迁移分配了更高的优先级。

此外，UML 指定了许多迁移约束：

（1）涉及汇合伪状态的迁移源状态集是一个至少包括两个正交状态的集合。

（2）一个汇合顶点必须具有至少两个传入的迁移，并且恰好有一个传出的迁移。

（3）所有经一个汇合顶点传入的迁移必须发源于一个正交状态的不同区域。

（4）进入一个汇合顶点的迁移不能具有警戒或触发器。

（5）一个分叉顶点必须具有至少两个传出的迁移，并且恰好有一个传入的迁移。

（6）一个分叉顶点的所有目标状态必须从属于一个正交状态的不同区域。

（7）出自分叉伪状态的迁移不能将伪状态作为目标。

（8）迁移传出伪状态不能具有触发器。

（9）初始迁移和历史迁移被限制为仅指向其默认目标状态。

（10）在即时封闭组合状态相同的情况下，不允许发生从一个区域到另一个区域的迁移，并且实际上要求这两个区域是两个不同组合状态的一部分。

5. 状态配置

在 UML 状态机中，由于包容层次结构和并发性的存在，每次可以有不止一个状态处于激活状态。如果组合状态的某个简单子状态处于激活状态，那么它的父状态以及所有包含它的组合状态也处于激活状态。此外，层次结构中的一些组合状态可能是正交的（AND），并且因此可能同时处于激活状态。在这种情况下，状态机当前的激活状态用状态机层次树的子树表示。因此，包含在这种子树中的状态表示了状态机的一种配置。

6. 运行至完成步骤

UML 状态机的执行语义在规范中被描述为一连串运行至完成的步骤，每个步骤都代表了根据事件池中存储的已分派事件而发生的从一个激活配置到另一个激活配置的移动。

UML 规范未规定强加在事件池上的次序类型，将其留给建模者自行决定。但是，每次只能分派和处理一个事件。因此，运行至完成意味着可以从事件池中弹出一个事件，并且只有在先前选择的事件处理完毕后才可以分派该事件。处理运行至完成这一步骤中的单个事件是通过触发最大数量的已激活和非冲突的状态机迁移来实现的。这导致对当前激活状态集所做的一致更改以及相应动作（如果有）的执行，并确保在每个运行至完成步骤之前和之后，状态机都处于稳定的激活配置中。

此外，如果多个迁移位于相互正交的区域内，则可以以任意次序触发它们。在事件未触发某一特定配置中任何迁移的情况下（存在一个启用迁移的空集），运行至完成步骤将立即完成，但不会对配置做任何更改。在这种情况下，状态机被称为"口吃"，事件将被丢弃。

3.2.11　序列图

序列图用来描述使用通信实体的系统中的交互，这些实体用生命线所在的矩形表示。交互是一种基于消息交换的通信，这种信息交换以按时间顺序排列的操作调用或信号的形式存在[255]。对象充当这种通信实体的角色。生命线的主体表示其相应对象的生命周期。

消息用于传递信息，它可以在两条生命线之间以同步和异步两种可能的模式进行交换。共有操作调用、信号、应答和对象创建/销毁四种类型的消息。消息用一个带有标记的箭头表示，箭头从发送方指向接收方。此外，图表可能包含位于图表左侧的时间需求，它允许指定需要花费多久来完成一项操作的执行。

除了生命线和消息，序列图还可以定义其他结构来组织建模的交互。对最一般的交互单元所做的抽象称为"交互片段"[186]，用来表示对"组合片段"所做的概括。后者定义了前者的一种表达式，由交互操作符和交互操作数组成[186]。组合片段允许对交换消息的轨迹进行简明扼要的说明。它们用左上角带有一个小五边形的实线绘制的方框表示，显示了用虚线与操作数分隔开来的操作符[255]。一方面，交互操作数包含一组有序的交互片段；另一方面，交互操作符包括但不限于条件执行操作符（用"alt"表示）、循环操作符（用"loop"表示）以及并行执行操作符（用"par"表示）。最后，序列图定义了交互所使用的结构，以便引用其他交互。这允许建立交互的层次组织，并将其分解为可管理的单元。图 3.13 显示了序列图语法的子集。主交互操作符如下：

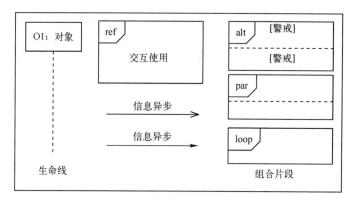

图 3.13　序列图的语法

（1）Ref name：用来引用在别处定义的一个序列图片段。

（2）opt［condition］：包含根据某种条件或状态值执行的一个片段。

（3）alt：具有两个或多个部分，但根据条件或状态值只能执行其中一部分。如果没有其他条件为 true，则可以使用标记为"else"的补充操作数片段来提供一个执行路径。

（4）par：具有两个或多个能够同时执行的部分。使用它时，并发不需要同时性，并且可以表示未确定的次序。在单个执行单元上，行为可以是顺序的，也可以是交叉的。

（5）Loop min.. max［escape］：表示的执行至少具有最小迭代次数，至多具有可选的最大执行次数。此外，能够使用可选的转义条件。

（6）break［condition］：具有可选的警戒条件。当评估值为 true 时，将执行其内容（如果有），而不执行封闭操作符的其余部分。

图 3.14 显示了一个电梯序列图的示例。该示例显示了当电梯里的楼层按钮被乘客按下时所执行的步骤。电梯按钮会一直亮到电梯抵达被请求的楼层。到达该楼层后，电梯控制器将发送一条消息给按钮用来关闭电梯灯。然后，电梯控制器将发送一条消息给电梯用来打开电梯门。最后，电梯控制器将发送一条消息给电梯用来关闭电梯门，以便电梯能够处理另外的请求。电梯门打开后等待的时间可以通过一个合适的标注在时序图上指定。在这方面，用于可调度性、性能和时间（SPT）[179] 的 UML 概要文件可以用来做这样的注释。

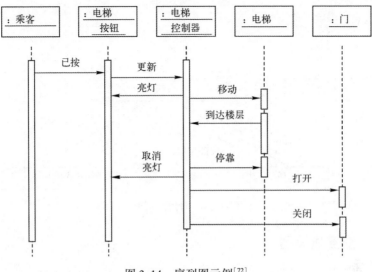

图 3.14 序列图示例[72]

3.2.12 通信图

通信图在 UML 1.x 中也称为协作图，代表了 UML 2.x 中的另一种交互图。与序列图类似，它也用来显示对象之间的交互，也负责显示对象之间的关系。通信图主要用于：

（1）标识参与类的接口需求。

（2）标识满足某种交互所需的结构更改。

（3）显式地标识交互期间传递的数据。这可能有助于找出数据的来源并且揭示出新的交互。

（4）揭示完成某个给定任务的结构需求。

在通信图中，对象用包含有对象名称及其相关类的矩形描述。对象之间的关系使用关联连接器显示。使用指示消息流方向的箭头将经过编号的消息添加到关联关系中。

图 3.15 显示了一个通信图的示例。它演示了电梯系统中的多个对象在响应电梯按钮时是如何交互的。乘客按下楼层按钮后就可以启动交互。然后，电梯按钮通过发送一个请求与电梯控制器进行交互。紧接着，电梯控制器将照明消息发送到指定的电梯按钮对象。移动消息随即被发送给电梯，指示其到达所请求的楼层。当到达所请求的楼层时，停止消息被发送给电梯，在特定的时间后打开电梯门。最后，电梯控制器向电梯发送一条关闭消息，用来关闭电梯门。

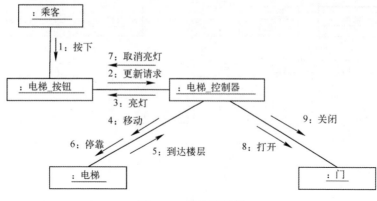

图 3.15 通信图示例

3.2.13 交互概览图

交互概览图的目的是通过一组交互来提供有关系统执行逻辑过程的高级视图。UML 2 交互概览图是 UML 活动图的变体。它们使用活动图的语法和语义来为一系列交互中的逻辑流建模。它们主要用于显示系统之间的交互，这些系统组合在一起产生特定的功能。虽然序列图、通信图或时序图都描述了交互的细节，但是交互概览图在更高层级上概述了如何执行一个或多个交互来开展更高阶的任务。

图中的节点要么是用来描述另一张 UML 交互图（如序列图、通信图、时序图或交互概览图）的交互帧，要么是用来指示需要调用的活动或操作的交互事件帧。连接交互帧的直线是控制流。控制节点（如决策、合并、分叉和汇合）可用于协调交互帧之间的流。

图 3.16 给出了一个电梯系统交互概览图的示例。该图从初始状态开始。按下按钮后，系统将检查所请求的楼层是否处于运动的相反方向。如果是，控制器将发送一条消息来关闭按钮，否则将继续下一步流程。

3.2.14 时序图

时序图是添加到 UML 2 中的新工件之一。它们提供了一种不同的方式来表示序列图，根据时间线显式地显示系统中一个或多个元素的行为。

它们显示一个或多个元素的状态或值随时间的变化，还可以显示赋时事件与相应时间以及持续时间约束之间的交互。此外，它们还用于记录控制系统状态变化的时间需求。当事件的时序被认为是系统正常运行的关键时，它们还可以与状态机图一起使用。

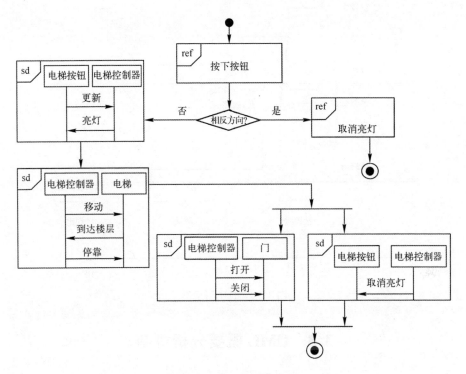

图 3.16 交互概览图示例

时序图包含多条状态生命线。状态生命线显示了元素状态随时间所做的修改。X 轴显示运行时间，Y 轴用给定的状态列表进行标记。在时序图底部，时间轴显示了当元素状态发生变化时，时间是如何流逝的。此外，可以在不同的交互元素之间交换消息，以便指定状态变化的触发器。

图 3.17 显示了一个门锁定机制的时序图示例。这个示例包含了三种不同的状态生命线。扫描仪具有三种状态，分别是"空闲"、"等待中"和"打开"。处理器同样具有三种状态，分别是"空闲"、"验证中"和"已启动"。最后，门只有两种状态，即"锁定"和"解锁"。最后一条状态生命线（值生命线）的表示方式与其他两条不同。另外两条线分别用来表示每一种状态。当门处于解锁状态时，将在这两条线之间写入解锁项。当门改变它的状态时，这些线彼此交叉并继续沿着时间轴方向移动，同时在这些线之间显示新的状态（锁定）。

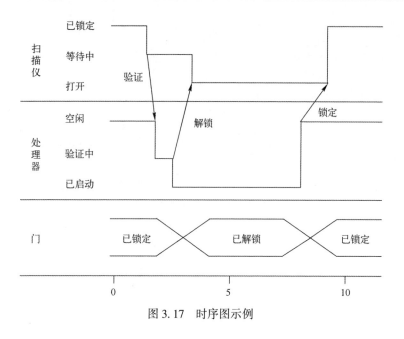

图 3.17 时序图示例

3.3 UML 概要分析机制

UML 定义了一种特定的概要概念，它提供了一种广义扩展机制用来在特定域中构建 UML 模型。UML 概要分析允许以严格添加的方式细化标准 UML 元素的语义，而不引入语义上的矛盾。

主要的 UML 概要分析机制包括原型和标记值。这些机制应用于特定的模型元素，如类、属性、操作和活动，以使它们适应不同的目的。这些机制的定义如下：

（1）使用 UML 原型是为了通过创建从现有模型元素派生出的新模型元素来扩展 UML 词汇表。原型添加了适合于特定问题域的特定属性，并用于分类或标记 UML 构建块。

（2）标记值用于指定关键字值。它们允许对 UML 构建块的属性进行扩展，并在为现有模型元素或单个原型定义的元素规范中创建新的信息。此外，还可以使用标记值来指定与代码生成或配置管理相关的属性。

OMG 已经发布了各种各样的 UML 概要文件，以便为特定领域（如航空航天、医疗、金融、交通、系统工程）或平台（如 J2EE 和 . NET）定制相应的 UML。UML 概要文件的示例包括了用于系统工程应用程序的 OMG 系统建模语言（OMG SysML）[187]，用于实时系统的时间、可调度性和性能方面建模的可调度性、性能和时间（SPT）UML 概要文件[176]，以及它的继任者，即用于实时嵌入式系统建模和分析（MARTE）的 UML 概要文件[189]。

3.4 小　　结

UML 力求成为一种丰富并且表达能力强的语言，用于在广泛的应用程序领域中指定完整的系统。在许多情况下，模型需要的不仅仅是建模软件和计算。实时和嵌入式系统的许多设计都是如此，在那里可能需要对各种真实世界中的物理实体（如硬件设备或人类用户）的行为进行建模。系统的物理组件肯定是趋于高度异构的，并且比大多数数学形式所能捕捉到的实体要复杂得多。并且通常而言，在建模和设计给定实体的过程中，需要与各种关注点相关的视点或观点（例如，与从人机交互的角度对同一系统进行建模相比，对系统性能的建模考虑了不同的关注集合）。这可能是导致出现 UML 非形式化语义的背后原因之一，因为它的主要目标之一是将一组广泛应用的建模机制统一在一个公共概念框架之下——任何具体的数学形式都可能限制这项任务的开展。实际上，UML 的共性是它支持在各种领域和场景中使用相同的工具、技术、知识和经验。尽管如此，社区通常也承认存在着将许多 UML 特性形式化的迫切需要[219]。

第4章　系统建模语言

系统建模语言[187]是一种专门用于系统工程应用程序的建模语言。作为一种 UML 概要文件，它不仅重用了 UML 2.1.1[186]的子集，并且提供了额外的扩展，以便更好地满足 SE 的特定需求。这些扩展主要是为了满足用于 SE 提案请求（RFP）的 UML[177]中所提出的需求。它旨在帮助指定和构建复杂的系统及其组件，并且使得对它们的分析、设计、验证和确认成为可能。这些系统可能由异构组件组成，这些组件包括硬件、软件、信息、过程、人员以及设施[187]。

SysML 包含建模功能，允许有代表性的系统及其组件使用：

（1）结构化组件的组成、分类以及互连。

（2）包括活动流、交互场景和消息传递在内的行为以及依赖于状态的反应行为。

（3）从一个模型元素到另一个模型元素的分配，如从功能到组件的分配、从逻辑组件到物理组件的分配以及从软件到硬件的分配。

（4）对系统属性值（如性能、可靠性以及物理属性）所做的约束。

（5）需求层次和派生以及它们与其他模型元素的关系。

4.1 节介绍 SysML 的历史，4.2 节中揭示 UML 与 SysML 之间的关系，4.3 节中给出了 SysML 图的分类，并通过一个演示示例对每张图进行描述。

4.1　SysML 历史

经 INCOSE 下面的模型驱动系统设计工作组做出决议，SysML 计划于 2001 年 1 月启动，用于为系统工程应用程序定制专门的 UML。当时，OMG[183] 和 INCOSE[120]与 SE 领域的一些专家合作，就为了给 SE 构建一种标准的建模语言。OMG 系统工程领域特殊兴趣小组（SE DSIG）① 在 INCOSE 和 ISO AP233 工作组的支持帮助下，开发了用于愿景建模语言的需求。这些需求作为用于

---

① 系统工程领域特殊兴趣小组，参见 http://syseng.omg.org/。

SE 提案请求的 UML[177]的一部分，由 OMG 在 2003 年 3 月相继发布。作为软件工程中最优秀的建模语言，UML 已经被遴选出来，通过定制化来满足系统工程师们的需求。然而，发现旧版本的 UML 1. x 不满足系统工程的使用需求[73,256]。与此同时，发布的 UML 演进版（UML2.0）具有一些系统工程师感兴趣的特性。2003 年，SysML 的合作伙伴，一个由行业领导者和工具供应商所组成的非正式协会，为了响应用于 SE 提案请求的 UML，倡导发起了一个开源规范项目来开发 SysML，并提交给 OMG 以供采用。后来，有关 OMG SysML 的提议被提交给 OMG，并最终被采纳。于是，OMG 在 2007 年 9 月发布了作为可用规范的 OMG SysML 1.0[187]规范。目前正在使用的 OMG SysML 1.1[190]是由 OMG 于 2008 年 11 月发布实施的。

4.2　UML 与 SysML 的关系

SysML 重用了 UML 2.1[186]的一个子集，称为"UML4SysML"，它代表了将近一半的 UML 语言。UML 概念中一个重要的组成部分被抛弃了，因为它们被认为与 SE 的建模需求无关。有些重用图包含在 UML 2.1.1 中[186]。这些图包括状态机图、序列图和用例图。为了处理特定的 SE 需求，SysML 还对一些其他图，如活动图进行了扩展。此外，SysML 摈弃掉了一些 UML 图，即对象图、组件图、部署图、通信图、时序图和交互概览图。通过块定义图与内部块图的使用分别从根本上对类图和组合结构图进行了修改及替换。这些扩展基于标准的 UML 概要分析机制，其中包括 UML 原型、UML 图扩展以及模型库。之所以选择概要分析机制而非其他扩展机制，是为了利用现有基于 UML 的工具进行系统建模。此外，SysML 还添加了两种新的关系图，即需求图和参数图，并且集成了新的规范能力，如分配。UML 和 SysML 之间的关系如图 4.1 和表 4.1 所示。

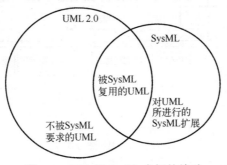

图 4.1　UML 和 SysML 之间的关系

表 4.1　SysML 图和 UML 图之间的对应关系[227]

SysML 图	目　　的	类似的 UML 图
活动图	将系统行为显示为控制流和数据流，对功能分析有用	活动图
块定义图	将系统结构显示为组件及其属性、操作和关系	类图
内部块图	显示组件的内部结构，包括它们的部件和连接器	组合结构图
包图	显示如何将模型组织成包、视图和视点	包图
参数图	显示结构元素之间的参数约束	N/A
需求图	显示系统需求以及它们与其他元素的关系	N/A
序列图	将系统行为显示为系统组件之间的交互	序列图
状态机图	根据组件在响应某些事件时经历的状态显示系统行为	状态机图
用例图	显示系统功能和执行这些功能的参与者	用例图

4.3　SysML 图

SysML 图定义具体的语法，用来描述如何将 SysML 概念以图形化或文本化的形式展现出来。在 SysML 规范[187]中，这种符号以表格的形式进行描述，表示从语言概念到 SysML 图上图形符号的映射。

SysML 完全重用了一些来自 UML 2.1 的图，包括用例图、序列图、状态机图、包图。另外，添加了两种新的图，即需求图和参数图。此外，还有一些其他的 UML 图以扩展的形式得到了重用，包括活动图（对 UML 活动图进行了扩展）、块定义图（对 UML 类图进行了扩展）和内部块图（对 UML 组合结构图进行了扩展）。图 4.2 描述了 SysML 图分类法。

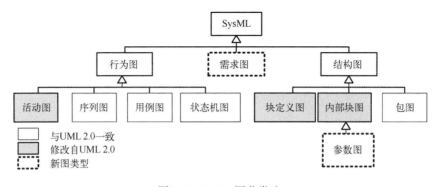

图 4.2　SysML 图分类法

4.3.1　块定义图

SysML 定义了块定义图（BDD），它们包含了 UML 2.0 类图作为其遗留内容。块定义图根据块的结构和行为特征以及各个块之间的关系对块的特性进行定义。块之间的关系包括关联关系、泛化关系和依赖关系。

SysML 中的块是结构的基本模块单元，用于定义逻辑或概念实体的类型。它可以是物理实体（如系统组件）、硬件部分、软件或数据组件、人员、设施、流经系统的工质（如水）或自然环境中的实体（如大气或海洋）[85]。块已经定义的特征可以分为结构特征、行为交互特征和约束。属性是块的主要结构特征，用来捕捉块的结构关系和值[85]。三种重要的属性类别如下：

（1）部件属性：描述了块的分解层次结构。

（2）引用属性：描述了不同块之间的关系，但比前面提到的关系要弱。

（3）值属性：描述了块的可量化特性。

除了上述的属性类别以外，还有端口这类特殊的属性，专门用于指定各个块之间允许的交互类型[187]。给定端口使得对块（或块的一部分）的访问成为可能。块可能有多个端口，每个端口指定不同的交互点。虽然端口是在块上定义的，但它们只能通过内部块图上的连接器彼此连接。

与块相关的行为定义了块如何响应刺激[85]。用于指定块行为的三种主要的行为形式如下：

（1）活动图将输入转换为输出（如能量、信息）。

（2）状态机图用于描述块如何对事件作出反应。

（3）序列图描述块的各个部分如何通过消息传递实现彼此交互。

图 4.3 给出了一个块定义图的示例。

4.3.2　内部块图

SysML 内部块图（IBD）类似于 UML 2.x 组合结构图。它的主要目的是根据块不同部分之间的互联来描述其内部结构。连接器用于绑定不同的部件或端口，以便它们能够进行交互。块各个部分之间的交互由每个部分的行为指定。它可能包括输入流和输出流、服务调用、信息发送和接收，或两端部分的属性之间的约束。图 4.4 显示了一个内部块图的示例。

4.3.3　包图

包图被 SysML 重用，主要通过对模型元素进行分组来组织模型，因此模型能够以各种方式进行组织（如按领域、按关系）。图 4.5 描述了 SysML 包图的一个示例[190]。

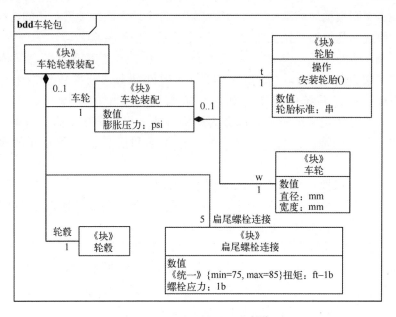

图 4.3　块定义图的示例[190]

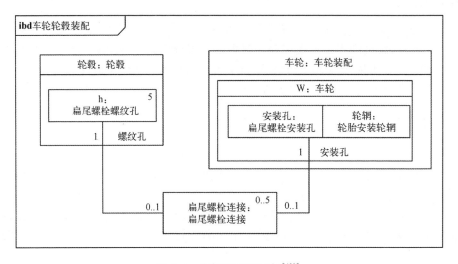

图 4.4　内部块图的示例[190]

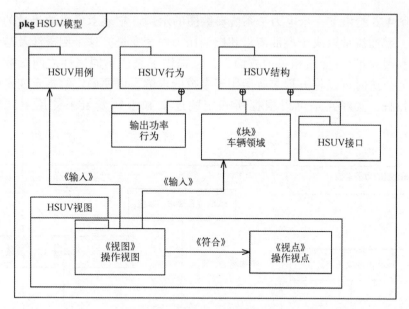

图 4.5 包图的示例[190]

4.3.4 参数图

参数是系统设计中需要建模的重要概念，参数（如温度、压力）本质上是一项可以在实验装置中发生变化的可测量因素，因此参数的变化可以改变系统的行为。

在 SysML 中，参数图通常用于对属性及其关系进行建模。另外，还用于表示复杂的数学和逻辑表达式或约束。它的目的是通过各种特定领域内的建模和分析工具（如方程求解器）来定义一组能够用这些工具使用和分析的可量化特性和关系，从而带来更多的交互功能。同时，参数图显示了属性值的改变如何影响系统中的其他属性。因此，可以使用参数图对模型进行仿真，通过修改参数值并且观察其对整个系统的影响。此外，参数图能够识别可能导致系统不可靠或发生故障的条件，这对分析系统的性能和可靠性大有裨益。

参数约束指定了系统的一个结构属性与另一个结构属性之间的依赖关系。通常，这种约束属性显示了系统的量化特性。然而，参数模型也可以用于显示非量化特性。这种约束规范主要用于定义系统参数之间的依赖关系，并且通常与块图结合使用。此外，在进行权衡分析时也可以使用该信息。

图 4.6 给出了一个电力子系统参数图的示例。它显示了燃油流量的约束条件，燃油流量取决于燃油需求和燃油压力两个变量。这个例子涉及与因果关系和因变量/自变量相关的方面，并且提供了表达不同属性之间参数关系的功能。这时可以将方程求解器用于参数的求解，以便确定给指定变量赋值时的特解，其好处是可以根据所确定的已知和未知变量来使用不同的方程组。

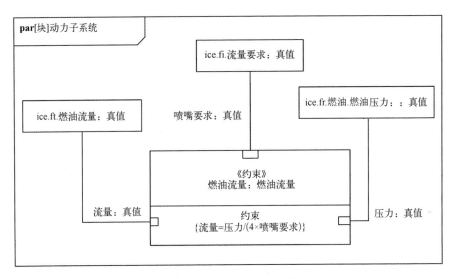

图 4.6　参数图的示例[190]

4.3.5　需求图

需求表示系统必须提供或遵守的特性、属性或行为。定义和列出需求的任务是在系统设计过程的最初步骤中完成的。需求允许设计人员显式地规定对未来系统的期望。此外，需求构成了验证和确认过程的基石，因为它们是准确描述工程系统应该做什么以及应该如何做的关键要素。SysML所引入的需求图在 UML 中是没有的。这个新的关系图提供了描述需求的方法，并将它们与其他的规范、设计或验证模型联系起来。需求可以用图形、表格或树状结构的格式表示。需求图的优点和有用之处在于，它使人们能够很容易地理解需求与其环境之间的关系。表 4.2 解释了这些关系和其他图元素的语义。

表 4.2　需求图语法元素

节 点 名 称	具 体 语 法	定　义
需求	《需求》 R101 Id:101 文本：系统将提供加速功能。 临界状态：H	包含指定文本、标识符和临界性的属性
原理	《原理》 参考：分析报告	附属于任何需求或关系
测试案例	《测试案例》 结论=通过	将需求链接到验证程序（测试案例）
包含关系	⊕━━━	意味着该需求是其他子需求的组合
满足依赖性	------《满足》→	意味着需求可以通过模型元素来满足
验证依赖性	------《验证》→	将需求链接到验证程序
跟踪依赖性	------《跟踪》→	将需求链接到其他需求
派生依赖性	------《派生》→	链接两个需求，其中客户需求可以从供应商需求中派生出来
复制依赖性	------《复制》→	将供应商需求链接到客户端需求，并指定客户端需求的文本是供应商需求的只读副本
细化依赖性	------《细化》→	将需求链接到另一个用于说明的模型元素

　　为了将多个需求组织成一棵复合需求树，可以将一个需求分解为多个子需求。此外，一个需求可以与其他需求以及其他元素相关，这些元素包括分析元素、实施元素和测试元素。因此，可以使用派生关系从另一个需求中生成或提取出一个需求。

　　此外，还可以通过某些使用满足关系的模型元素来满足需求。验证关系通过不同的测试案例来验证需求。所有这些原型实际上都是 UML 跟踪关系的专门化，UML 跟踪关系用于跟踪跨模型的需求和更改。

　　图 4.7 显示了混合动力系统车辆的需求图。相对于其他需求和模型要素，该图主要关注于加速需求。其中，细化关系显示了加速用例如何细化加速需求。此外，图中还表明动力子系统块必须满足从加速需求派生出来的动力需求。此外，最大加速测试案例验证了加速需求。

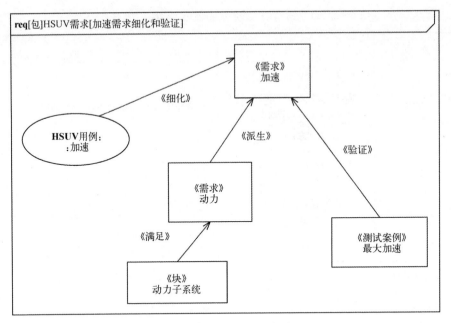

图 4.7　需求图的示例[190]

4.3.6　活动图

活动图显示了系统的行为,可以将其视为一个过程、一种功能或一项随时间推移发生的带有已知结果的任务。它通过清晰地定义行为或功能之间的输入、输出和协调来帮助理解系统行为。活动图是一种重要的系统建模图,因为它适用于系统工程师常用的功能流程建模[23]。与其他关系图相比,活动图的语法和语义都得到了显著的扩展,其表达能力也得到了增强。所做的主要扩展如下:

(1)控件作为数据:SysML 对活动图所做的第一项主要的扩展是支持禁用已经在给定活动图中执行的动作。在 UML 2.1.1 的活动中,控件只能用来启动动作。该扩展是通过使用能够像数据一样处理的控制值的类型来完成的。从图形上来看,控件操作符(也就是接受和发出控件值的活动)称为行为动作,是从原型的"控件操作符"扩展而来的。控件操作符和控件值主要与流应用程序有关。在流应用程序中,活动将运行到被其他活动禁用为止;否则,它们可能永远运行下去,又抑或在不恰当的时间点运行。

(2)连续系统:SysML 活动图添加了该扩展以便允许表示连续对象流。对于这种类型的流,预期的流量是无限的,这意味着令牌到达之间的时间间隔为零。这对于建模操作连续数据（如能量、信息或物理材料）的系统非常有帮助。SysML 为持续特征扩展添加了两个选项：一个选项用来描述是否用新到达的值来替换对象节点中已经存在的值（覆盖），另一个选项则规定如果值没有立即流向下游，是否对其进行丢弃处理（无缓存）。

（3）概率：SysML 以两种方式扩展了具有概率的活动图，一种位于决策节点的传出边上，另一种位于输出参数集（传出边集持有来自动作节点的输出数据）上。根据 SysML 规范，给定边上的概率表示令牌有可能遍历了此边。

（4）增强功能流块图（EFFBD）：活动图已经被更新，以便支持到 EFFBD 的映射，因为后者是系统工程中广泛使用的模型。

3.2.7 节致力于在活动图中对 UML4SysML 概念进行更详细的描述。图 4.8 是活动图中某些新特征的使用示例。该示例显示了一辆正处于运行状态的汽车模型，其发动机已经被钥匙启动，并将运行到钥匙关闭发动机为止。"可中断区域"显示所有包含的活动将继续发生，直到钥匙关闭发动机。该图还显示了驱动向制动子系统发送连续的信息。

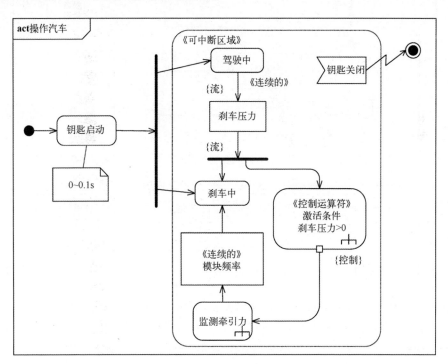

图 4.8　活动图的示例[190]

4.3.7 状态机图

SysML 规范也重用了 UML 2 状态机图[187]。然而，UML 中协议状态机的概念被排除，因为人们发现在系统建模的情况下没有必要再保留这一概念。这显著降低了建模语言的复杂度。唯一相关的新特征与给定状态（被指定为"做活动"）下调用活动的行为相关的。由于 SysML 对 UML 活动图进行了扩展，因此该给定状态既可以是连续的也可以是离散的。

图 4.9 显示了混合动力 SUV 的高级状态或模式，包括触发状态修改的事件。

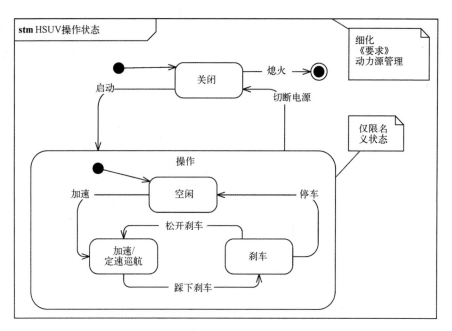

图 4.9　状态机图的示例[190]

4.3.8 用例图

SysML 完全重用了 UML 中的用例图，描述了系统（主题）被它的参与者（环境）所使用，用以达成某种目标[187]。用例图包括用例和参与者，以及它们之间的关联通信。交互参与者通常位于系统外部，可能对应于用户、系统或其他环境实体。它们可以直接或间接地与系统进行交互。参与者和用例之间的关联关系代表了参与者与主题之间在实现与用例相关的功能时所使用的通信。

系统边界中包含的用例表示了通过行为（如活动图、序列图和状态机图）实现的功能。图 4.10 描述了一个与"操作车辆"用例相对应的 SysML 用例图示例。

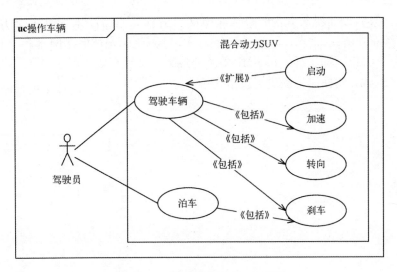

图 4.10　SysML 用例图的示例[190]

4.3.9　序列图

在交互图方面，SysML 只包含序列图，而没有包含交互概览图和通信图。这既因为后两种图在功能上存在着重叠，也因为与用于系统建模应用程序的序列图相比，它们并没有提供任何额外的功能。此外，时序图也被排除在外，因为它对系统工程需求的适用程度有限[187]。序列图可以捕获沿着生命线描述的高度复杂的交互，它们对应于各种使用场景中的交互参与者。这些参与者可以表示用户、分系统、块或系统的不同部分。

4.4　小　　结

UML 在软件工程领域得到了广泛应用，并且多年来在系统工程领域长盛不衰。然而，需要开发一个定制版的 UML 来满足当今系统工程专业人员层出不穷的新需求。因此，SysML 建模语言被开发成了 UML 概要文件。

　　SysML 是一个基于模型的系统工程的重要推手，因为它允许系统模型以系统开发过程为中心存储设计决策。这提供了一种增强的开发范例，可以提高开发速度、通信能力和效率。目前，SysML 受欢迎的程度与日俱增，来自国防、汽车、航空航天、医疗器械和电信等各个领域的众多公司要么已经在使用 SysML，要么正计划在不久的将来改用这种语言[255]。有两个重要因素促成了这一趋势的形成：首先，SysML 与 ISO AP233 数据交换标准保持一致，并且从其前身（UML）那里继承了 XMI 交换；其次，已经有越来越多的工具为仍然年轻的 SysML 建模语言提供了技术支持。

第 5 章   验证、确认和认证

对于术语的验证和确认存在着多种定义，这主要取决于受关注的组或应用领域。在 SE 的世界中，这些术语最为广泛使用的定义是由美国国防部国防建模与仿真办公室（DMSO）提供的[67, 168]。一方面，验证被定义为"确定模型实现及其相关数据准确表示开发人员的概念描述和规范的过程"[67]；另一方面，确认被定义为"确定模型及其相关数据从模型预期用途的角度准确表示真实世界所能达到程度的过程"[67]。

缺乏用于验证和确认的一致性定义将产生歧义，进而导致不正确的使用和误解[52, 94]。下面的演示性示例（受 Cook 和 Skinner 工作的启发[52]）将试图明确我们打算如何在本书中使用这两个术语。例如，如果开发人员设计的系统符合规范，但是出现了逻辑上的漏洞，那么系统将无法通过验证，但是可以成功通过确认。与之相反，如果系统设计没有漏洞，但表现不如预期，模型即使通过了验证也无法通过确认。用更通俗的说法来讲，验证和确认的主要目的是回答两个关键问题："我们构建系统的过程正确吗?"（验证）；"我们正在构建正确的系统吗?"（确认）。

在系统生命周期开始时，最终用户和开发人员必须识别系统的需求，然后将它们转换为一组规范。在这一过程中，需要识别一组功能需求和非功能需求的集合。功能需求指定系统必须执行哪些功能，而非功能需求定义系统必须如何运转。在这种情况下，两种需求可能会对系统行为施加某些约束，如性能、安全性或可靠性。

需求集合代表了一种高度迭代的过程。当需求达到足够的成熟度，这一过程就结束了，以便接下来启动开发阶段。然后在整个系统开发阶段开展了一系列技术审核和技术演示，用以回答有关验证和确认的问题[254]。在验证和确认过程的最后对结果进行检查，以便正式决定是否接受该系统用于特定用途。这一过程称为认证，通常由认证机构执行。认证（也称为授权）被定义为"对接受模型、仿真或带有仿真的模型联邦及其相关数据用于特定目的所做的官方认证"[67]。例如，训练飞行员的飞行模拟器必须在实际生产/部署之前获得认证或授权。

通常，验证和确认过程横跨系统的整个生命周期，它的主要目标是通过识别可能的缺陷来评估给定的系统。此外，它必须确保其自身符合利益攸关方预定义的需求（该解决方案解决了正确的问题）[115]。这个过程有可能成为任何复杂软件或系统工程产品开发生命周期中的主要瓶颈，因为它能够占据 50%～80% 的总设计工作[116]。此外，许多工程解决方案需要满足非常高的可靠性、安全性和性能水平，特别是在安全关键领域。验证和确认技术主要包括测试、仿真、模型检测和定理证明。尽管人们已经付出了大量的努力来改进开发过程、案例工具、测试和仿真技术，显著的系统和软件故障仍然层出不穷。这些故障的典型案例包括 1994 年发生的英特尔 Pentium™ 微处理器浮点划分错误[124]，1996 年 6 月发生的"阿丽亚娜"5 型火箭爆炸事故[49]，以及 2003 年 8 月美国和加拿大部分地区发生的停电事故[249]。这凸显了在 SE 领域研究与开发更全面更强大的验证和确认方法的相关性及重要性。

下面将对相关的验证和确认技术进行概述，包括测试和仿真、引用模型等价性以及定理证明。虽然概述涵盖的范围更广，但还是详细介绍了一些值得注意的涉及模型检测和程序分析的方法，并且把它们当作面向对象设计的验证和确认技术的一部分。这是因为面向对象随时允许分别自动生成将由模型检测评估的语义模型或用于程序分析的相关代码。

5.1   验证和确认技术概述

根据美国国防部国防建模与仿真办公室发布的实践指南建议（RPG）[64]，验证和确认技术可以分为以下四个类别：

（1）非形式化：这些技术仅仅依靠人工解释和主观性，不带有任何潜在的数学形式。尽管这些技术的应用借助于结构体系和指南，并且遵循标准的策略和程序，但是这些技术是单调乏味的，而且并不总是有效的。在这一类别中，可以列举审计、桌面检查（也称为自检）、检查和复审。

（2）静态：它们用于评估静态模型设计和源代码（实现），而不使用机器来执行模型。它们旨在检验模型的结构、数据流和控制流、语法准确性和一致性。因此，为了实现验证和确认的全覆盖，它们必须结合下一个类别中定义的动态技术使用。例如，可以引用因果图、控制流分析、数据流分析、错误/故障分析、接口分析、语法分析和可跟踪性评估。

（3）动态：与静态技术不同，动态技术基于模型的机器执行来评估其行为。它们不仅要检查执行的输出，而且在执行模型时对其进行监控。因此，需要在模型中插入额外的代码来收集或监视其执行过程中的行为。调试、执行测试、功能测试以及可视化/动画都是动态技术的例子。仿真也包括在这一类中。

（4）形式化：这些技术基于形式化的数学推理和证明。其中包括模型检测和定理证明。

5.1.1 检查

检查是一项协调的活动，包括由调解人主持的一次会议或一系列会议[22]。在此基础上，对设计进行了回顾，并与标准进行了对比。由于检查基于人工判断，因此这类活动的成功取决于检查开始前计划、组织和数据准备的深度[94]。遗憾的是，这种技术是建立在文档化程序和策略基础之上的，对它们的管理存在着一定的困难，还需要对相关人员进行培训。此外，设计模型日益增长的规模和复杂性也使得这项任务变得更加乏味，甚至完全不可能完成。

5.1.2 测试

测试通过执行一系列指定的动作来验证项目在真实或模拟受控条件下的可操作性、可支持性或性能能力[230]，然后将得到的结果与预测或预期的结果进行比较[171]。它通常涉及使用特殊的测试设备或仪器，以获得准确的定量数据用于分析。尽管测试的必要性众所周知，并且在软件工程中被广泛使用，但是它只允许在后期发现错误，并且某些类型的错误实际上仍然可能是透明的。

5.1.3 仿真

仿真在很大程度上成为目前设计验证和确认技术的主力军。然而，尽管仿真速度和计算机性能有所提高，但仿真仍然很难跟上过去十年间系统设计复杂程度的快速增长。例如，要验证 64 位 Sun UltraSparc™ 处理器，需要一个大型服务器集群才能模拟出与 20 亿个指令周期相对应的数千次测试[159]。此外，仿真的前景并不是很让人看好，因为验证过程中所需仿真周期的数量正在以惊人的速度增长（例如，现代基于 CPU 的系统需要数千亿次的周期，而仅仅十年前这个数字还只有几亿）。基于仿真的方法存在的另一个问题是，它们创建测试输入所需要的步骤耗时惊人。最常用的测试生成方法主要依赖于手工生成测试向量。随着设计规模的增加，手工生成测试的复杂性和费力性使其变得非常不切实际。

1. 随机测试生成

与大型设计相关的巨大搜索空间导致了随机测试生成的采用。这种方法典型的副作用是生成了大量低效的测试向量，即便使用有向或约束驱动的随机测试生成技术，也会导致非常长的仿真时间。例如，要验证目前的微处理器设计，通常需要使用由数百个工作站组成的大型"计算机农场"进行数月的模拟。

纯随机测试生成存在着严重的限制。尽管生成了大量的模式，但是它在侦测设计缺陷的有效性方面相当受限。这通常是由于大部分测试没有起到应有的作用，特别是在缺失适当约束的情况下。这种情况甚至会导致生成无效的测试向量。为了解决与纯随机测试生成相关的问题，通常使用加权或偏置来尝试将测试生成器限制在设计空间感兴趣的区域，目的是试图覆盖"角落案例"。这种技术的问题在于，设计验证工程师可能并不总是知道或者能够确定指导测试生成器的方向。

2. 监控内部节点

由于系统端口与内部节点和接口之间的比例非常低，因此观察内部系统逻辑的能力通常非常低。一般可以通过使用监视器和断言来提高这项能力。监视器检查并记录内部节点或接口信号的状态，而断言是"自我检测"监视器，用来断言某些属性的真实性。如果违反这些属性，断言就触发警告或错误消息。使用监视器和断言可能有助于提高在测试生成期间实现的覆盖率。然而，断言检测器和监视器的构建通常仍然需要手工完成，而且劳动密集程度特别高。包含有指定应用程序的断言监视器库出现以后，为缓解这一问题提供了一些希望。

5.1.4 引用模型等价性检验

引用模型等价性检验是一种应用广泛的验证技术，它允许对两个行为模型进行比较。通常而言，其中一个行为模型作为引用模型，代表了所谓的黄金模型。模型等价性检测会很管用，并且经常用于设计过程，以便验证采用不同的设计技术和/或应用不同的优化和调优程序所获得的结果。它验证了两种模型的行为对于已运行场景的效果是相同的。注意，它实际上并没有验证设计是否不存在漏洞。此外，当遇到方差时，模型等价性检测工具的错误诊断能力在大多数情况下都是极为有限的，这导致很难确定造成这种差异的确切原因。

5.1.5 定理证明

定理证明涉及验证数学定理的真实性，在整个设计过程中使用一种形式化规范语言对这些定理进行假设或推导[214]。证明这类定理时需要用到的程序通常涉及两种主要组件，即证明检测器和推理引擎。然而，前者在大多数情况下都能够实现完全的自动化，而后者可能偶尔需要人为的指导，从而阻碍整个过程的自动化进程。此外，在一些可能存在的罕见情况下，由于所涉形式（如隐藏循环引用导致逻辑悖论）的缘故，给定的定理猜想既不能被证实，也不能被证伪（否定）。上述问题代表了目前无法广泛应用验证和确认技术的主要原因。

5.2　面向对象设计的验证技术

面向对象设计具有相应的结构和行为透视图，因此，在分析给定的设计时必须使用恰当的技术对这两种透视图进行评估。此外，面向对象设计模型具有一些具体的特征，如模块化、层次结构、继承以及封装，这些特征反映在各种相关属性中，如复杂度、可理解性、可重用性和可维护性。因此，基于对上述属性的评估可以确定面向对象系统设计的质量。

在这种情况下，经验性方法（如涉及软件量度的方法）可以帮助评估设计结构架构的质量。此外，基于形式化方法的互补自动验证技术（如模型检测）可以根据一组规范属性对模型（或模型的组件）进行全面的行为评估。这些规范捕获了系统的预期行为。然而，这种面面俱到的技术通常伴随着可伸缩性不足的问题（如状态爆炸）。

在这种情况下，像程序分析这样的技术，尤其是数据流和控制流分析，与其他技术相比更有可能解决部分可伸缩性问题。反过来，这也使得模型检测程序变得更加高效。

5.2.1　设计透视图

系统建模的过程通常包括分析阶段以及随后的设计阶段。在分析阶段，其关键方面通过一些问题来体现，诸如"问题空间是什么？愿景组件是什么，它们之间如何关联？组件的属性和操作是什么，以及它们如何交互以实现预期的结果？等等。"在这种背景下，系统设计通常包括组件及其关系的结构化表示，以及捕获系统动态的行为规范。

因此，当使用 UML 对系统进行建模时，通常可以从两个主要的设计透视图出发来审视设计，即结构化描述和表现行为。通过指定系统及其组件的独特属性，可以用可视化的图表符号来捕获结构化透视图。同时，还可以指定它们彼此之间的相互关系。行为透视图可以通过适当的图表进行编码，这些图表可以捕获系统或底层组件中各种状态参数的动态。另外，这些图还必须反映系统不同的内部或外部交互。这两种透视图都伴有一定的复杂性，这可能成为不同分析和评估过程的主要问题。此外，结构化分析可以用于评估大量的质量属性，并且可以作为众多调优和优化机制的一种反馈。与之相反，行为分析的要求通常要高得多，涉及苛刻的严谨性和精确性要求。事实上，众所周知，相对较短的行为模型编码可能具有非常复杂的关联动态，就像带有某些形式的自动机（如细胞自动机）的情况一样。

5.2.2　软件工程技术

大量来自软件工程领域的量度[143, 167]适用于评估各种结构设计模型的质量属性。某些文献支持系统工程中量度的有用性。例如，Tugwell 等[236]概述了量度在系统工程中的重要性，特别是在复杂度度量方面。因此，通过将量度概念应用于行为规范，可以实现潜在的协同作用。因此，除了在结构图（如类图）上应用量度之外，还可以将它们应用在不同行为图派生出的语义模型上。例如，圈复杂度和临界路径长度可以作为各种形式的自动机应用在语义模型上。因此，对设计质量所做的评估可以结合静态和动态透视图。

5.2.3　形式化验证技术

诸如模型检测这类的形式化验证技术在可靠的验证和确认过程中树立了坚定的信心。模型检测是一种自动化的、全面的验证技术，可用于验证为给定设计或其组件指定的属性是否满足所有合法的设计输入。时态逻辑允许用户在各种轨迹（状态路径）上表达系统的属性。模型检测主要用于验证系统的控制部分，这些部分通常是值得关注的领域。对于完全的数据流分析来说，采用模型检测的方法通常是不切实际的，因为这种方法存在状态爆炸问题。在最坏案例场景下，必须搜索的设计状态空间可能会随着状态变量数目的增加呈指数级增长。在这种情况下，还可以对设计组件执行模型检测，但是需要为这些组件指定精确的接口，以便只考虑合法的输入。注意，在这种情况下实践中存在着一个潜在的问题，即设计组件模块的接口规范在设计过程期间可能发生更改。

模型检测可以完全自动化地进行设计验证。事实上，它已经成功地用于真实应用程序的验证，这些应用程序包括数字电路、通信协议和数字控制器。与定理证明相比，它生成结果的速度要快得多[139]。为了使用模型检测，首先必须将设计映射到模型检测器所接受的形式化模型（语义模型，通常是某种迁移系统）中；其次，需要以时态逻辑公式的方式来表示设计必须满足的属性（来自需求）；随后通过提供这两种成分，模型检测器在验证阶段全面详尽地搜索迁移系统的状态空间，并且自动检测是否满足规范。许多模型检测器（如 SPIN[109]、SMV[157] 和 NuSMV[45]）的优势之一是，如果系统违反了规范，则生成一个反例。

在缺乏工具用于简化设计属性规范的情况下，模型检测技术严重依赖于经验丰富的用户，这些用户能够正确地将设计属性或其组件编码到时态逻辑公式中。在这个方面，需要依赖经验丰富并且具有很强时态逻辑背景的设计工程师，这限制了这种技术的采用。然而，各种形式的宏符号可以用来简化属性规范。

还有一个问题是不太容易找到完全匹配的量度来评估设计属性的覆盖程度，因此相对而言很难确定是否所有的设计属性都得到了指定和验证。从长远来看，这个问题也许可以通过执行适当的需求分析来解决，特别是在有可能使用属于建模语言（如 UML 或 SysML）的特定图表来清晰地表达设计模型需求的情况下。

5.2.4　程序分析技术

程序分析技术[170]用于分析软件系统，以便收集或推断与之相关的特定信息，从而评估和验证系统的属性，这些属性包括数据依赖关系、控制依赖关系、不变量、异常行为、可靠性以及符合某些规范。所收集到的信息对于各种软件工程活动（如测试、故障定位以及程序理解）都是有用的。程序分析技术分为两种方法，即静态分析和动态分析。静态分析在程序执行之前进行，而动态分析侧重于特定的执行。前者主要用于确定程序的静态方面，并且能够用于检测软件实现是否符合规范。后者虽然不太可靠，但可以通过在有限的可能执行集（选自可能的无限域）上动态地验证程序行为，从而在显示程序错误方面获得更高的精度。静态程序分析技术还可以用来将程序或迁移系统切片（分解）为独立的部分，以便分别对其进行分析。

静态分析器所做分析的效率和准确性从只能考虑单个语句和声明的有限范围内变化到能够包含完整的程序源代码。从分析中得到的结果信息可能从高亮显示的疑似编码错误到证明给定程序属性的严格方法不等。在更广泛的意义上分析，软件量度和逆向工程也可以考虑归于静态分析领域。静态代码分析工具自动检查代码，并向开发人员提供各种内在的质量信息。自动代码检查使得实现许多任务的自动化成为可能，这些任务通常在代码读取和审核期间执行，以便根据编码标准检查源代码。自动化程序表明，某些部分的检查将借助于作为软件开发过程一部分的工具来完成。这种方法的直接结果就是执行代码审核所需的时间减少了。此外，自动化使得所有的代码都可以接受检查。而手工检查实际上永远无法达到这样的覆盖度。为此，静态分析器的基本要求是能够解析和"理解"目标源代码。在这个方面，必须提到的是"静态分析"一词通常用于自动化工具执行的分析，而人工分析则称为"程序了解"或"程序理解"。

5.3 系统工程设计模型的验证和确认

本节回顾了针对 SE 设计模型的可用性、可靠性、自动化、严格性、彻底性和可伸缩性所采用的验证和确认方法。

在软件工程设计模型的验证和确认过程中，大量的研究计划都集中在用 UML 1. x[29, 65, 80, 135, 155, 212] 表示的设计上。最近，人们对 UML 2. x 设计模型表现出了更大的兴趣，正如文献 [15, 79, 93, 98] 中所提到的那样。除了提出整体方法（使用单一技术）的计划以外，其他研究计划还提出了一种基于模型检测和定理证明[131]或模型检测和仿真[173-174]的累积方法。

Kim 和 Carrington[131] 提出一种用于 UML 1.0 的验证和确认框架，该框架集成了多种形式，包括符号分析实验室（SAL)）[18]、CSP 以及使用面向对象规范语言 Object-Z[221] 编写的高阶逻辑（HOL）[162]。但是，为了选择适用的形式，仍然需要开发人员的介入，这就造成了很大的不便。这些计划[173-174]是在 IST Omega 项目的背景下产生的。Ober 等[174] 描述了模型检测和仿真技术的应用，用来验证以 Omega UML 概要文件形式表达的设计模型。这是通过将设计映射到一个以 IF[31] 格式表示的通信扩展定时自动机模型（在 Verimag 上开发的异步定时系统的中间表示）上实现的。要被验证的属性用一种称为 UML 观察者的形式表示。Ober 等[173] 提出了一个与"阿丽亚娜"5 型火箭发射装置的控制软件验证相关的案例研究。该试验是在系统的一个代表性子集上进行的，其中使用了 Omega UML 1. x 概要文件对功能和架构方面进行建模。IFx 是一种构建于 IF 环境之上的工具集，它使用仿真和模型检测功能来验证和确认功能需求以及与调度相关的需求。

由于 SysML 出现的时间较短，因此仍然存在极少量与 SysML 设计模型的验证和确认有密切关系的计划[39, 112, 125, 197, 250, 253]。大多数有关 SysML 的建议以直接或通过 Petri 网的形式高度关注着仿真的使用。与先前一样，当系统工程师采用 UML 来描述和记录他们的设计模型时，UML 2. x 表现得比之前的版本更为合适[106]。然而，伴随着最近在验证和确认针对 UML 2. x 和 SysML 的设计模型方面所做的努力，一些与 UML 1. x 相关的工作也值得一提。

大量的研究建议针对基于 UML 的设计模型进行分析，各种研究工作都侧重于从一致性和数据完整性的角度来分析 UML 图。一致性问题与以下事实有关：代表系统不同方面的各种工件应该合理地相互关联，从而形成对已开发系统的一致性描述。尽管这些方面非常重要，但是本节关注的是另一个同等重要的问题，即验证设计模型是否符合它们所宣称的需求。有一些计划提出的验证和确认方法需要联合考虑一组图形，但目前大多数方法关注的仍然是单张图，尤其是其语义子集。例如，状态机图就已经获得了极大关注。另外，单一的验证和确认技术（如自动形式化验证、定理证明或仿真）也常常被提及。此外，一些计划建议对被考虑图形的语义进行形式化处理，并对其进行形式化验证。然而，其他建议更倾向于将图片直接映射到特定验证工具的规范语言上。

文献 [51，54] 提出通过模拟 UML 设计模型来进行性能分析，而文献 [110，133，211] 则将模型的执行和调试作为目标。例如，Hu 和 Shatz[110] 提出将 UML 状态图转换为着色 Petri 网（CPN）。协作图用于连接不同的模型对象，因此可以得到整个系统的单个 CPN。然后使用设计/CPN 工具进行仿真。Sano 等[211] 提出了一种机制，其中模型仿真是在四张行为图上执行的，即状态图、活动图、协作图以及序列图。

尽管社区的兴趣正在向 UML2.0 转移，同样值得一提的还有其他相关的工作[135，141，161]，这些工作都用来处理 UML 1.x 中的状态图（在 UML 2.0 中被重新命名为状态机图）。Latella 等[141] 和 Mikk 等[161] 提出了一种通过使用文献 [142] 中描述的操作语义将 UML 状态图子集转译成 SPIN/PROMELA[109] 的方法。这种方法包括将状态图转译为扩展层次自动机（EHA），然后将后者建模为 PROMELA 并对其进行模型检测。有些建议只集中于将形式化语义赋予被选择的 UML 图。

Crane 和 Dingel[57] 对 UML 状态机的形式化语义开展了广泛的调研。值得注意的是，Fecher 等[81] 试图为 UML 2.0 状态机定义一种结构化的操作语义。与之类似，Zhan 和 Miao[260] 提出使用 Z 语言来形式化状态机的语义。这就允许将状态机图转换为相应的扁平正则表达（FREE）状态模型，该模型用于识别非一致性和不完备性，同时生成测试案例。但是，不考虑分叉/汇合和历史记录等伪状态。Gnesi 和 Mazzanti[93] 根据双重标记的迁移系统（L^2TS）对一组用于通信的 UML 2.0 状态机图进行了解释。基于状态/事件的时态逻辑 μUCTL[91] 用于描述待验证的动态特性。围绕运行中的 UMC 模型检测器[92] 开发了一种原型环境。

一些研究人员，如 van der Aalst[247] 以及 Ellis 和 Nutt[176]，提出将 Petri 网作为捕获活动图语义的形式。因此，用于工作流系统的活动图是使用区段赋时的着色 Petri 网[126] 来描述的。作为 Petri 网[206] 的一种扩展形式，它需要使用着色令牌来建模用于迁移的数据和时间间隔。Eshuis[78] 通过展平活动图的结构，将其映射到等效的活动超图上。然后，将给定图的活动超图映射到一个时钟标记的 Kripke 结构（CLKS）上。该结构是 Kripke 系统的一种扩展，具有真正的变量。Vitolins 和 Kalnins[251]考虑了适用于业务流程建模的活动图子集。该语义基于使用活动图虚拟机概念的令牌流方法。在验证和确认的背景下，作者认为定义的虚拟机构成了 UML 活动图仿真引擎的基础。

Guelfi 和 Mammar[98]提出了验证带有定时特性的 UML 活动图的方法。该方法基于将活动图转译成 PROMELA 代码，后者是 SPIN 模型检测器的输入语言[109]。Eshuis[79]提出了两种将 UML 活动图转译成有限状态机（FSM）的方法，后者是 NuSMV 模型检测器[46]的输入。这两种转译方法都受到了状态图语义的启发。第一种方法是需求级转译，第二种方法则是实现级转译。实现级转译方法受到了 OMG 状态图语义的启发。得到的模型用于活动图中的模型检测数据完整性约束，并用于一组指定已操作数据的类图中。首先通过转换规则将活动图转换为活动超图，然后为生成 NuSMV 代码的活动超图定义转译规则。然而，该活动语义排除了活动节点的多个实例。Beato 等[15]提出借助于使用符号模型验证器（SMV）的形式化验证技术来验证由状态机图和活动图组成的 UML 设计模型[158]。这些图以 XML 元数据交换（XMI）格式被编码到 SMV 规范语言中。Mokhati 等[166]提出将由类图、状态机图和通信图组成的 UML2.0 设计模型转译成 Maude 语言[152]。使用线性时态逻辑（LTL）[248]表示的属性在使用 Maude 集成模型检测器的结果模型上得到了验证。只考虑具有最一般特征的基本状态机图和通信图。Xu 等[259]提出的操作语义将 UML 2.0 活动图转换为通信序列流程（CSP）[105]，然后使用模型检测器 FDR 对生成的 CSP 模型进行分析。Kaliappan 等[129]提出将 UML 状态机转换为 PROMELA 代码，并且将序列图映射到时态属性，以便使用 SPIN 模型检测器来验证通信协议[109]。Engels 等[77]提出了动态元建模（DMM）技术，该技术使用图形转换技术来定义和分析基于其元模型的 UML 活动图语义。所考虑的活动图仅限于工作流建模，因此对它们的表达方式和语义施加了一些限制。这是因为工作流必须遵循特定的语法和语义要求。DMM 用于生成活动图语义模型下的迁移系统，所做的分析仅限于验证工作流的合理性。后者用 CTL[48]表示，然后输入面向对象的验证（GROOVE）工具图中[95]，以便将模型检测应用到生成的迁移系统上。

关于序列图，Grosu 和 Smolka[97]提出使用非确定性有限自动机作为语义模型。给定的图形被转译成层次自动机，并由此衍生出兼具安全性和活跃度的 Buchi 自动机。这些自动机随后被用来定义细化 UML 2.0 序列图的组合概念。Li 等[145]为 UML 交互图定义了一种静态语义，用以支持对交互图所做的形式化良好的验证。动态语义被解释为一种基于跟踪的已终止 CSP，该进程用于捕获有限的消息调用序列。Cengarle 和 Knapp[40]为 UML 2.0 交互提出了一种基于跟踪的语义。Storrle[223] 提出了一种用于时间受限交互图的偏序语义。Korenblat 和 Priami[137] 提出了一种形式化基于 π-演算的序列图的方法[164]。通过考虑交互对象的状态机图来识别能够发生的消息序列。与之相对应，序列图中的对象被建模为 π-演算[164] 过程，而交换的消息则被建模为这些过程之间的通信。序列图语义是基于 π-演算的结构化操作语义定义的[164]。相应的语义模型是一种标记迁移系统（LTS），用于生成模型检测器的输入。

就 SysML 而言，Viehl 等[250] 提供了一种基于分析和仿真的方法，用于使用 UML 2.0/SysML 指定的片上系统（SoC）设计。他们考虑使用带时间注释的序列图以及 UML 结构化类/SysML 程序集来描述系统架构。然而，其中考虑的 SysML 版本不同于 OMG 标准化版本。Huang 等[112] 提出将基于 SysML 模型映射的仿真应用到相应的仿真元模型中。后者用于生成仿真模型。与之相类似，Paredis 和 Johnson[197] 提出应用图转换方法将系统的结构化描述映射到相应的仿真模型中。Wang 和 Dagli[253] 提出将主要的 SysML 序列图以及部分活动图和块定义图转译成 CPN。得到的 CPN 表示可执行模型，用于静态和动态分析（仿真）。仿真得到的行为以消息序列图（MSC）的形式生成，并与序列图进行比较。此验证基于仿真行为与预期行为之间的可视化对比。此外，没有考虑对非功能需求所做的评估。Carneiro 等[39] 考虑使用 MARTE 概要文件注释的 SysML 状态机图[189]，其中 MARTE 概要文件是一种用于实时和嵌入式系统模型驱动开发的 UML 概要文件。此图被手动映射到带有能量约束（ETPN）的定时 Petri 网中，用来估计嵌入式实时系统的能量消耗和执行时间。该分析使用定时 Petri 网仿真工具来完成。Jarraya 等[125] 考虑将带有时间注释的 SysML 活动图同步版本映射到离散时间马尔可夫链（DTMC）上。后一种模型作为概率符号模型检测器 PRISM 的输入，用于评估功能和非功能属性。

后面将重点介绍针对活动图性能分析开展的工作。主要提出了三种类型的性能分析技术，即解析型、仿真型和数值型[103]。在各种性能模型中，可以列出四类可区分的性能模型，即排队网络（QN）[26]、随机 Petri 网（SPN）[99]、马尔可夫链（MC）[26] 以及随机过程代数（SPA）[103]。

排队网络用来对资源共享系统进行建模和分析。该模型通常使用仿真和解析方法进行分析。在排队网络家族中包含有两类模型，即确定性模型和概率性模型。在以使用确定性模型分析设计模型（包括 UML/SysML）为目标的计划中，Wandeler 等[252] 采用了基于实时演算的模块化性能分析，并且使用了带有注释的序列图。在概率性 QN 的上下文中，文献［13，53，99］解决了 UML1.x 设计模型的性能建模和分析问题。Cortellessa 和 Mirandola[53] 提出了用于 UML.1x 序列图、部署图以及用例图的扩展版排队网络（EQN）。分层排队网络（LQN）是由 Petriu 和 Shen[199] 提出的用于 UML 1.3 活动图和部署图的性能模型。其推导基于以复杂度著称的图形语法转换，需要使用大量的转换规则。其时间注释基于 UML SPT 概要文件[176]。Balsamo 和 Marzolla[13] 把研究目标锁定在根据 UML SPT 概要文件注释的 UML1. x 用例图、活动图和部署图上。这些图被转换为多链和多类 QN 模型，它们将限制条件强加在设计上。具体来说，活动图不能包含分叉和汇合，否则得到的 QN 只能有一个近似的解决方案[26]。

　　文献［36，132，149，160］中所提出的各种研究建议，都考虑将随机 Petri 网模型用于性能建模和分析。King 和 Pooley[132] 提议将广义随机 Petri 网（GSPN）用作结合了 UML1. x 协作图和状态图的性能模型。对派生的 Petri 网进行数值评估，以便近似地估计其性能。López-Grao 等[149] 基于标记的广义随机 Petri 网（LGSPN）提出了一种用于 UML 1.4 序列图和活动图性能分析的原型工具。沿着同样的思路，Trowitzsch 等[235] 从用 SPT 概要文件注释的 UML 2.0 状态机受限版本中派生出了随机 Petri 网。

　　另外，随机过程代数也广泛应用于 UML 设计模型的性能建模上[17, 37-38, 146, 202, 228, 233-234]。Pooley[202] 考虑将协作图和状态图系统地转换为性能评估过程代数（PEPA）。Canevet 等[38] 描述了一种基于 PEPA 的方法以及用于从 UML 1. x 状态图和协作图中提取性能度量的工具集。由 PEPA 工作平台生成的状态空间可以用来推导相应的连续时间马尔可夫链（CTMC）。随后，Canevet 等[37] 又提出了一种使用 PEPA 来分析 UML 2.0 活动图的方法，并且提供了一种从活动图到 PEPA 网络模型的映射，尽管这种映射并未考虑汇合节点。Tribastone 和 Gilmore 提出将 UML 活动图[233] 和用 MARTE[189] 注释的 UML 序列图[234] 映射到随机过程代数中。Lindemann 等[146] 提出了另一种类型的过程代数，即广义半马尔可夫过程，用于处理 UML1. x 状态机图和活动图。他们针对 UML 状态图和活动图中的时序分析，提出了一种具有确定性或指数性分布延迟的触发事件。Bennett 和 Field[17] 提议将性能工程应用到使用 SPT UML 概要文件注释的 UML 关系图上。他们将系统行为场景转译成随机有限状态过程（FSP），并且使用离散事件仿真工具来分析随机 FSP。然而，没有为该方法的内部运行提供算法。Tabuchi 等[228] 提出了一种从带有 SPT 概要文件注释的 UML 2.0 活动图到用于性能分析的交互式马尔可夫链（IMC）的映射。活动图中的一些特性未被考虑，如决策节点上的警戒和概率决策。动作持续时间用延迟的负指数分布来表示。最近，Gallotti 等[87] 关注于基于模型的服务组合分析，对其非功能性质量属性，即性能和可靠性进行了评估。根据验证的目的和活动图的特征，他们使用以活动图形式表示的服务组合来派生随机模型（DTMC、MDP 或 CTMC）。PRISM 用来进行实际的验证。然而，他们既没有对转译步骤做出明确的解释，也没有通过 PRISM 模型示例来对该方法进行说明。

在用于 SE 设计模型验证和确认的程序分析技术方面，Garousi 等[88]考虑将基于模型的控制流分析（CFA）用于 UML 2.0 序列图。

5.4　工 具 支 持

本节将重点描述针对 UML 模型和静态分析器的最可见的形式化验证环境。

5.4.1　形式化验证环境

人们在将模型检测应用于 UML 模型的验证和确认方面表现出浓厚的兴趣。在这一背景下，随着各类研究活动的开展，各种工具层出不穷，如用于 UML1. x 的工具[29, 65, 80, 135, 141, 155, 161]及用于 UML 2. x 的工具[15, 77, 79, 93, 98]。其中，提出了一些验证和确认的框架工具，如 TABU[15]、HIDE[29]、PRIDE[155]、HUGO[212]、HUGO-RT[135]及 VIATRA[58]。下面将详细介绍一些最相关的工具。

TABU（用于 UML 激活行为的工具）[15]是一种工具，它借助于使用符号模型验证器[158]和模型检测器的形式化方法技术，使得自动验证采用状态机图和活动图建模的反应性系统行为成为可能。没有明确指定 UML 的版本，但似乎选用的是 UML 2.0 的一个子集。采用该工具执行的自动转换以 XMI 的格式将图片编码为 SMV 规范语言。

Bondavalli 等[28]表达了对于确认技术的集成化日益增长的需求，并援引两个已经开展的项目（HIDE 和 GUARDS）作为证明，这两个项目的目标是将一组确认技术集成到一个公共框架内。与我们工作最相关的是 HIDE 工具[29]。作为一种用于欧洲项目（ESPRIT 27493）中集成确认环境的方法，它建立在形式化验证、定量以及时效性分析的基础上。在用 UML1. x 描述的系统设计中，整体方法基于两种转译方式[271]：第一种方式是使用 PANDA（一种 Petri 网分析工具）将 UML 结构图（用例图、类图、对象图和部署图）转译成定时广义随机 Petri 网，以便开展可靠性评估；第二种转译涉及 UML 状态图，通过将其映射到 Kripke 结构中来进行功能属性的形式化验证，状态图最终的 Kripke 结构以及形式化表达的需求都被用作模型检测器 SPIN[109]的输入来对设计进行评估。动态模型的其余部分主要是指序列图和活动图，都被转译成广义随机 Petri 网。近期，已经被开发出一个名为 PRIDE[155]的研究项目，其目标同样是为了集成用于设计确认的方法。它主要着眼于开发一个基于 UML 1.4

的软件开发环境。后者集成了受 SPIN 模型检测器支持的形式化验证和确认技术以及定量可靠性属性评估。该项目基本上集中在可靠的系统上，是对业已存在的环境所做的一种扩展，专门用于建模使用 UML 的硬实时系统（HRT-UML）。为了使用模型检测器，用来表示系统设计特定视角的状态图集合被转换为 PROMELA 模型（SPIN 输入语言）。系统可靠性属性的定量确认是基于从结构化的 UML 关系图中构建一种可靠性模型，即随机活动网络（SAN）[210]。后者显示了可靠性特征，并允许基于系统的设计对其可靠性度量进行分析。HIDE 与 PRIDE 项目都基于相同的理论背景，涉及状态图语义模型[142]。然而，PRIDE 项目对该语义模型进行了扩展，主要是提供了使用对象状态变量的可能。

Schafer 等[212]提出了一种用于自动验证 UML1.x 状态机图和协作图的原型工具 HUGO。更准确地说，他们的目标是使用模型检测器 SPIN 来验证协作图中定义的交互实际上是由状态机实现的。其状态机图用 PROMELA 表示，协作图中所反映的属性被表示成一组 Buchi 自动机。与上述研究一脉相承，Knapp 等[135]也提出了一种原型工具 HUGO/RT，用于自动验证定时状态机图的子集以及带有时间注释的 UML1.x 协作图。它是对 HUGO 工具[212]所做的一次扩展，目标是不定时的 UML 状态机。Knapp 等[135]根据协作图中描述的属性（编译为观察者定时自动机），使用模型检测器 UPPAAL 来验证状态机图（编译为定时自动机）。

5.4.2　静态分析器

现代计算机编程技术中的许多创新，包括面向对象及其相关概念（如类型类、继承等），基本上都是复杂的抽象形式。因此，在程序行为中拥有的复杂度越多，对改进抽象的需求就越多，并且会持续增长。然而，抽象可能会导致执行速度下降、内存占用增加，并且会带来一些执行的副作用。在这个方面，编译器优化常常可以避免这些缺点。此外，静态分析器正在借用编译器技术的核心概念和实践经验，以便"看穿"抽象层，并推断出大范围内可能的利害行为，涵盖范围从内存泄漏到安全违规。下面将介绍一些相关的静态分析器及其特点和潜在的优势。

实时嵌入式软件静态分析器（ASTREE）[55]是由法国高等师范学校信息实验室（LIENS）开发的一种静态程序分析器。它的作用是证明用 C 语言编写的程序中不存在运行时错误（RTE）。2003 年 11 月，它自动证明了在空客 A340 电传飞行控制系统的主要飞行控制软件中不存在任何 RTE，该软件程序包含了 132000 行 C 语言代码。此外，在 2004 年 1 月 A380 系列的开发和测试过程中，该分析器被扩展用于分析当时的电气飞行控制代码。此外，在 2008 年 4 月，ASTREE 能够自动证明在欧洲航天局（ESA）儒勒·凡尔纳自动转移飞行器（ATV）上使用的 C 语言版本的自动对接软件中不存在任何 RTE。

Polyspace Technologies 公司（现在作为 MathWorks Inc. 的子公司在运营）提供了系统代码验证工具包 Polyspace[231]，可以用来验证 C、C++和 ADA 语言编写的应用程序中存在运行时的错误。在编译和执行之前，它可以侦测并从数学上证明不存在可能在执行过程中产生漏洞的不同类的 RTE。该工具可以帮助开发人员改进代码质量。此外，它还可以用来验证代码是否遵循一组编码规则。该产品广泛应用于航空航天、国防、生物技术、汽车、医药、通信以及半导体等多种工业领域。

增强型静态代码分析器（SCA）[83]帮助开发人员分析软件开发周期中安全漏洞的源代码。SCA 能够揭示静态漏洞，并对在测试和生产过程中发现的其他漏洞进行验证。在拥有超过 200 个漏洞类别的大量规则以后，该分析器将审查应用程序可能考虑的所有可能路径。在以开发人员为中心的模式下，增强型 SCA 支持多种开发环境和各种编程语言，包括 C/C++、. NET、Java、JSP、ASP. NET、ColdFusion、"Classic" ASP、PHP、VB6、VBScript、JavaScript、PL/SQL、T-SQL、python 以及 COBOL。它不但提高了 IDE 的集成度，并且有可能生成符合其他动态可执行和实时分析器的输出。简要安全审计工具（RATS）是一种自动代码审查工具，最初由 Secure Software 公司开发，后来该公司被 Fortify Software 公司收购。它可以对使用 C、C++、Perl、PHP 和 Python 语言编写的程序进行简要的分析。RATS 能够侦测常见的与安全相关的编程错误，如缓冲区溢出和竞态条件。

Klocwork Truepath（KT）[134]是一款准确和高效的工具，用于发现关键的安全漏洞、质量缺陷和架构问题。它使用各种方法在实际执行之前推断应用程序运行时的行为。该工具包括一个高级符号逻辑引擎，用来构建软件的行为。该分析器能够侦测到内存和资源泄漏、不正确的内存再分配、并发冲突、使用未初始化的数据等。从代码安全的角度来看，它也验证 SQL 注入、路径注入、信息泄露、弱加密、缓冲区溢出等。此外，KT 还可以揭示出死代码或无法执行的代码、未使用的函数参数以及局部变量。该工具已经被 650 多个组织使用，用于识别漏洞以及验证代码的安全性和质量。

HP Code Advisor[102]是一款用于 C 和 C++语言编写程序的静态分析工具。它可以报告在源代码中发现的各种编程错误，它将诊断信息存储在数据库中，然后利用系统 API 的内置知识深入研究代码并提供有意义的反馈。HP Code Advisor 还可以侦测各种各样的潜在问题，包括内存泄漏、释放后重用、双重释放、数组/缓冲区越界访问、非法指针访问、未初始化的变量、未使用的变量、格式字符串检测、可疑的转换和强制转换，以及操作超出范围。

PMD 是一款基于规则集的 Java 源代码静态分析工具。它可以标识出潜在的问题，如空的 try/catch/finally/switch 块、未使用的局部变量、参数和私有方法、空的 if/while 语句、过于复杂的表达式、不必要的 if 语句以及可以转换为 while 循环的 for 循环。此外，它还可以侦测次优代码、多余的字符串用法、具有高圈复杂度度量的类以及重复的代码。

ChecKing[196] 是由 Optimyth 开发的一款 Web 应用程序，用于在开发过程中监测软件的质量。自动化分析包括使用在软件开发过程中获得的度量（活动、需求、缺陷和更改），以及可分析的软件元素，如项目文档、源代码、测试脚本、构建脚本。

Coverity 是一家软件供应商，它提供了一款名为 Prevent[56] 的静态分析工具。该工具可以用来对 C、C++以及 Java 源代码执行静态分析。它所基于的斯坦福检测器使用模型检测来验证源代码的正确性。Prevent 工具取得显著成功之一是其根据与美国国土安全部达成的合同所完成的部署。美国国土安全部正在使用它来检查 150 多个开源程序中所存在的漏洞。2007 年 3 月，美国国土安全部宣称，它的使用为侦测和后续纠正 53 个项目中的 6000 多个漏洞做出了贡献。

DMS 软件再工程工具包[218] 是由 Semantic Designs 提供的一种程序分析工具包。在大规模软件系统的开发背景下，软件系统都需要混合多种编程语言。该工具包能够实现软件系统中分析、修改、转译或生成源代码程序的自动化和定制化。此外，它为多种语言（C、C++、Java、Verilog、VHDL 以及 COBOL 等）预定义了语言前端，从而允许实现快速的定制。

Scitools' Understand[215] 是一款商用静态代码分析器，主要用于复杂项目的逆向工程、自动文档编制以及代码量度计算领域。它提供了一个 IDE，旨在帮助维护和理解新旧代码。这是通过与各种图形视图一道使用详细的交叉引用来实现的。Understand 可以解析 Ada、Ada、FORTRAN、Jovial、Pascal、K&R C、ANSI C、C++、Delphi、Java 以及 VHDL.

SofCheck's Inspector[222] 是一款针对 Java 和 Ada 语言的静态分析工具。它可以静态地确定和记录被检查的每种方法或子程序的前置条件和后置条件。随后，它可以使用这些信息来识别逻辑缺陷、竞争条件和冗余代码。

5.5　小　　结

现代系统设计错综复杂，需要有效的资源用于验证和确认。本章给出了针对 UML 与 SysML 设计模型开展的验证和确认研究领域中最新的各种方法及相关技术。验证和确认之所以耗时费力，源于它的广度，即必须涵盖系统整个的开发生命周期。此外，它所需要的方法也必须极尽详细，因为其目标是消除任何逻辑错误，同时确保符合需求。并且为了正式证实推荐的系统符合既定的可接受性标准，通常还需要执行一个后续的认证过程。考虑到这一点，我们又提出了各种用于形式化验证和程序分析的工具，它们可以满足验证和确认的各方面内容，从而达到追求高质量系统设计和开发的目的。

第6章　用于协同验证和确认的自动化方法

UML 2.x 和 SysML 这样的建模语言支持基于模型的系统工程，用于指定、可视化、存储、记录以及交换设计模型。通常而言，它们包含给定应用程序领域内的所有语法、语义和表示信息。模型是系统的一种表示方式，用于编译需求以便创建可执行的规范。这些规范在高层次的抽象上对系统进行建模，并包含指定软件或硬件实现所需的所有信息。特定的图表用来捕获系统的一些重要方面：

（1）需求：用来描述系统应该做什么。可以使用 SysML 需求图或 UML 2.0 序列图和用例图来捕获它们。

（2）接口：标识系统中不同组件的共享边界，凭借这些边界进行信息的传递。这方面内容以 UML 2.0 类图和组合结构图，以及 SysML 块定义图和内部块图的形式显示。

（3）结构：以 UML 类图和组合结构图，以及 SysML 块定义图和内部块图的形式显示。

（4）控件：用于确定动作、状态、事件和/或过程的排列顺序。使用 UML2.x 和 SysML 状态机图、活动图，以及序列图来捕获它。

（5）并发性：用于标识活动、事件和过程是如何组织的（顺序、分支、替代、并行组成等）。它使用 UML/SysML 序列图和活动图来进行指定。

（6）时间：由 UML 时序图捕获，提供了对象随时间改变其状态以及交互的可视化表示。UML/SysMl 序列图还可以使用消息发送和接收功能来捕获系统实体之间随时间的交互。

（7）性能：指系统的总体有效性。它涉及系统行为方式的时效性方面，包括不同类型的服务特性质量，如延迟和吞吐量。可以使用时序图、序列图以及带有时间注释的活动图来表示性能方面的情况。其他方面的性能可以使用 UML/SysML 模型以及特定的 UML 概要文件[176, 189]进行建模。

设计阶段的集成化验证和确认允许人们持续不断地识别和纠正错误，从而获得对系统的信心。需要修正的错误越少，就越能显著降低维护阶段的成本。此外，在系统实际运行之前纠正错误可以降低复杂工程系统中发生项目失败的风险。更进一步来说，它提高了系统的质量，缩短了产品上市的时间。一旦模型成为经过验证和确认的可执行规范，工程师就可以从模型中自动生成代码，用于原型化和部署。与模型类似，代码也可以在任何位置进行测试和验证。发现的错误可以很容易地在模型上得到纠正，然后重新生成代码，同时保持模型及其相应代码之间的规范完整性。

本章解决了使用 UML/SysML 表示的系统工程设计模型上基于模型的验证和确认问题。主要目的是从结构和行为的角度出发对设计进行评估，并对设计是否符合其需求以及一组期望特性进行定性和定量的评估。同时还阐述了一种协同方法，并且提出了一些启发性的结果来证明该愿景方法。这种方法的基础依赖于三种成熟技术的协同集成，即自动形式化验证、程序分析以及软件工程定量方法。

6.1　协同验证和确认方法论

我们方法背后的概念使得对系统设计的多个方面进行验证和确认成为可能。软件或系统设计模型的特征完全体现在它的结构和行为透视图上。这两种视图的分析对于获得高质量的产品至关重要。此外，将定量与定性评估技术结合在一起，要比只应用其中之一更有益。

在系统和软件验证领域，采用三种成熟的技术来构建自己的验证和确认方法论。一方面，自动形式化验证技术，也即模型检测，是一种验证实际软件和硬件应用程序行为的成功方法。这些应用领域包括数字电路、通信协议以及数字控制器。除了完全自动化的形式化验证技术以及能够通过彻底搜索系统状态空间来查找潜在错误之外，模型检测器通常还能够为失效属性生成反例。同时，它们在随机世界中的副本，即概率模型检测器，也广泛应用于定量分析包含概率行为的规范[172]。

另一方面，通常应用在软件程序上[32]的静态分析要在测试[21]和模型检测之前使用[232]。值得注意的是，静态切片[232]生成的程序规模更小，验证成本更低。此外，经验性方法，特别是软件工程量度，已经被证明能够成功地定量度量面向对象设计模型的质量属性。因为不能比较无法度量的东西[66]，量度提供了一种评估推荐的设计解决方案质量的方法，并且对设计决策进行审查。

结构图的质量可以用面向对象的量度来度量，这样的量度为设计的质量特性提供了有价值和客观的洞察力。此外，行为图不仅关注系统元素的行为，还显示了底层系统的功能架构（如活动图）。应用特定的经典量度来度量它们的质量属性，即与规模和复杂度相关的量度，可能有助于人们更好地对设计进行评估。在行为验证的背景下，行为图的仿真执行不足以对行为进行全面的评估。这是由于现代软件和系统的行为变得越来越复杂，它们可能表现出并发性和随机的执行。模型检测技术能够跟踪这些行为，并基于期望规范提供可靠的评估。实际上，测试和仿真只能揭示错误的存在，但不能证明它们不存在。因此，我们的方法基于模型检测、软件工程量度以及静态分析的协同组合。选择这三种特定的技术是经过深思熟虑的，每一种技术都提供了有效处理某一特定问题的方法。它们结合在一起就能够完成更全面的设计评估。更准确地说，我们不打算累次应用这些技术，而是以协同的方式对它们进行应用。实际上，这种协同方式所提供的收益要显著大于单独使用每种技术所产生收益的总和。

图 6.1 显示了整个方法的概要。我们的验证和确认框架将接受被分析系统的 UML 2.0/SysML 1.0 设计和架构图以及需要验证的预定义需求和期望属性作为输入。应用的分析取决于范围内图表的类型，即结构型或行为型。与直接执行结构图的分析不同，需要将行为图编码到它们相应的可计算模型中。后者的角色是捕获设计的含义，并允许执行自动化分析。至于需求和规范，使用时态逻辑将它们编码为一组可以自动分析的属性。分析的总体结果有助于系统工程师对设计质量进行评估，并采取适当的动作来纠正任何被侦测到的缺陷。

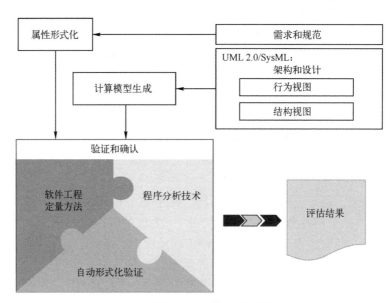

图 6.1　协同验证和确认的推荐方法

为了建立协作关系，在验证行为图时，可以将静态分析技术和量度与模型检测集成在一起，以便解决可伸缩性问题。更精确地说，是在实际的模型检测之前，将控制流和数据流分析这样的程序分析技术集成起来。它们被应用在语义模型（以前称为计算模型）上，以便通过关注与所考查属性相关的模型片段（切片）来对其做抽象化的处理。切片模型有助于缩小验证范围，从而利用模型检测程序的有效性。在这一背景下，定量量度被用来在静态分析之前对语义模型的规模和复杂度进行评估。这使得我们能够在模型检测之前决定是否确实需要进行抽象化处理。图 6.2 详细概述了我们的方法论。

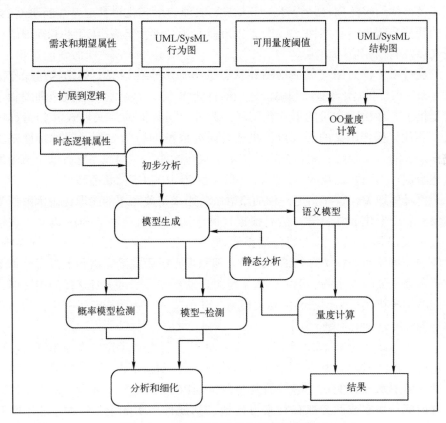

图 6.2 对我们使用的方法论的详细描述

6.2 系统工程专用验证和确认方法

我们提方法论的基础是通过在考虑的三层方法之间建立起一种协同关系，从而提供一种自动化的方法来验证和确认系统工程设计模型。这三种方法就是之前提到的自动形式化验证、程序分析和软件工程定量方法。下面将介绍我们方法的每一层及其与其他层之间的关系。

6.2.1 系统设计模型的自动形式化验证

如前所述，模型检测是一种基于模型的自动形式化验证技术，其目标是对行为进行评估，而不是根据某些特定的属性对模型结构进行评估。在形式上，模型检测运行在描述模型含义的形式化语义上。验证过程主要包括搜索状态空间以及检测给定的属性是否存在或失效。模型的形式化语义通常用扩展/注释版的迁移系统表示。然而，UML 2.0/SysML 规范非形式化地描述了各种图的语义以及它们相应的结构。

通过赋予行为图（如活动图和状态机图）形式化语义，如结构化操作语义（SOS），可以实现验证和确认过程的自动化[201]。后者已经为规范和编程语言提供了一种相应含义的形式化解释。此外，与其他的语义形式（如指称语义）相比，操作语义的形式可能更适合研究模型的行为方面。这种特性基于操作语义的自然趋势，用来描述系统单步执行的能力。因此，它有助于清晰地描述给定行为图所捕获的行为执行及其状态空间中相应的状态转换。

更具体地说，首先指定一种抽象语法，用来将关系图的图形化表示解析为抽象的非图形化数学符号；然后根据这种语法设计出一种类 SOS 语义，该语义被定义成描述局部行为的公理和规则。类 SOS 语义生成了一种迁移系统。对应的迁移关系描述了在归纳性地将公理和规则应用在给定语句上以后，单个计算步骤是如何发生的。例如，概率定时自动机和马尔可夫链这样的扩展形式是能够用来描述行为图语义的相关模型，其中这些行为图指定了随机行为、概率行为和/或时间约束行为。

一般用线性时态逻辑[248]或计算树逻辑[48]这样的数学逻辑来捕获将在模型上进行验证的属性。为了评估 SE 设计模型，可以使用先进的时态逻辑，如定时计算树逻辑（TCTL）和概率计算树逻辑（PCTL）[44]等，根据需要验证的方面（时间、概率或两者都有）来方便地表达属性。实际上，SysML 设计模型的形式化与验证和确认仍然是人们极少涉足的领域。这后一种建模语言与系统工程的相关度更高。与 UML 相比，SysML 引入了一些有趣的新特性，如概率方面和连续性行为。

6.2.2 行为设计模型的程序分析

如前所述，程序分析已经成功应用于编译、程序验证和优化。我们相信，该技术能够提供显而易见的优势，以便获得高效的验证和确认。

特别要指出的是，数据流和控制流分析这些通常用于显示程序流程图的技术，也可以用在某些给控制流和数据流建模的 UML.2.0/SysML 图（如活动图）上。这类技术有可能用于对图形进行切片。反过来，这将提供一种处理可伸缩性问题（如状态爆炸）的方法，这类问题通常伴随着模型检测程序出现。切片的执行通常是通过遍历图并选择具有相同切片标准的子图来完成的。由于从被研究的行为图中派生的语义模型是用图形（扩展/注释版迁移系统）来描述的，因此才有可能将切片用在这些语义模型上。例如，语义模型可能包含与其节点相关的不同不变量，并且其中一些节点可能共享相同的不变量。因此，如果将某个特定的不变量作为切片的标准，就可以相应地对语义模型图进行切片。于是，就能够得到具有相同的不变量的子图。

之所以能够使用这项技术，是为了利用模型检测程序的有效性。具体来说，如果某些属性不能适用于模型的某一部分，那么它们也不能适用于整个模型。例如，如果在至少一个子图中不能保有某项安全性属性，就可以得出这样的结论：模型的行为是不安全的，而且这无须再验证模型的其余部分。子图相较于原图，其复杂性较低，在模型检测过程中需要的内存空间和计算时间更少。因此，如果计划验证某项属性是否持有特定的不变量，只需抽取相关的子图即可。

6.2.3　软件工程定量技术

为了度量软件系统的各种质量属性（如规模、复杂性），开发出了大量的软件工程量度。许多量度是专门为 UML 类图和包图这样的结构图派生出来的[3,43,143,167]。软件工程量度也可以用于系统工程设计模型的定量评估。此外，可以通过采用和定制一组量度来定量评估设计的结构图和行为图。

类似地，除了将这些定量方法应用于设计本身之外，同样的概念也可以用于从行为图派生出的语义模型上。实际上，圈复杂度[90]、关键路径长度[108]、状态数以及迁移数之类的量度都可以用来获得有用的定量度量。

一方面，关键路径长度量度可以提供一种度量，用来确定关系图中从初始节点到目标节点必须遍历的路径长度，以便获得与给定标准（如时效性）相对应的给定行为。关键路径不同于可能遍历关键节点之外其他节点的常规路径。例如，调用图所表示的程序可能具有关键路径，因为该路径是为了在最小时间延迟内实现程序中给定子例程的执行所必需的。从同样的意义上来说，在验证和确认相关标准给定的情况下，可以在派生自行为图的语义模型上度量关键路径的长度。

另一方面，使用圈复杂度量度来度量行为图的复杂度与对应语义模型的复杂度之间的关系。在很多情况下，语义模型本质上是一张展现行为图整个动态的图形。因此，它的复杂度通常要大于或至少等于行为图的复杂度。如果不是这样，就意味着对应的行为图中包含一些对于正被建模的动态来说无意义或冗余的组件（如不可达状态）。这清楚地表明，这样的量化方法有可能在设计评估过程中为设计师提供重要的反馈信息。

6.3 概率行为评估

一部分系统天生就包括概率信息。概率可以用于建模给定系统所表现出的不可预测和不可靠的行为。仅满足目前系统的功能需求是不够的，其他质量标准属性，如可靠性、可用性、安全性和性能也必须考虑。为了支持更大范围内系统的规范，SysML 用概率特性来扩展 UML 2.1 活动图。在这种背景下，使用 SysML 活动图的概率验证来扩展前面讨论过的框架。相应的，将概率模型检测技术集成到自动形式化验证模块中。这包括将 SysML 活动图系统地转译成适当的概率模型检测器的输入语言。第 9 章和第 10 章将详细介绍这些推荐的扩展，它们在验证和确认过程中作出了贡献。

6.4 既 定 结 果

前面已经介绍和解释了提议的方法以及不同的底层组件，下面讨论这些提议的方法和方法论所产生的一些既定结果。

在软件工程定量方法的使用上，将类图和包图看作软件或系统组织架构的代表图。在这些关系图上广泛应用了现有的软件工程量度[14,33-34,43,89,96,144,150-151]，从复杂度、可理解性、可维护性、稳定性以及其他多个方面出发来评估系统的质量[3]。在应用于 UML 类图的众多量度中，举例提到了对象类之间的耦合（CBO）、继承树深度（DIT）以及每个类的加权方法（WMC）。这些面向对象设计的量度最初由 Chidamber 和 Kemerer[43] 提出，旨在通过度量不同的质量属性（如可维护性和可重用性）来评估复杂度（将在第 7 章进一步阐述这一主题）。

就行为部分而言，已经探讨了关于状态机图、序列图和活动图的案例。为了从行为图的角度来评估系统的动态，不仅要提取语法（图形组件和关系），而且要提取这些图所表达的相应语义。这一点非常重要。例如，状态机显示与迁移相关的对象的不同状态。它的动态是通过其图形化显示中编码的规则（状态、边、事件标记边等）来解释的。这些规则规定了状态机在其状态空间中随一些与激活状态相关的已接收事件的演进。对于其他的行为图，也可以得出类似的推理。为了执行行为评估，这些图的语义必须以包含所有操作行为的可计算模型的形式捕获，随后输入到模型检测器中。主要的挑战是找到一种单独的可计算模型框架，它可以与每个被考虑的行为图（状态机图、序列图和活动图）相关联。文献［3］提出了一种能够服务于这一目标的恰当形式的迁移系统，称为配置迁移系统。CTS 状态由系统的配置表示，而迁移关系则描述了在计算步骤应用以后如何修改给定的配置。

配置被定义为当系统演进到某一特定时间点时从特定视图（图的视点）上截取的快照。换句话说，配置特定用于某种特殊类型的行为图。例如，状态机的配置代表给定时刻下的一组激活状态，可以通过指定所有可能的配置以及它们之间的迁移来捕获状态机的动态。因此，可以根据被考虑行为图的具体动态元素来提供和定制广义参数化 CTS 定义。可以为每个被考虑的行为图自动生成 CTS。本质上，CTS 可以通过宽度优先程序迭代派生，从当前选择的配置中搜索所有可能的可达配置。当前选择的配置在每次迭代时从新发现的可达配置中获取。这部分内容将在第 8 章进行详细的讨论。

6.5 验证和确认工具

为了将上面提出的验证和确认方法付诸实践，我们设计并实现了一个打算与建模环境结合使用的软件工具。在该建模环境下，可以获取范围内的设计模型并将其提交给验证和确认模块。该软件工具的架构如图 6.3 所示。该工具是一个多文档接口（MDI）应用程序，通过它可以很容易地同时在多个视图之间进行导航。主界面由顶部的标准菜单和左侧的垂直菜单栏组成，用户可以从中选择给定模块的特定视图并将其加载到 MDI 中。

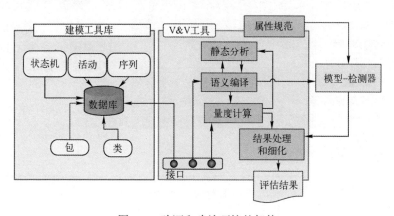

图 6.3 验证和确认环境的架构

该工具与建模环境 Artisan Real-Time Studio[7]之间留有接口，设计人员可以从建模环境中下载设计模型并选择要进行评估的关系图。一旦启动，该工具将自动加载与所选关系图类型相关联的评估模块。例如，如果下载图是一个类图，量度模块就将被激活并执行适当的度量，随后将一组定量度量及其相关反馈提供给设计人员。图 6.4 显示了量度应用程序的屏幕截图示例。对于行为图，自动生成相应的模型检测器（NuSMV）代码，并自动验证模型每个状态的通用属性，如可达性和死锁消除。采用模型检测的评估实例如图 6.5 所示。此外，该工具包括一个带有一组预编程按钮的编辑器，用户可以通过这些按钮指定自定义属性。这一功能以我们定义的一种规范语言为基础，这种基于宏的规范语言非常直观，而且易于学习。更准确地说，我们是使用操作符（always、mayreach 等）开发了一组宏，这些操作符被系统地扩展为与其相对应的计算树逻辑操作符。带有自定义属性规范示例的编辑器界面截图如图 6.6 所示。最后，采用一个特定的窗口帧来专门表示评估结果。由于模型检测器生成的反馈对用户不够友好，无法被非专家用户所理解，因此构建了一个后端模块，用来在出现失效属性的情况下分析获得的输出跟踪，并且使用可视化图形以一种有意义的方式渲染出与反例相关的信息。

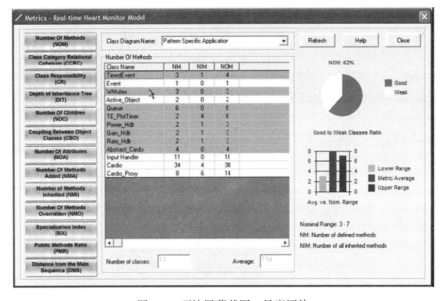

图 6.4　环境屏幕截图：量度评估

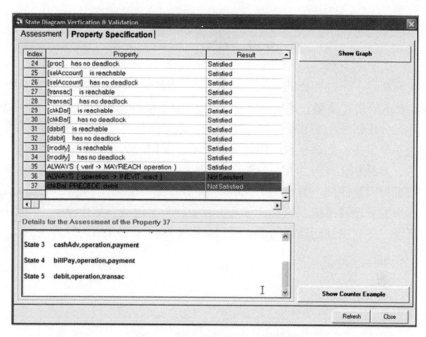

图 6.5　环境屏幕截图：模型检测

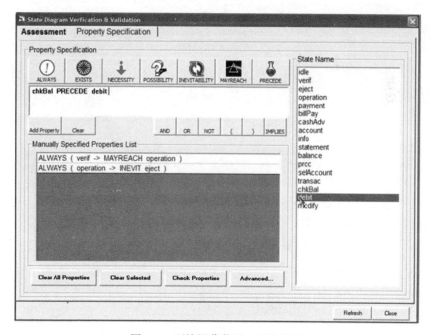

图 6.6　环境屏幕截图：属性规范

6.6 小　结

　　我们阐述了一种创新的方法，它有助于验证和确认使用建模语言 UML 和 SysML 表示的设计模型。该方法基于三种成熟技术之间的协同配合，即模型检测、静态分析以及经验软件工程定量方法。这三项技术之间的协同配合依赖于这样的一个事实：如果单独应用每一种技术，获得的成果只是对设计所作的部分评估（如结构化或行为化）。除了定性分析以外，我们的方法还能支持对设计模型进行定量评估。具体到行为图，面临的主要挑战是构建一个统一的模型，称为配置迁移系统。配量迁移系统表示一种常用的参数化模型，用于描述状态机图、序列图和活动图的语义模型。第 8 章将详细介绍这种方法。

第 7 章 系统工程背景下的软件工程量度

对可靠的高性能软件的需求导致了软件工程的出现。自 1968 年软件工程诞生以来，开发了许多新的方法和技术来管控软件系统的质量。软件量度根据复杂度、可理解性、可维护性以及稳定性方面的系统属性来评估软件系统的质量。目前已经开发出不同的软件量度来度量结构化面向对象编程技术的质量。

某些结构化编程量度包括代码行（LOC）和圈复杂度（CC）[156]量度。当面向对象的范式出现时，许多新的量度不断演进，以便评估软件系统设计的质量，并克服遗留代码量度的限制。

7.1 量度指标概述

为了提高当今日益复杂的软件系统的质量，需要引入一些新的技术。系统质量应在设计的早期阶段就加以控制。一个优秀的软件系统所提供的组件应该更具鲁棒性、可维护性、可重用性等特征。在相关文献中出现了许多面向对象的量度，用来创建高度可靠的软件系统。软件量度是评估包括 UML 类图和包图在内的软件设计质量的有效方法。通过使用量度，可以深入了解软件系统的复杂度和结构。

在接下来的章节中列出了一组研究工作，它们提出了用于 UML 类图和包图的量度套件，为软件工程技术领域作出了贡献。考虑到当前基于模型的软件和系统工程的发展趋势，这些量度高度相关。

7.1.1 Chidamber 和 Kemerer 量度

Chidamber 和 Kemerer[43]提出了一组共 6 个面向对象设计的量度。该量度套件通过将量度应用在各种质量属性（如可维护性、可重用性）上来度量关系图的复杂度。在这 6 个量度中，只有下面三个可以应用于 UML 类图：

（1）对象类之间的耦合：用来度量不同类之间的耦合程度。与其他类过度耦合的类不利于模块化设计，并且无法实现重用和可维护性，特别是当需要对紧密耦合的类进行更改时。

（2）继承树深度：表示从类到其根类之间的继承树长度。继承树上的深类继承了数量相对较多的方法，这反过来又增加了它的复杂度。

（3）每个类的加权方法：类中所有方法复杂性的总和。WMC 中一种较为简单的情况是将每种方法的复杂性都评估为一致。在这种情况下，可以认为 WMC 等于类中所用方法的数量。另外，高 WMC 值是高复杂度和低可重用性的标志。

7.1.2 面向对象设计的量度

Abreu 等[34]提出了一组量度，命名为面向对象设计的量度（MOOD），用于评估面向对象范式的结构机制，如封装、继承以及多态性。MOOD 套件可以应用在 UML 类图上，具体情况如下：

（1）方法隐藏因子（MHF）：对类中的封装所做的度量。它是隐藏方法（私有的和受保护的）总数与每个类中定义的方法（公共的、私有的和受保护的）总数之比。如果类中所有的方法都被隐藏，那么 MHF 的数值就会很高，表明该类是不可访问的，因此也无法重用。如果 MHF 的数值为零，表明该类的所有方法都是公共的，这就妨碍了封装。

（2）属性隐藏因子（AHF）：表示类图中属性不可见度的平均值。它是所有类的隐藏属性（私有的和受保护的）总数与所有定义属性（公共的、私有的和受保护的）总数之比。高 AHF 值意味着合适的数据隐藏。

（3）方法继承因子（MIF）和属性继承因子（AIF）：表示对类继承度所做的度量。MIF 是类图中所有继承方法总数与图中方法（定义的和继承的）总数之比。AIF 是类图中所有继承属性总数与图中属性（定义的和继承的）总数之比。这两个量度值为零意味着类不存在继承用法，除非该类属于层次结构中的基类，否则则可能是一种缺陷。

（4）多态性因子（POF）：对类图中覆写方法所做的度量。它是类中被覆写方法数与类中能够被覆写方法的最大数之比。

（5）耦合因子（COF）：对类图中的耦合程度所做的度量。它是实际耦合数与图中所有类之间可能耦合的最大数之比。当前一个类的方法访问后一个类的成员时，这两种类之间就出现了耦合。高 COF 值意味着紧耦合，这增加了类的复杂度，同时降低了类的可维护性和可重用性。

7.1.3 Li 和 Henry 量度

Li 和 Henry[144]提出了一个量度套件来度量多个类图的内部质量属性，如耦合度、复杂度和规模。下面将介绍 Li 和 Henry 提出的两个可以应用于 UML

类图的主要量度：

（1）数据抽象耦合（DAC）：计算了类中所显示的其他类类型（组合）的属性数目。它度量了由抽象数据类型（ADT）引起的耦合复杂度。如果在类中定义了更多的 ADT，耦合所引起的复杂度就会增加。

（2）规模 2：被定义为类中所定义的属性数量和局部方法的数量。该量度对类图的规模进行了度量。

7.1.4　Lorenz 和 Kidd 量度

Lorenz 和 Kidd[150]提出了一组量度，可用于度量软件设计的静态特性，如规模、继承，以及类的内部属性。

关于规模量度，公共实例方法（PIM）用于计算类中公共方法的数量。此外，实例方法数量（NIM）量度用来计算类中所有方法（公共的、受保护的和私有的）的数目。此外，实例变量数量（NIV）用来计算类中变量总数。

此外，他们还提出了另一套量度来度量类继承性利用度。NMO 量度给出了度量被子类覆写方法数量的方法。继承方法数（NMI）是指子类继承方法总数。此外，NMA 量度计算了子类中附加方法的数量。

最后，NMO 和 DIT[43]量度用于计算类的专门化指数（SIX），它显示了类继承性的使用情况。

7.1.5　Robert Martin 量度

Robert Martin[151]提出了一组共 3 个适用于 UML 包图的量度。这组量度度量了包之间的相互依存性。高度依存的包或子系统往往显得不够灵活，导致很难重用和维护。因此，系统中不同包之间的相互依存性必须引起足够的重视。

Robert Martin 定义了三种量度，即不稳定性、抽象性以及到主序列的距离（DMS）。不稳定性量度用于度量包的不稳定性程度。如果包的依赖程度高于依赖于它的包，则该包是不稳定的。抽象性量度是对包的抽象程度进行的度量，后者反过来又依赖于它的稳定性。最后，DMS 量度度量了包的抽象性与不稳定性之间的平衡。这些量度将在 7.3 节中进行详细的讨论。

7.1.6　Bansiya 和 Davis 量度

Bansiya 和 Davis[14]定义了一组共 5 个量度用于度量几种面向对象的设计属性，如数据隐藏、耦合、内聚、组合以及继承。下面只展示可以用于 UML 类图的量度：

（1）数据访问量度（DAM）：度量类中数据隐藏的程度。DAM 是私有和受保护的（隐藏）属性数与类中已定义属性总数之比。

（2）直接类耦合（DCC）量度：计算与给定类耦合的类的总数。

（3）聚合度量（MOA）：计算类中已定义属性数，这些属性的类型表示模型中的其他类（组合）。

Bansiya 和 Davis 量度已经应用于许多案例研究，并根据执行的观察结果定义了它们量度的标称范围。

7.1.7　Briand 等量度

Briand 等[33]提出了一个量度套件来度量类图中不同类之间的耦合。这些量度决定了每种耦合的类型以及每种类型的关系对类图质量的影响。

在他们的工作中，Briand 等考虑了类图中会出现的几乎所有类型的耦合，这些类型的关系包括与祖先类和后代类的耦合、组合、类方法交互以及导入和导出耦合。他们最终将自己提出的量度套件应用到两个实际的案例研究中，并明确指出耦合是构建面向对象设计的质量模型时需要考虑的一个重要的结构方面。此外，他们认为与导出耦合相比，导入耦合对缺陷倾向的影响更大。

7.2　质量属性

UML[184]已经被标准化为面向对象系统设计的建模语言。之前，讨论了一组面向对象的量度，用于度量 UML 类图和包图的质量。

下面将介绍被度量的质量属性。本书将讨论共 15 个用于包图和类图的量度。此外，详细介绍和讨论了一个类图和包图案例研究的分析结果。首先简要介绍采用该组面向对象的量度捕获的一些典型的质量属性：

（1）稳定性：表示因偶然修改软件导致的发生不虞效应的风险等级。

（2）可理解性：用于度量系统利益攸关方对系统规范的理解程度。

（3）可维护性：用于度量系统设计和/或实现出于完善、自适应、纠正和/或预防原因能够被更改的简易性和快捷性。

（4）可重用性：用于度量系统设计和/或实现的一部分（或更多）能够被重用的简易性和快捷性。

（5）可测试性：代表一种特性，用来显示测试给定应用程序的容易程度或测试与代码能够达到的交互程度，从而揭示潜在缺陷或以上两个方面的组合。

（6）耦合度：用于度量系统各部分相互依赖的强烈程度。一般来说，高质量的设计应该尽量松耦合。此外，耦合度和其他系统质量属性（如复杂度、可维护性和可重用性）之间存在着很强的相关性。

（7）内聚度：系统组件在功能上达到的关联程度。一般来说，高质量的系统设计追求强内聚度。

（8）复杂度：表示复杂性和复合性的程度。它用于度量系统设计难以理解和/或难以实现的程度。

上述质量属性代表了构建高质量软件系统所需的基石。7.3 节将详细介绍用于评估这些系统质量属性的软件工程量度集。

7.3　软件量度计算

本节将详细介绍前面提到的量度的计算方法。为此，介绍了计算用于类图和包图的 15 种量度的方法。对每种量度及其公式和相应的标称范围（当可用时）都进行了解释。所选的量度以面向对象设计的质量特性为目标，通过应用在不同类型关系上的各种标准来度量类图和包图的质量属性。

7.3.1　抽象性（A）

抽象性[151]量度用于度量包的抽象率。包的抽象等级取决于它的稳定性等级。对直接定义在包和子包中的类执行计算。在 UML 模型中，所有模型类都需要计算该量度。

抽象量度介于 0~100%，其中包至少包含一个类，并且在抽象类中至少包含一个操作。包图的抽象性：

$$抽象性 = \frac{N_{ma}}{N_{mca}} \times \frac{N_{ca}}{N_c} \times 100 \tag{7.1}$$

式中：N_{ma} 为所有包的类中的抽象方法数；N_{mca} 为包的抽象类中的方法（抽象或非抽象）数；N_{ca} 为抽象类数；N_c 为包中类（抽象或非抽象）的总数。

抽象性量度[151]表示了在应用程序的生命周期中包适合于修改的程度。包越抽象，其可扩展性就越好，产生的包也就更稳定。事实上，可扩展抽象包提供了更大的模型灵活性。该量度的标称值无法度量，因为抽象性取决于包的用途。

7.3.2　不稳定性（I）

不稳定性[151]量度用于度量包的不稳定性等级。如果包的依赖程度高于那些依赖，则包是不稳定的。包的不稳定性是包的传入耦合数与包的传入传出耦合数之和的比值：

$$I = \frac{AC}{EC+AC} \tag{7.2}$$

式中：AC（传入耦合）是指向其他包中定义的类的链接（关联、依赖和泛化）数；EC（传出耦合）是来自其他包中定义的类的链接（关联、依赖和泛化）数。

如果一个包所依赖的其他包发生了变更，那么它发生变更的可能性会更大。不稳定性量度不具备标称范围，因为有些包为了实现可扩展性可能保持在不稳定状态。

7.3.3 到主序列的距离

到主序列的距离[151]量度用来度量抽象与包的不稳定性之间的适当平衡。包应该相当普遍，以便符合前面提到的两个正交标准。包也应该开放修改。然而，同时也需要某种程度的抽象。因此，需要在包的抽象及其不稳定性之间建立起一种平衡。这可以用下式进行度量：

$$DMS = |抽象性+不稳定性-100| \tag{7.3}$$

DMS 等于 100%对应于抽象性与不稳定性之间的最佳平衡。实际上，只要该值大于 50%，就认为是在 DMS 的标称范围内。

7.3.4 类职责

类职责比（CR）[245]表示为正确执行响应消息的操作而为每个类分配的职责等级。如果一种方法具有前置条件和/或后置条件，就认为负有职责。在采取任何动作之前，类方法有责任检查消息是否合适，并且应该负责确保该方法得到成功应用。

CR 是实现前置条件和/或后置条件契约的方法数与方法总数之比。CR 用下式进行计算：

$$CR = \frac{PCC+POC}{2\times NOM} \times 100\% \tag{7.4}$$

式中：PCC 为实现前置条件契约的方法总数；POC 为实现后置条件契约的方法总数；NOM 为方法总数。

CR 标称范围为 20%~75%。该值低于 20%表示没有职责的类方法。没有职责的方法表明类将被动地响应已发送和接收到的消息。我们期望获得有职责的方法，因为它们减少了系统中运行时异常的数量。CR 值最好高于 75%，可惜很少能够达到。

7.3.5　类属关系型内聚度

类属关系型内聚度（CCRC）[245]量度用于度量类图设计中类的内聚度。关系图中类的结构必须通过存在于类之间的链接进行验证。在类图中，类之间缺乏关联表明缺乏内聚度。关系型内聚度等于类之间的关系数除以关系图中类的总数。CCRC 量度使用下式进行计算：

$$\mathrm{CCRC} = \frac{\sum_{i=1}^{N_c} \mathrm{NA}_i + \sum_{i=1}^{N_c} \mathrm{NG}_i}{N_c} \times 100\% \qquad (7.5)$$

式中：NA 为类的关联关系数；NG 为类的泛化关系数；N_c 为关系图中类的总数。

当类通过与其他类的协作来实现其职责时，就认为与其他类存在着内聚关系。非常小的 CCRC 值表明一些类与设计模型中的其他类鲜有或没有关系。CCRC 的标称范围为150%～350%。大于350%的值是不可取的，因为它要求更高的复杂度。

7.3.6　继承树深度

继承是面向对象模型中一项重要的概念，然而要想实现设计良好软件系统的目标，必须谨慎使用继承。由于位于继承树深处的类更加复杂，因此容易出现开发、测试和维护方面的困难。为了实现良好的系统设计，在创建类的层次结构时必须权衡利弊。经验告诉我们，只要 DIT 的量度值介于 1～4 就可以满足这一目标。该值大于 4 会过度增加模型的复杂度。

算法 7.1 用于度量继承的深度。递归函数"TraversTree"检查每个类的继承深度。该算法遍历关系图中的所有类，并且将最大继承深度记录到 DITMax 中。

算法 7.1　度量类的继承树深度

```
global integer DITMax = 0
for each class c in CD do
    call TraverseTree(c)
end for
function TraverseTree(class c)
{
static integer DIT = 0
for each generalization relationship g from class c do
    get superclasses of c
```

```
    for each superclasses of class c do
        DIT = DIT + 1
        TraverseTree( s )
    end for
    if DIT Gr DITMax then
        DITMax = DIT
    end if
    DIT = DIT - 1
end for
}
```

7.3.7　子类数

子类数（NOC）[43]量度用于度量类设计模型中类的平均子类数，其重要性体现在以下两个因素：

（1）大量的子类表明获得了更大的重用度。

（2）过多的子类可能表明子类化存在滥用，这将增加系统的复杂度。

NOC 量度首先计算模型中每个类的子类数之和，然后将其除以不包括模型中最低等级子类在内的类的总数。NOC 量度用下式进行计算：

$$\text{NOC} = \frac{\sum_{i=1}^{N_c} \text{NCC}_i}{N_c - \text{LLC}} \tag{7.6}$$

式中：NCC 为类的子类之和；N_c 为关系图中类的总数；LLC 为关系图中继承等级最低的类数。

在设计模型中，NOC 值为 0 表示缺乏面向对象。NOC 的标称范围为 1~4。在此范围内的 NOC 值表明，在促进封装的同时，可重用性与复杂度管理在目标上是一致的。该值大于 4 表示抽象可能存在滥用。

7.3.8　对象类之间的耦合

对象类之间的耦合（CBO）量度[43]用于度量模型中不同对象之间连接性和相互依赖性的平均程度。它与耦合度和复杂度成正比，与模块度成反比。因此，更希望获得一个较低的 CBO 值。导致该值比较重要的原因如下：

（1）强耦合抑制了重用的可能性。

（2）如果后续不对模型中的其他类进行修改，那么强耦合将使得类难以被理解、纠正或更改。

（3）紧耦合增加了模型的复杂度。

CBO 使用下式进行计算：

$$\mathrm{CBO} = \frac{\sum_{i=1}^{N_c} \mathrm{AR}_i + \sum_{i=1}^{N_c} \mathrm{DR}_i}{N_c} \qquad (7.7)$$

式中：AR 为关系图中每个类的关联关系总数；DR 为关系图中每个类的依赖关系总数；N_c 为关系图中类的总数。

CBO 值为 0 表示类不与模型中任何其他类相关，因此不应该作为系统的一部分。当 CBO 的标称范围为 1~4 时，表示该类为松耦合。如果 CBO 值高于 4，则表明该类与模型中其他类紧耦合，这会造成测试和修改操作复杂化，并限制重用的可能性。

7.3.9　方法数

方法数（NOM）[144] 量度用于计算类的平均方法数。类中方法数的规模应该适中，但不能以功能缺失或不完整为代价。该量度在标识功能很少或没有功能的类时很有用，因此主要用作数据类型。此外，未实现方法的子类鲜有或没有重用的可能。

计算该量度要统计模型中所有类的方法（定义并继承自所有父类）总数，然后用这个数字除以模型中类的总数。因此，NOM 使用下式进行计算：

$$\mathrm{NOM} = \frac{\sum_{i=1}^{N_c} \mathrm{NM}_i + \sum_{i=1}^{N_c} \mathrm{NIM}_i}{N_c} \qquad (7.8)$$

式中：NM 为类的方法数；NIM 为类的继承方法总数；N_c 为关系图中类的总数。

NOM 量度的标称范围为 3~7，表明类具有合理数量的方法。NOM 值大于 7 表示需要将类分解为更小的类。又或者，NOM 值大于 7 可能表示该类不具有相干目的。NOM 值小于 3 表示类只是一个数据结构，并非一个成熟的类。

7.3.10　属性数

属性数（NOA）[150] 量度用于度量模型中类的平均属性数。该量度在识别以下重要问题时非常有用：

（1）类中存在相对较多的属性可能表明存在着巧合的内聚。因此，为了对模型的复杂度进行管理，需要将类分解成更小的部件。

（2）类不具有属性意味着必须对其语义进行彻底的分析。这也可能表明它是实用类而非正规类。

NOA 量度为模型中每个类的属性（已定义以及继承自所有祖先类）总数与模型中类的总数之比。它使用下式进行计算：

$$\mathrm{NOA} = \frac{\sum\limits_{i=1}^{N_c} \mathrm{NA}_i + \sum\limits_{i=1}^{N_c} \mathrm{NIA}_i}{N_c} \tag{7.9}$$

式中：NA 为关系图中类的属性总数；NIA 为关系图中类的继承属性总数；N_c 为关系图中类的总数。

NOA 的标称范围为 2~5。在这一范围内的值表明类具有合理数量的属性。NOA 值大于 5 可能表明该类不具有相干目的，需要继续进行面向对象的分解。当某个特定类的 NOA 值等于 0 时，可以指定它代表实用类。

7.3.11 附加方法数

附加方法数（NMA）[150]量度在类专门化评估中发挥着重要的作用。与祖先类的功能相比，附加方法过多的类表明其专门化程度过高。因此，由于子类与其祖先之间存在着重大差异，继承将变得不太有效。NMA 是关系图中所有附加方法数与类的总数之比。它使用下式进行计算：

$$\mathrm{NOA} = \frac{\sum\limits_{i=1}^{N_c} \mathrm{AM}_i}{N_c} \tag{7.10}$$

式中：AM 为类中附加方法总数；N_c 为关系图中类的总数。

这个量度的标称范围为 0~4。该值大于 4 表示与其祖先类相比，类包含重大更改。当类的 NMA 值大于 4 时，会阻碍继承的有效性。

7.3.12 重写方法数

重写方法数（NMO）[150]量度在类专门化评估中也发挥着重要的作用。具有过多重定义方法的类意味着很少或没有功能得到重用，这可能表示继承遭到了滥用。NMO 计算类中的重定义方法数，计算公式如下：

$$\mathrm{NMO} = \frac{\sum\limits_{i=1}^{N_c} \mathrm{RM}_i}{N_c} \tag{7.11}$$

式中：RM 为类中重定义方法总数；N_c 为关系图中类的总数。

类在使用继承的方法时应尽可能不做修改。具有大量重定义方法的类很难使用继承概念。该量度的标称范围为 0~5。

7.3.13　继承方法数

为了保持继承在类中的有效性，未重定义（重写）的继承方法数应该相对大于重定义的继承方法数。NMI[150] 量度是类中未重定义方法总数与继承方法总数之比。用下式来度量 NMI 的数值：

$$NMI = \frac{NOHO}{HOP} \tag{7.12}$$

式中：NOHO 为类中未重定义方法数；HOP 为类中继承方法数。

继承方法的比例应该很高。该量度与前面提出的 NMO 量度形成了鲜明的对比。继承方法的数量少表示缺乏专门化。由于需要对一些行为进行修改来满足一些新的需求，因此 NMI 很难达到 100% 的理想值。

7.3.14　专门化指数

重写方法数过多是不可取的，因为它增加了模型的复杂性以及维护上的难度，并且降低了可重用性。此外，可以在继承层次结构的更深层级上找到被重写的方法。为此，将 NMO 量度乘以 DIT 量度，并除以类中的方法总数，以便度量其专门化指数。因此，使用下式对 SIX 量度进行计算：

$$SIX = \frac{NMO \times DIT}{NM} \times 100\% \tag{7.13}$$

式中：NMO 为重写方法数；DIT 为继承值深度；NM 为类中方法总数。

类在继承层次结构中所处层级越深，高效且有意义地使用重写方法的困难就越大。这是因为要理解类与其祖先类之间的关系将变得更加困难。这样，开发和维护层次结构中较低层级上的重写方法将变得更加容易。当该值为 0~120% 时，就认为在标称范围内。对于基类，专门化指数等于 0。

7.3.15　公共方法比

公共方法比（PMR）[145] 量度用于度量类的访问控制限制，并表明类中有多少种方法可以被其他类所访问。此量度的有效性基于以下考虑：

（1）过多的公共方法阻碍了封装的目标，而封装是面向对象设计的一个理想特性。

（2）公共方法缺失表示设计中孤立的实体。

PMR 量度是公共方法（定义的和继承的）数与类中方法（定义的和继承的）总数之比。它使用下式进行计算：

$$PMR = \frac{PM+PIM}{DM+IM} \qquad (7.14)$$

式中：PM 为类中公共定义方法总数；PIM 为类中公共继承方法总数；DM 为类中定义方法总数；IM 为类中继承方法总数。

PMR 量度的标称范围在 5%～50%，表示类具有合理数量的公共方法。PMR 值低于 5% 时只能被抽象类所接受；否则类的功能将被隐藏。与之相反，PMR 值大于 50% 表示缺乏封装。通常，只有导出某些功能的方法才应该对其他类可见。

7.4 案例研究

下面选择了一个描述实时心脏监测系统的案例作为研究实例。该图由三个包组成：第一个包包含显示监测结果的窗口组件；第二个包包含指定平台的心脏监视工具；第三个包包含心脏监测组件。

由于不同类之间存在着各种类型的关系，此图作为一个很好的示例显示了这些相关关系。下面将给出评估的结果。当将这些量度应用到图 7.1 中的关系图上时，分析结果表明模型中的一些类具有较高的复杂度，因而具有较弱的可重用性潜力。

表 7.1 显示了与包图相关的量度。DMS 量度对包中抽象性水平和不稳定性水平之间的平衡进行了度量。如表 7.2 所列，图中的三个包都落在 DMS 量度的标称范围内。

表 7.1　包图量度

包名称	A	I	DMS
平台特定 HM	0	49	51
HM	0	49	51
视窗组件	0	50	50
平均值	0	50	50
标称范围/%	—	—	50～100

由于设计角度上的差异，抽象性和不稳定性量度都不具备标称范围，因此 DMS 是一种介于它们数值之间的折中方案。抽象性和不稳定性度量之所以没有标称范围，是因为包必须依赖于其他包才能够使用组合。然而，它们也必须易于修改。这三个包的抽象性量度值等于 0 表明，不容易对这些包进行扩展和修改。另外，第二列中的量度显示不稳定性数值相对较高，这表明如果其他包发生变化，那么这三个包也会随之发生变化。

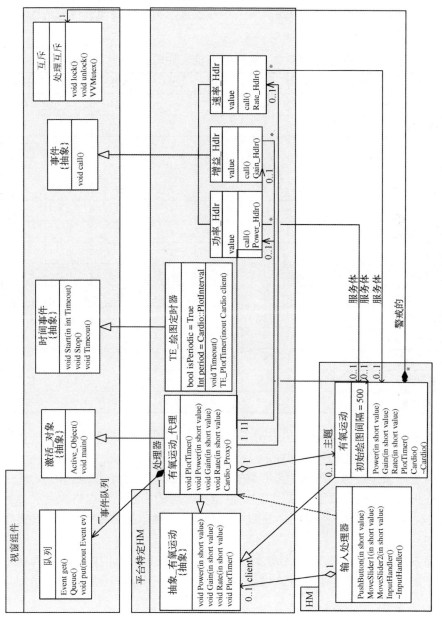

图 7.1　类图和包图示例

表 7.2 给出了与类图继承性相关的量度的分析结果。DIT 量度显示了如何正确使用继承。此外，该图中继承的使用对其复杂度水平未造成负面影响。此外，我们的工具结果表明，该图具有一个浅层继承树，这表明其可理解性和可测试性强。

表 7.2 类图继承相关量度

类名	DIT	NOC	NOM	NOA	NMA	NMI	NMO	SIX
有氧运动	1	0	10	1	6	0	4	40
速率_Hdlr	1	0	3	1	2	0	1	33
增益_Hdlr	1	0	3	1	2	0	1	33
功率_Hdlr	1	0	3	1	2	0	1	33
TE_绘图定时器	1	0	5	2	2	67	3	43
有氧运动_代理	1	0	11	0	5	33	4	0
抽象_有氧运动	0	2	4	0	4	0	0	0
互斥	0	0	3	1	3	0	0	0
事件	0	3	1	0	1	0	0	0
时间事件	0	1	3	0	3	0	0	0
激活_对象	0	1	2	0	2	0	0	0
排队	0	0	3	0	3	0	0	0
输入_处理	0	0	5	0	5	0	0	0
平均值	0.46	0.88	4.31	0.54	3.08	25	1.08	18.38
标称范围	1~4	1~4	3~7	2~5	0~4	50%~100%	0~5	0~120%

具体到 NOC 量度，该分析表明图中只有 4 个类具有良好的 NOC 值。在类图中，子类数表示类的可重用性。

分析结果还表明，该图中 5 个类的 NOM 值较差。此外，该类图的 NOM 平均值在标称范围内。要解决某些 NOM 数值不合适的问题，可以将现有类分解成更小的新类，但它们包含的方法数可能会超出标称范围。因此，图中的类将变得更易于重用。

由表 7.2 可见，对于 NOA 量度，只有一个类在标称范围内。这需要通过向图中的非抽象类添加新属性来做进一步的增强。具有高属性数的类会增加其规模。

NMA 量度对继承的有效程度进行了度量，这三个类均具有较高的 NMA 值，表明滥用了继承。具有高 NMA 值的类可能难以重用，而未经专门化并且具有高方法数的类可能会阻碍其他类重用其功能。为了改进设计，可能就需要将这三个类分解成更小的专门化类。

表 7.2 还表明，继承层次结构中只有一个类满足 NMI 量度的标称范围。关于 NMO 量度，分析表明图中的所有类都落在标称范围内。

表 7.2 中的最后一个量度表明，图中的所有类都符合 SIX 量度的标称范围。后者从面向对象设计中继承的角度反映了类图的整体性能。

CBO 量度对不同类之间的耦合程度进行了度量，其中高耦合度会导致复杂度的增加。表 7.3 显示有 7 个类的 CBO 在标称范围之外，而另外 6 个类的 CBO 在标称范围之内。这表明复杂度有所增加，建议通过减少不同类之间的关系数来做进一步修改。

表 7.3　类图通用量度

类名	CR	CCRC	CBO	PMR
有氧运动	0	200	1	100
速率_Hdlr	0	200	1	100
增益_Hdlr	0	200	1	100
功率_Hdlr	0	200	1	100
TE_绘图定时器	0	100	0	100
有氧运动_代理	0	700	5	100
抽象_有氧运动	0	100	1	100
互斥	0	0	0	100
事件	0	0	0	100
时间事件	0	0	0	100
激活_对象	0	0	0	100
排队	0	0	0	100
输入_处理	0	200	2	100
平均值	0	146	0.92	100
标称范围	20%~75%	150%~350%	1~4	5%~50%

CCRC 量度对图中类的内聚度进行度量。该量度反映了图的架构强度。表 7.3 显示只有 5 个类的 CCRC 水平良好，而其余 8 个类的 CCRC 水平较低。此外，可以看到，CCRC 的平均值超出了标称范围，表示不同类之间存在着内聚问题。

表 7.3 中的 CR 量度结果显示，图中没有一个类在实现前置条件和/或后置条件。在采取任何动作之前，类方法都有职责检测消息是否正确，之后才可以对 CR 进行度量。在当前的示例中，对于那些在动作执行前后需要检查消息

有效性的方法来说，可以通过向其中添加前置/后置条件来提高 CR 的数值。在类图的设计中，应该仔细考虑前置/后置条件的使用。因此，这个量度是有用的，特别是在检测具有实时消息传送的系统时。

最后，对于 PMR 量度，表 7.3 显示类图中的所有方法都是可以访问的，这限制了图中的封装。这就需要对图中所有类的访问控制等级进行一定的调整。

7.5　小　　结

软件工程量度可以为软件和系统设计中许多相关的质量属性提供非常有价值的洞见。此外，在搜索可能的改进道路方面，量度可能对评估现有的设计有用。

本章提出了一组用于软件和系统工程设计模型的相关量度套件，它们均以 UML 类图和包图的形式存在。通过一个案例研究，展示了这些量度套件的有效性。在这一案例中，采用了一组 15 个量度来评估面向对象系统设计的质量。该案例研究演示了不同的面向对象技术（如继承或关联）如何影响各种各样的质量属性（如可重用性和复杂性）。此外，还展示了评估的质量属性如何能够作为提升设计水平的指针。

第 8 章　UML 行为图的验证和确认

人们普遍认为，任何具有关联动态的系统都可以被抽象为一个在离散状态空间中演进的系统。当假设存在不同的配置时，这样的系统能够通过其状态空间演进，其中配置可以理解成系统在任一特定时刻所遵循的一组状态。因此，所有可能的配置汇总起来就是系统的动态，并且由此产生的迁移可以合并成为配置迁移系统。在这一背景下，我们展示了这一概念在对采用 UML 这样的建模语言表示的行为设计模型的动态进行建模时的作用。

在验证用 UML 1. x 活动图表示的设计模型时，Eshuis 和 Weird[80] 探索了一种类似于 CTS 的想法。然而，CTS 概念具有更一般的性质，可以方便地对其进行修改以适用于范围广泛的行为图，包括状态机图、活动图和序列图。从本质上讲，CTS 其实就是一种自动机。它的特征是通过一组包括一套初始配置（通常是单例模式）以及迁移关系的配置来对 CTS 从一种配置到另一种配置的动态演进进行编码。此外，根据所需的抽象程度，CTS 灵活的配置结构或多或少包含了行为图的动态元素。因此，它提供了一种抽象可伸缩性，通过将范围调整到感兴趣的期望参数来允许进行高效的动态分析。

8.1　配置迁移系统

在行为图给定的情况下，假定该图的元素都已经建立并被理解，并且存在（且被定义）一步关系，使人们能够从任何给定的配置中计算出图的下一个配置，就能够生成相应的 CTS。

当行为图动态域中感兴趣的变量可以被抽象为布尔状态变量时，CTS 中每个封闭的配置都可以用一组同时处于激活①的状态来表示。此外，CTS 的迁移关系通过一个由所有这些变量值（如事件和警戒）组成的标签与配置对相链接，这些变量值是触发从当前配置到下一个配置的更改所必需的。注意，为了实现可跟踪性，配置空间必须是受限的。换句话说，必须为关系图动态域中的

---

① 虽然通常使用布尔值 true 表示状态处于激活状态，但只要约定的使用保持前后一致，也可以类似地使用布尔值 false 表示激活状态。

每个变量假设一个有限的可数极限。下面将对 CTS 的概念做进一步详细介绍。

定义 8.1（动态域） 动态域是描述行为图 D 演进的异构属性集，用符号 D_Δ 表示。

配置可以理解为在一组系统动态元素演进过程的特定时间点上从特定角度截取的快照。

定义 8.2（配置） 对于已然建立的变量排序，配置 c 是从一组值到行为图动态域 D_Δ 中变量集的特定绑定。

在行为图 D 及其对应的动态域 D_Δ 给定的情况下，如果对于每个属性 $a_{1,2,\cdots,n} \in D_\Delta$，都可以找到对应的正整数 $i_{1,2,\cdots,n}$，那么对于动态域 $\pi_{a_k}(D_\Delta)$ 的每个投影，$k \in 1,2,\cdots,n$，有最大 $|\pi_{a_k}(D_\Delta)| < 2^{i_k}$，那么一个属于 D 的 CTS 的配置 c 最多需要 $I = \sum i_K$ 位，而可能的 CTS 配置数最多是 2^I 个。尽管如此，实际的配置数通常要小得多，并且仅限于从初始配置集出发可以到达的配置数之内。此外，状态属性在大多数情况下仅限于布尔值。

定义 8.3（配置迁移系统） CTS 是一个元组 $(C,\Lambda,\rightarrow)$，其中 C 是一组从同一视图获取的配置，Λ 是一组标签，而 $\rightarrow \subseteq C \times \Lambda \times C$ 是一种三元关系，被称为迁移关系。如果 c_1、$c_2 \in C$ 并且 $l \in \Lambda$，则迁移关系的常用表示形式为 $c_1 \xrightarrow{l} c_2$。

因为特定图的动态由相应的 CTS 所捕获，所以它被视为底层语义模型。于是，CTS 可以用于系统地生成模型检测器的输入。

此外，CTS 结构还可以为设计者提供有用的反馈。因此，在使用合适的图形编辑器（如 daVinci[238]）图形化显示生成的 CTS 之后，可以对该图在节点数和边数上的复杂度进行总体的可视化评估。当采取纠正措施时，它也可以作为一种快速的反馈，给出一些关于增加或减少图行为复杂度的洞见。

8.2　配置迁移系统的模型检测

下面详细描述了 CTS 模型的模型检测过程所需的后端处理。选择的模型检测器是 NuSMV[47]，它是初代 SMV[158] 的改进版本。

NuSMV 输入语言中迁移系统的编码基本上涉及至少以下三种主要语法声明部分的分组①：一是需要一个语法块，其中状态变量连同它们的类型和范围一起被定义下来；二是必须指定一个初始化块，其中状态变量被赋予相应的初

---

① 如果合适，那么可以在编码 NuSMV 中的迁移系统以及各种层次结构时，使用各种其他方面的结构，其中一个主模块引用几个其他的子模块，这是由于某些特定的迁移系统可能表现出模块化方面的特征。然而，这没有对经过考虑的声明部分产生任何语义上的影响。

始值或可能的初始值范围；三是必须在下一个子句块中描述迁移系统的动态，其中指定了控制状态变量演进的逻辑。在此基础上，考虑到当前步骤中所做的逻辑赋值，可以在每个下一步中对状态变量进行更新。

CTS 可以通过构建上面提到的三种声明部分，系统地生成相应的编码到模型检测器的输入语言中。如 8.1 节所述，CTS 动态以成对配置迁移关系的形式给出。因此，任何给定的 CTS 迁移都将源配置链接到目标配置上，从而有可能将每个配置编码为 NuSMV 模型中独特的实体。但是可以注意到，给定 CTS 中的配置数可能显著高于作为不同配置成员的状态数。此外，将要被验证的属性应该在状态而不是配置上进行表达。因此，为了以一种简洁且有意义的方式将 CTS 的表示形式编码到模型检测器语言中，需要使用配置状态而不是配置本身作为动态实体。这将相应地反映在所有三种声明块中。

因此，在建立动态实体之后，可以继续编译这三个代码块：第一个代码块包括枚举与每个动态实体及其类型和范围相关联的标签；第二个代码块通过使用 CTS 的初始配置来进行编译，以便指定初始值；第三个代码块在本质上更为费时费力，它对 CTS 的迁移进行分析，以便从其基于配置的演进出发来确定其基于状态的演进。

更准确地说，任何给定的目标配置都是一个或多个 CTS 迁移关系的一部分，对于其中的每一种状态 s，都需要为每个目的配置指定激活 s 所需的条件，并且指定在这类条件缺失的情况下 s 将被禁用。

每个目标配置的上述激活条件都可以用布尔谓词来表示。如果这样，那么这些谓词以连接符的形式出现在对应源配置中属于每个状态的激活状态上，以及作为迁移触发器的测试术语。然而，还可能存在更一般的情况，即源配置元素可能同时包含多个值以及布尔状态变量。在这种情况下，激活条件谓词还将包含用于对应多值变量的值测试术语。因此，对于 CTS 模型配置中的每个状态①变量，都必须指定从此以后打算将什么表示为迁移候选项。具体来说，每种状态 s 的候选项代表了在所有目标配置激活条件上的转折组合，这些配置都将 s 作为其成员。

在数学术语中，规定布尔值 true 代表每个状态处于“激活”状态，并且具有结构：S，CTS 配置中所有状态的集合；C，CTS 中所有配置的集合；Λ，CTS 中所有触发事件标签的集合；$\rightarrow \subseteq (\mathrm{src}:C \times \mathrm{lbl}:\Lambda \times \mathrm{dst}:C)$，迁移关系；$e \in \Lambda$，触发事件标签。

则可以确定：

$$\forall t \in \rightarrow . \, c = \pi_{\mathrm{dst}}(t) . \, A_c = \Lambda(\pi_{\mathrm{srt}}(t) \bigwedge e \equiv \pi_{\mathrm{lbl}}(t))$$

---

① 状态应该理解为任意的布尔值或多值变量，它们都是一个或多个 CTS 配置的一部分。

$$\forall s \in S. \ \forall c \in \{C \mid \exists t \in \to. \ s \in C = \pi_{dst}(t)\}. \ A_s = \vee A_c$$

其中：A_c 为 CTS 配置的激活条件集；A_s 为 CTS 配置中状态的激活条件集。

假设 A_s 包含每种状态的迁移候选项，就可以使用它在下一个子句块中为 CTS 配置内的每种状态编译相应的演进逻辑。因此，CTS 的动态被编码在状态级。这源于规定：每当状态的迁移候选项在当前步骤中得到满足（true），该状态就将在下一个步骤中被激活；反之如果没有得到满足，则该状态被禁用。

8.3　使用 CTL 的属性规范

通过模型检测器进行验证的过程需要展现有关这项技术潜在好处的精确的属性规范。NuSMV 模型检测器主要使用 CTL[61] 时态逻辑来实现这一目的。该逻辑具有一些有趣的特性，并且显示出强大的表达能力。CTL 属性既可以用来表示一般的安全性和活性，也可以表示更高级的属性，如条件可达性、死锁自由、排序以及优先级。下面将简要介绍 CTL 逻辑及其操作符。

CTL 用于对状态迁移图中展现的计算树进行推理。CTL 属性是指从迁移图中派生的计算树。计算树的路径表示了对其相应模型所做的每一种可能的计算。此外，由于 CTL 所拥有的操作符描述了计算树分支结构上的属性，因此它被归类为一种分支时间逻辑。

CTL 属性的构建使用到了原子命题、命题逻辑、布尔连接词以及时态操作符。原子命题对应于模型中的变量。每个时态操作符都由路径量词和相邻的时态情态两部分组成。

时间操作符在隐式当前状态的上下文中进行解释。通常来说，在当前状态下可能会形成多条执行路径。路径量词用来表示情态是否定义了一种应该为所有可能路径（通用路径量词 A）或只是其中一部分路径（存在路径量词 E）所具备的属性。

图 8.1 描绘了计算树以及其上各个节点所具备的一些基本的 CTL 属性。

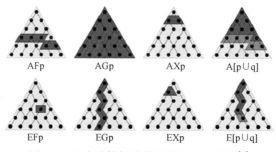

图 8.1　基本计算树及其相应的 CTL 属性[6]

图 8.2 显示了 CTL 公式的语法，表 8.1 解释了时态情态的底层含义。

$$\phi ::= p \qquad\qquad\qquad\qquad\qquad\quad (\text{原子命题})$$
$$| \quad |\phi|\phi \wedge \phi|\phi \vee \phi|\phi \rightarrow \phi \qquad\qquad (\text{布尔连接词})$$
$$| \quad AG\phi | EG\phi | AF\phi | EF\phi \qquad\qquad (\text{时态操作符})$$
$$| \quad AX\phi | EX\phi | A[\phi \cup \phi] | E[\phi \cup \phi] \qquad (\text{时态操作符})$$

图 8.2　CTL 语法

表 8.1　CTL 情态

Gp	全局上，p 在整个后续路径上都能得到满足
Fp	未来（最终），p 在后续路径的某处得到满足
Xp	下一个，p 在下一个状态上得到满足
$p \cup q$	直至，p 必须保持到 q 所保持的并且必须保持到最终的点

尽管 CTL 的语法允许规范范围广泛的属性，但众所周知，除了非常简单的情况以外，想要在 CTL 中准确捕获给定的规范是一件非常棘手和麻烦的任务。为了削弱这个问题的难度，可以使用一些直观的宏，它们能够自动扩展到相应的 CTL 等价物上，这样方便使用最少的甚至都不需要使用任何时态逻辑的先验知识来表达规范。

有效的 CTL 宏示例包括 ALWAYS、NEVER、MAYREACH、INEVIT、POSSIB、NECESS 和 PRECEDE。

随后，将提供多个案例研究来展示如何使用 CTL 宏，以便指定将使用模型检测器来进行验证的设计属性。

8.4　配置迁移系统程序分析

下面将讨论如何在语义模型（CTS）上使用程序分析技术（数据和控制流）。通过将验证的范围缩小到可以称为迁移系统语义投影的区域，这些技术可以潜在地提高模型检测程序的有效性。

程序分析的目标是识别和提取 CTS 中的一些部分，它们所显示的属性可以用来简化提供给模型检测器的迁移系统。我们感兴趣的方面是数据和控制流。前者基本上被用于搜寻不变量（如特定的变量值或关系）的存在，而后者可以用于侦测迁移系统各个部分之间的控制流依赖关系。因此，CTS 可能会被切片成更小的独立子图，单独用于模型检测程序。

虽然有可能指定的一些属性横跨初始 CTS 的多个子图，但是切片可以在以下条件下安全地进行：

（1）需要验证的属性属于活性[①]或者安全性[②]的范畴。

（2）任何属性规范都不应该包含需要多次出现初始状态的序列或执行轨迹。

必须注意的是，第二条限制并非潜在验证的主要障碍。在这方面，不变量的存在保证了无论是重新访问初始状态还是第一次进入初始状态，对于迁移系统的动态而言都是等价的。

但是必须指出，尽管派生的一些配置子图可能相当简单，但模型检测程序还是需要为每个进到模型检测器的迁移系统输入指定初始模型的所有元素。必须这样做是为了保存迁移系统的初始元素[③]，同时确保底层动态能够被正在探讨的配置子图捕获。

此外，由于在某些情况下动态可能受到严重的限制，因此在解释模型检测结果时必须对这一事实加以考虑。于是，即使对应于特定子图的迁移系统的活性属性有可能失效，也不应当立即声明初始模型的这一属性失效。只要至少有一个子图的迁移系统满足了正在探讨的属性，它在初始模型中的有效性就通过了验证。与之相反，一旦某个特定子图的安全性属性失效，那么初始模型的安全性属性也会被声明无效。尽管如此，这项任务可以自动化完成并且几乎是透明的。

为了更有效地说明如何将数据和控制流分析应用到 CTS 模型上，将在 8.5 节中提供了一个启发性的示例，其中详细介绍了状态机图的验证和确认过程。8.5.3 节描述了如何应用程序分析技术。

8.5 UML 状态机图的验证和确认

本节将通过模型检测来描述状态机图的验证和确认过程。状态机是一种规范，它全面描述了某些离散动态模型的所有可能行为。状态机图包含以层次结构方式组织的状态，这些状态用标记有事件和警戒的迁移关联在一起。

状态机根据触发相应迁移的事件进行演进，前提条件是源状态处于激活状态，迁移具有最高优先级，并且迁移上的警戒为 true。如果不同的迁移发生冲突，则通过分配优先级来决定先触发哪一个迁移。更高的优先级被分配给源状

---

① 活性属性捕获最终将发生的系统行为（如某些"好事"终将发生）。

② 安全性属性总是捕获必须始终发生的行为（如在任何节点上都不能有"坏事"发生）。

③ 在指定各种属性时，有可能需要迁移系统的某些元素。

态嵌套在包容层次结构更深处的迁移。

8.5.1　语义模型推导

　　状态机图的层次结构可以表示为树的形式，其中树根为顶层状态，树叶为基本状态，而所有其他节点为组合状态。树状结构可以用于标识迁移源状态以及目标状态的最近公共祖先（LCA）。这对于识别在迁移触发之后将被禁用和激活的状态非常有用。为了捕获这些状态之间的层次包容关系，需要对它们进行恰当的标签化（编码化）。也就是说，在状态集内建立了"是……的祖先"/"是……的后代"的关系。此外，层次结构下的每种状态都以相同的方式被标签化为一本书的目录形式（如 1.，1.1，1.2，1.2.1）。

　　标签化过程包括分配 Dewey 位置，并表示为算法 8.1 的形式，其中操作符 $+_c$ 表示字符串串联（使用隐式操作数类型转换）。大概意思是说，状态的标签化是通过在标签为 "1." 的顶层状态上执行算法 8.1 来实现的，从而递归地给所有状态打上标签。在每种状态的标签内编码的信息可以用来评估不同状态之间的关系：对于状态机的任意两种状态 s 和 z，其中 s_l 和 z_l 代表了它们各自的标签。如果 s_l 是 z_l 的真前缀（例如，s_l = "1.1"，z_l = "1.1.2"），那么（s "是 z 的祖先"）成立。相反，如果 z_l 是 s_l 的真前缀，那么（s "是 z 的后代"）成立。

算法 8.1　层次状态标签化

label State（State s，Label l）

$s_l \leftarrow l$

for all substate k in s **do**

　label State(k，$l +_c$ indexof(k) $+_c$ ".")；

end for

　　状态标签化通过标识公共前缀来查找顶层状态[①]下任意状态对的 LCA 状态。后者表示 LCA 状态的标签，可以更为形式化地表示为以下方式：

　　对于任意状态对 (s,z)，当 $s_l \neq$ "1." $\neq z_l$，$\exists !lp \neq \varepsilon$，使得 lp 成为 s_l 和 z_l 最大（最长）的真前缀。于是，$\exists !\text{lcaState}_l = \text{LCA}(s,z)$，使得 $\text{lcaState}_l = lp$。

　　虽然对于顶层状态下的任意状态对，都存在唯一的 LCA，但仍然可能有一些状态不存在 "是……的祖先"/"是……的后代" 的关系（例如，s_l =

---

①　任意两种状态的 LCA 是作为两者祖先的包容层次结构中最接近的状态。

"1. 1. 1", z_l = "1. 2. 1")。

配置是状态机的状态集，其中 true 值与激活状态相绑定，而 false 值与非激活状态相绑定。为了避免冗余，只需要为每种配置指定激活状态。然而，为了支持能够生成状态机的所有配置这一机制，在每种配置中保留了两个附加列表，一个包含该特定配置的所有警戒值，另一个包含所谓的配置汇合模式列表。汇合模式列表这一术语借用自文献［84］，用于记录状态机从一种配置到另一种配置的演进过程中可能达到的各种同步点。

下面将解释 CTS 生成的过程，由算法 8.2 给出。采用广度优先的搜索迭代法得到 CTS。其主要思想包括对每次迭代搜索从标识为 CurrentConf 的当前配置可达的所有新配置。此外，还维护了三个主要的列表：第一个用 Found-ConfList 表示的列表记录了到目前为止所有被标识和搜索过的配置；第二个列表记录了新发现但尚未被搜索的配置，用 CTSConfList 表示；第三个列表用于记录从一个配置到另一个配置的已标识迁移，用 CTSTransList 表示。此外，我们还有一个用 CTScontainer 表示的容器列表，它包含了状态机的所有状态和警戒元素，以及一个初始为空的汇合模式列表占位符。

迭代程序从只包含状态机初始配置的 CTSConfList（用 initialConf 表示）开始。在每次迭代中，都会从 CTSConfList 中弹出一个配置，代表当前迭代下的 CurrentConf 值。从 CurrentConf 中提取了三个包容列表（crtStateList、crtGList 和 crtjoinPatList）。为了能够在迁移触发之前正确地评估警戒值，需要检查 crt-GList 是否包含未指定的（任何）警戒值。如果包含，就将这两个新配置添加到 CTSConfList 中，其中未指定的警戒值分别赋值为 true 和 false，然后立即开始下一次迭代。如果 FoundConfList 不包含 CurrentConf，则将后者添加到 FoundConfList 中。

根据 EventList 的可能传入事件列表，逐一选择每个元素并进行分派，每次都通过将当前配置分配给 CTScontainer 而使状态机恢复到当前配置。分派操作是一项通用程序，负责事件的处理，并通过使用状态包容层次结构标签化来将状态机从当前配置正确地移动到下一个配置。因此，根据其优先级来触发使用分派事件标记的相应可行迁移，并且如果存在之前应该被发现的未识别配置，就将其添加到 CTSConfList 中。

算法8.2　生成状态机 CTS

FoundConfList = ∅
CTSConfList = ｜ initialConf ｜
CTSTransList = ∅

```
CTScontainer = {DiagiamStateList, guardValueList, ∅}
while CTSConfList is not empty do
    CurrentConf = pop (CTSConfList)
    crtStateList = get (CurrentConf, 0)
    crtGList = get (CurrentConf, 1)
    crtJoinPatList = get (CurrentConf, 2)
    if crtGList contains Value "any" then
        splitIndex = getPosition (crtGList, "any")
        crtGList [splitIndex] = true
        CTSConfList = CTSConfList ∪ { crtStateList, crtGList, crtJoinPatList )
        crtGList [splitIndex] = false
        CTSConfList = CTSConfList ∪ { crtStateList, crtGList, crtJoinPatList)
    continue
    end if
    if FoundConfList not contains CurrentConf then
    FoundConfList = FoundConfList ∪ CurrentConf
    end if
    for each event e in EventList do
        setConf (CTScontainer, CurrentConf)
        dispatch (CTScontainer, e)
        nextConf = getConf (CTScontainer)
        if nextConf not equals CurrentConf then
            CTSConfList = CTSConfList ∪ nextConf
            crtTrans = {CurrentConf, e, nextConf}
            if CTSTransList not contains crtTrans then
                CTSTransList = CTSTransList ∪ (crtTrans)
            end if
        end if
    end for
end while
```

　　一旦发现下一个配置不同于当前配置，在 CurrentConf 和下一个被发现的配置之间就形成了一种新的迁移。如果这一新迁移尚未出现过，就将其添加到 CTSTransList 中。在将当前配置所有新可能出现的后继（下一个）配置添加到 CTSConfList 中之后，启动下一次迭代。当在 CTSConfList 中找不到任何元素时，该程序将停止运行。因此，通过使用上述算法，获得了与给定状态机相对应的 CTS。

8.5.2 案例研究

本节提出了一个与基于 UML 2.0 设计相关的案例研究，它描述了一台自动柜员机（ATM）的运行。根据预先定义的属性和需求对该设计进行了验证和确认。

ATM 通过特定的接口与潜在客户（用户）进行交互，并通过适当的通信链路与银行进行通信。从 ATM 请求服务的用户必须插入一张 ATM 卡片并输入一个识别码（PIN）。这两项信息（卡号和密码）都需要发送到银行进行验证。如果客户的凭证无效，该卡将被弹出。否则，客户将能够进行一个或多个交易（如现金预付或账单支付）。在顾客与 ATM 机的互动过程中，该卡将被保留在 ATM 机中，直到顾客不再需要任何服务为止。图 8.3 显示了 ATM 系统的 UML 2.0 状态机图。

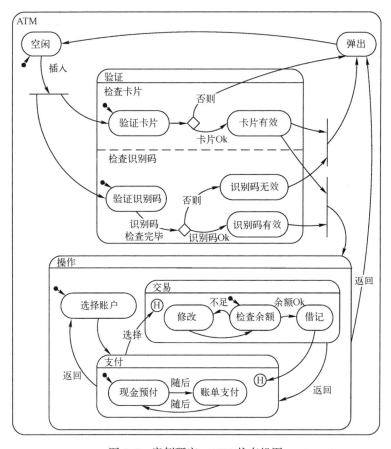

图 8.3　案例研究：ATM 状态机图

　　该模型基于一个假设的行为，并且只是作为一个示例。此外，它故意在设计中包含一些缺陷，以便勾勒出该方法在发现行为模型中存在的问题时所起到的作用。图中包含多个状态，我们将根据关系图的包容层次结构来呈现它们。

　　顶层容器状态 ATM 包含空闲（IDLE）、验证（VERIFY）、弹出（EJECT）以及操作（OPERATION）四个子状态。顶层状态的默认初始子状态为 IDLE 状态，系统在该状态下等待潜在的 ATM 用户。VERIFY 状态表示验证卡的有效性和授权。EJECT 状态描述用户交互的终止阶段。OPERATION 状态是一个组合状态，它包含与银行操作相关的多个功能，即账户选择（SELACCOUNT）、支付（PAYMENT）及交易（TRANSAC）。

　　SELACCOUNT 状态是指卡所有者必须选择一个属于他的账户。当 SELAC-COUNT 状态处于激活状态，并且用户选择了一个账户时，将启用下一个迁移并进入 PAYMENT 状态。PAYMENT 状态包括两个子状态，分别为现金预付和账单支付。它表示由事件 next 控制的两项菜单。最后，TRANSAC 状态捕获了交易阶段，并且包含三个子状态：CHKBAL 用于检查余额，MODIFY 在必要时用于修改金额，以及 DEBIT 用于借记。

　　每个 PAYMENT 和 TRANSAC 状态都包含一个浅历史伪状态。如果触发了针对浅历史伪状态的迁移，则激活在包含历史连接器的组合状态中最近被激活的子状态。

　　当采用形式化分析来评估状态机图时，步骤如下：首先将状态机图转换为如图 8.4 所示的对应的语义模型（CTS）。每个元素都由状态机图的一组状态（可能是单例）和变量值表示；然后为每种状态自动指定死锁和可达性属性。此外，还以宏和 CTL 符号的形式提供用户自定义属性。

　　在模型检测程序完成以后，所得结果明确指出 ATM 状态机设计中存在的一些有趣的设计缺陷。

　　模型检测器确定 OPERATION 状态显示为死锁，这意味着：一旦进入，就永远无法离开。这是因为在 UML 状态机图中，每当具有相同触发器的迁移出现冲突时，源状态位于包容层次结构更深处的工况便被赋予了更高的优先级。

　　此外，一旦状态机达到包含相应源状态的稳定配置，就会触发没有事件的迁移。从 SELACCOUNT 到 PAYMENT 的迁移恰恰属于这种情况。但是，没有配置允许退出操作状态。通过观察相应的 CTS 也可以发现这一点。注意，一旦达到包含 OPERATION 状态的配置，就不会再迁移到不包含 OPERATION 状态的配置。

　　除了自动生成的属性，还有一些相关的用户自定义属性，它们都以宏和 CTL 符号的形式表示。

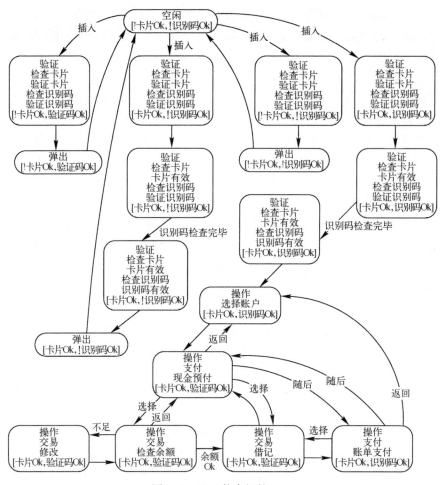

图 8.4　ATM 状态机的 CTS

　　属性 (8.1) 断言以下情况总是成立：一旦到达 VERIFY 状态，从该时刻开始，OPERATION 状态就应该始终可达：

$$ALWAYS\ VERIFY \rightarrow MAYREACH\ OPERATION$$

　　CTL：AG ((VERIFY → (E［!(IDLE) ∪ OPERATION］)))　　(8.1)

　　属性 (8.2) 断言以下情况总是成立：在到达 OPERATION 状态以后，将不可避免地在稍后某个时间点到达 EJECT 状态：

$$ALWAYS\ OPERATION \rightarrow INEVIT\ EJECT$$

　　CTL：AG ((OPERATION → (A［!(IDLE) ∪ EJECT］)))　　(8.2)

　　属性 (8.3) 规定状态 CHKBAL 必须先于状态 DEBIT 发生：

$$CHKBAL\ PRECEDE\ DEBIT$$

$$CTL: (!E[!(CHKBAL) \cup DEBIT])))) \qquad (8.3)$$

在运行模型检测器时，发现属性（8.1）是满足的。这正是我们所期望的。然而，属性（8.2）和属性（8.3）未得到满足。在这方面，从自动规范出发注意到，一旦进入 OPERATION 状态，就无法离开（它显示为死锁），并且无法将 EJECT 状态作为子状态。属性（8.3）的失效伴随着由模型检测器提供的跟踪，如图 8.5 所示。

IDLE [!cardOK, !pinOk];
VERIFY, CHKCARD, VERIFCARD, CHKPIN, VERIFYPIN [cardOk, pinOk];
VERIFY, CHKCARD, CARDVALID, CHKPIN, VERIFYPIN [cardOk, pinOk];
VERIFY, CHKCARD, CARDVALID, CHKPIN, PINVALID [cardOk, pinOk];
OPERATION, SELACCOUNT [cardOk, pinOk];
OPERATION, PAYMENT, CASHADV [cardOk, pinOk];
OPERATION, TRANSAC, DEBIT [cardOk, pinOk];

图 8.5　状态机的反例

尽管模型检测器能够为任何失效属性提供反例，我们还是专门为捕获关键和意外行为时的属性（8.3）提供了一个反例。

前述反例用一系列配置（用分号隔开）表示。此外，当给定配置中出现两个或更多状态时，就使用逗号把它们分隔开来。此外，对于每种配置，变量值都要用方括号括起来。在这种情况下，失效是由于 PAYMENT 状态迁移到了 TRANSAC 状态的浅历史连接器。这允许 DEBIT 状态在通过其历史连接器重新进入 TRANSAC 状态时被立即激活。

反例可以帮助设计人员推断出必要的更改来修复已识别的设计缺陷。第一个修改包括在从 SELACCOUNT 状态到 PAYMENT 状态的迁移中添加一个触发器，如 select。这将消除死锁状态和属性（8.2）。第二次修改修正了与属性（8.3）相关的问题。它包括移除 TRANSAC 状态的历史连接器，并将从该目标传入的迁移直接更改为 TRANSAC 状态。图 8.6 显示了修正后的 ATM 状态机图。在修正后的图上重新执行验证和确认过程后，包括自动和用户自定义属性在内的所有规范都得到了满足。

8.5.3　程序分析的应用

下面给出的案例研究将展示如何对 8.5.2 节中给出的状态机配置迁移系统进行程序分析。在如图 8.4 所示对应的 CTS 中，每种配置都包含变量卡片 Ok 和识别码 Ok 的不同值。每当特定配置内某变量前出现感叹号时，就意味着变量在该配置中为 false。

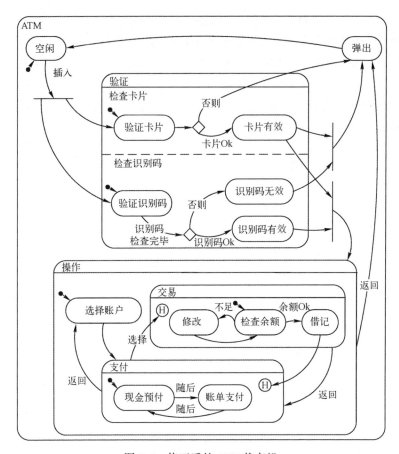

图 8.6　修正后的 ATM 状态机

有些子图中含有某些不变量，图 8.7 显示了这些子图，每张子图都具有可以被抽象的不变量。在图 8.7（a）中，注意到了不变量!卡片 Ok。类似地，图 8.7（c）显示了另一张子图，其中包含不变式! 识别码 Ok。在图 8.7（b）所示的子图中，卡片 Ok 和识别码 Ok 这两个不变量都存在。此外，图 8.8 描绘了一张独立于控制流透视图的子图。因此，一旦控件被转移到这张子图中，它就永远不会被转移到子图之外。

上面标识的子图所表示的基本原理使我们能够将初始模型切片（分解）成几个独立的部分，从而对它们进行单独分析。与原始模型相比，子图明显降低了程序分析的复杂度。因此，接受模型检测的每个相应的迁移系统在内存空间和计算时间上都会占用更少的资源。下面的统计数据就强调了切片程序的优势。模型检测器之所以正在使用二进制决策图（BDD），是为了以高度紧凑的方式存储生成的状态空间，所以这可以作为一个有说服力的比较参数（有关

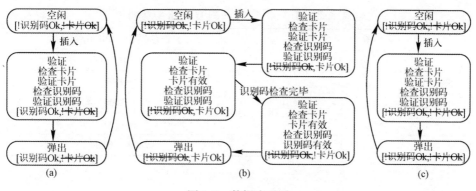

图 8.7　数据流子图

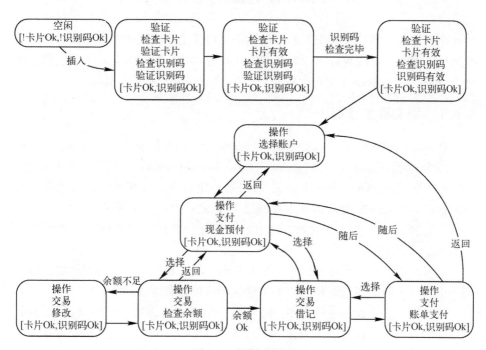

图 8.8　控制流子图

统计信息参见表 8.2）。注意，为了验证初始 CTS 图，模型检验器分配了 70000～80000 个 BDD 节点（取决于变量的顺序），为切片子图分配的 BDD 节点数显著降低。事实上，对于图 8.7（a）和（c）中的数据流子图，BDD 节点数大约为 4000，而图 8.7（b）中的数据流子图需要大约 8000 个 BDD 节点，图 8.8 中的控制流子图需要 28000～33000 个节点。

表 8.2　有关模型检测内存占用的统计

图　　号		内存占用（BDD 节点）
图 8.4		70000～80000
图 8.7	（a）	≈4000
	（b）	≈8000
	（c）	≈4000
图 8.8		28000～33000

8.6　UML 序列图的验证和确认

序列图用于描述实现交互所需的通信。UML 2.0 定义的序列图由一组生命线组成，这些生命线对应于以时态顺序交互的对象。最一般交互单元的抽象称为 InteractionFragment（交互片段）[181]，它代表了交互的基本组成。

8.6.1　语义模型推导

在给定的序列图中，每个交互片段在概念上都可以看作一个交互[181]。此外，组合片段（CombinedFragment）[181] 是 InteractionFragment 的一种专门化，具有与 Seg、Alt、Opt、Par 或 Loop 结构之一相对应的交互操作符。这些结构是 CombinedFragment 的示例。生命线之间的交互用信息交换来表示。更具体地说，它表示一种通信（例如，发出一个信号，调用一个操作，或者创建或销毁一个对象实例）。

通常情况下，序列图可以用于捕获延迟和优先级等属性。通过提取给定序列图中所有可能的执行路径，能够构建出相应的迁移系统。

为了进一步生成相应的 CTS，必须首先用特定的语法来对消息进行编码。按照惯例，可以假设每个消息标签都从发送方参与者开始，并以接收方参与者结束。于是，每个交换消息 Msg 都按格式 S_Msg_R（其中，Msg 的发送方简称为 S，接收方简称为 R）进行编写。在本案例中，配置是一组并行发送的消息（用逗号隔开）。对于没有包含在任何 CombinedFragment 中，而是包含在 Seg 中的消息来说，每一条代表一个单例配置。状态是并行发送的消息，并且迁移是基于排序操作符的。因此，迁移派生自序列图中消息之间的排序事件。

8.6.2　序列图案例分析

下面的序列图描述了银行系统中三个参与者之间可能存在的交互执行场

景，这三个参与者分别是用户（U）、ATM（A）和银行（B）。虽然还存在其他可能的执行场景，但只关注图 8.9 所示的场景。

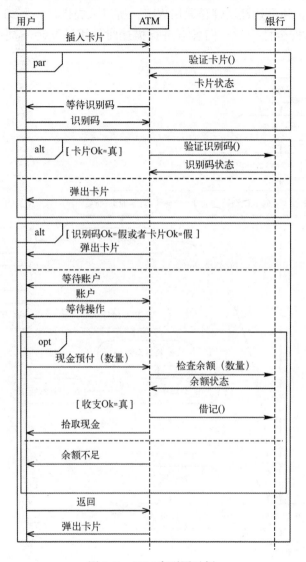

图 8.9　ATM 序列图示例

该序列图包含三个主要的 CombinedFragment：两个与身份验证过程有关，一个与银行交易操作有关。第一个 CombinedFragment（Par）捕获对卡所做的验证以及对识别码的请求。第二个 CombinedFragment 是一个备用选项（Alt），用于捕获对识别码所做的验证。随后的 CombinedFragment（Alt）描述了在凭证有效的情况下可能使用现金预付服务的交互。

为了对该图进行评估，将其转换为相应的语义模型，即如图 8.10 所示的 CTS。由于死锁和可达性属性是通用规范，所以只提供了一些相关的属性，如服务可用性和安全性。对它们各自进行描述时使用了两种不同的符号，即宏和 CTL。

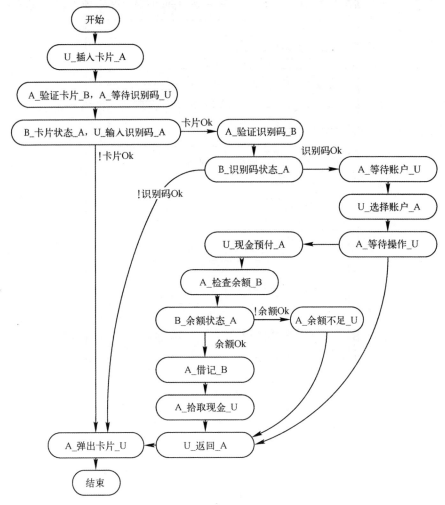

图 8.10　ATM 序列图示例的 CTS

属性（8.4）是一种服务可用性规范：

ALWAYS U_insertCard_A→MAYREACH A_pickCash_U

CTL：AG（U_insertCard_A→E[！（end）U A_pickCash_U]）　　　（8.4）

它断言以下情况总是成立：如果用户插入其卡片，就应该有可能存在一条自动取款机预付现金的执行路径。

属性（8.5）是一个安全性属性：

ALWAYS（!CardOk or !PINOk）→MAYREACH（A_waitAccount_U）

CTL：AG(! Cardok or !PINOk)→(E[!(end) U A_waitAccount_U)) (8.5)

它断言以下情况总是成立：如果凭证无效，那么用户就应该不可能请求银行操作。

属性（8.6）与人体工程学规范有关：

ALWAYS A_insufFunds_U→POSSIB U_CashAdvance_A

CTL：AG(A_insufFunds_U→EX(U_CashAdvance_A))　　　　（8.6）

它规定当指定金额超出了可用资金的数额，如果用户希望修改数量，应该有可能请求一个新的预付现金操作。

当对序列图进行验证和确认时，只有属性（8.4）和属性（8.5）能够满足，而属性（8.6）失效。模型检测器能够为失效属性生成反例。相应跟踪的解释结果为图 8.11 所示的 CTS 路径：

```
start; U_insertCard_A; A_verifCard_B, A_waitPIN_U;
B_cardStatus_A, U_inputPIN_A; A_verifPIN_B; B_PINStatus_A;
A_waitAccount_U; U_selAccount_A; A_waitOperation_U;
U_cashAdv_A; A_checkBal_B; B_balStatus_A;
A_insuf_U; U_back_A;
```

图 8.11　属性（8.6）的序列图反例

标识的路径包含一系列在参与者之间交换的消息（用分号隔开）。因此，在分析反例时，可以会注意到不可能从状态 A_余额不足_U 到达状态 U_现金预付_A。因此，可以得出结论：序列图不符合所有指定的需求。

8.7　UML 活动图的验证和确认

UML 活动图基本上继承了流程图的结构化开发概念，本质上等价于面向对象的开发概念。正因为如此，它可以用于业务流程建模、各种使用场景建模或捕获复杂操作的详细逻辑。注意，活动图和状态机图在某种程度上是相关的。然而，尽管状态机图在经历一个过程（或处在捕获对象状态的特殊过程）时，也会聚焦于一个给定对象的状态，但是活动图所聚焦的特定过程或操作的活动流涉及一个或多个交互对象。具体来说，活动图显示了建立在执行过程或操作所涉活动之间的关系本质，这些关系通常包括排序、条件依赖、同步等。

8.7.1 语义模型推导

由活动图派生出的语义模型继承了源自 Eshuis 和 Weiringa[80] 工作的思想，包括通过生成活动图的可达配置来对其动态进行编码。

通过采取与状态机案例中类似的方式，将活动图转换为对应的 CTS。因此，每个配置都由一组并发激活的动作来表示（true 值与激活动作相绑定）。同样，为了生成活动图的所有可达配置，在每个配置中都添加了两个附加列表：一个对应于该配置的所有警戒值，另一个对应于该配置的汇合模式列表。汇合模式也是必需的，因为活动图允许分叉和汇合活动流，以及不同活动流之间的交叉同步。因此，与状态机的情况一样，汇合模式列表用于记录在生成活动图的配置时可能达到的各种同步点。活动图情况下用于生成 CTS 的程序是8.5.1 节中所述状态机 CTS 生成算法的变体。主要的区别在于：与通过使用可能传入的事件列表生成 CTS 配置不同，我们跟踪每个与并发动作相关联的活动流，其中每个并发动作都属于每个新标识配置的成员。该程序在算法 8.3 中给出，所做的修改包括在 crtStateList 中选择每个状态，并通过将任一控件迁移到相同活动流中的后继状态来计算所有可能的下一个配置。

算法 8.3　活动 CTS 的生成 (重用部分算法 8. 2)

FoundConfList = { }
  CTSConfList = { initialConf)
  CTSTransList = 0
  CTScontainer = { DiagiamStateList, guardValueList, 0 }
  while CTSConfList *is not* empty **do**
  CurrentConf = pop(CTSConfList) crtStateList =
  get(CurrentConf, 0) ci'tGList = get(CunentConf, 1)
  crtjoinPatList = get(CurrentConf, 2)
  if crtGList *containsValue* "any" **then**
  splitIndex = getPosition(crtGList, "any")
  crtGList[splitIndex] = true
      CTSConfList = CTSConfList U { crtStateList, crtGList, crtjoinPatList }
      crtGList [splitIndex] = false
      CTSConfList = CTSConfList U { crtStateList, crtGList, crtjoinPatList }
    continue
    end if
  if FoundConfList *not contains* CurrentConf **then**
    FoundConfList = FoundConfList U CurrentConf

```
    end if
    for each state s in crtStateList do
        setConf( CTScontainer, CurrentConf) execute(^)
        nextConf = getConf( CTScontainer)
        if nextConf not equals CurrentConf then
        CTSConfList = CTSConfList U nextConf crtTrans = {CurrentConf, nextConf}
            if CTSTransList not contains crtTrans then
            CTSTransList = CTSTransList U {crtTrans}
            end if
        end if
    end for
end while
```

8.7.2　活动图案例分析

为活动图选择的案例研究展示了 UML 2.0 ATM 设计的复合用法操作, 其状态机图已经在 8.5.2 节中给出。同样, 用法操作场景是一种假设, 反映了潜在客户 (用户) 可能执行的典型现金提取操作。下面将详细说明由活动图捕获的预期操作, 以及一些相关属性。图 8.12 显示了 ATM 现金提取操作的 UML 2.0 活动图。

操作从插入卡片活动开始。然后, 对两个执行流进行分叉, 分别对应于读取卡片和输入识别码动作。从读取卡片开始的活动流将继续执行授权卡片动作, 而从输入识别码开始的活动流将继续执行授权识别码动作。在授权卡片和授权识别码动作之后都有相应的测试分支点。在检出用户卡和识别码的情况下, 这两个活动流汇合在一起并启动了初始化交易动作。接下来依次是选择账户、检查余额动作和决策节点。如果后一个警戒能够被满足, 那么将分叉出两个新的活动流: 第一个活动流从借记账户动作开始, 并继之以记录交易动作; 第二个活动流被重新分叉为支付现金和打印回执动作。此时正在执行的三个活动流以下列方式进行交叉同步: 记录交易活动流与支付现金活动流汇合在一起, 形成一个单独的活动流, 随后继之以拾取现金动作。然后, 将后一个动作与正在执行打印回执的剩余动作汇合在一起。最后, 控制面板转到显示余额动作, 再到弹出卡片动作, 后者实现了整个操作的完成。对于因未检出卡片和/或识别码而不满足授权测试分支点的情况, 控制面板将跳到弹出卡片动作。

为了概述模型检测程序的优势, 本案例研究有意包含了一些将在验证过程中被识别出来的缺陷。此外, 为了使活动图符合模型检测器的要求, 需要采取

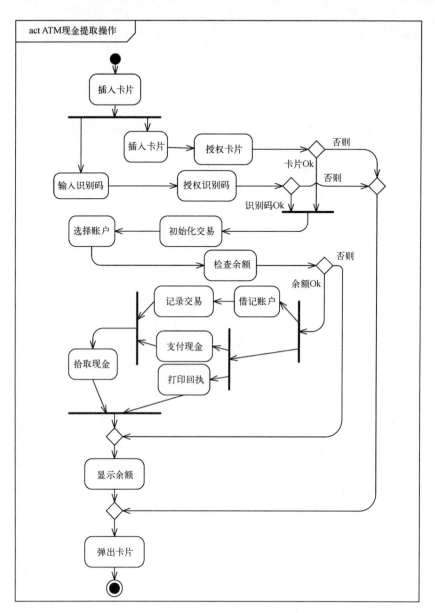

图 8.12　ATM 活动图示例

以下步骤：首先，将活动图转换为图 8.13 所示对应的 CTS，它表示了活动图的语义模型，其中每个元素由一组（可能是单例）活动节点表示；其次，为活动图中的每个动作节点自动指定死锁和可达性属性；最后，用户自定义规范旨在捕获用宏和 CTL 符号表示的期望行为。

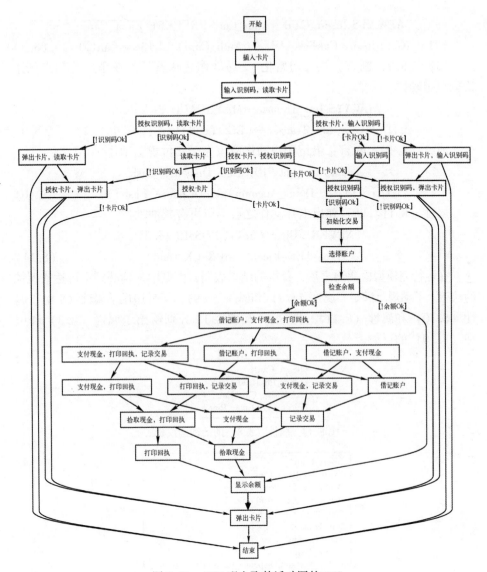

图 8.13　ATM 现金取款活动图的 CTS

　　属性（8.7）断言：执行插入卡片动作意味着不可避免地会在稍后时间点到达弹出卡片动作。

$$Insert\_Card \rightarrow INEVIT\ Eject\_Card$$

CTL：$Insert\_Card \rightarrow A[\ !(end)U\ Eject\_Card]$ 　　　　　　（8.7）

　　属性（8.8）断言：只要系统在执行插入卡片动作，就意味着授权卡片动作先于弹出卡片动作。

ALWAYS Insert_Card→Auth_Card PRECEDE Eject_Card

CTL：AG（（Insert_Card→（ !E［! （Auth_Card）∪ Eject_Card］）））　　（8.8）

属性（8.9）断言：执行初始化_交易动作意味着可能在稍后时间点到达拾取现金动作。

ALWAYS Init_Transac→MAYREACH Pick_Cash

CTL：AG（（Init_Transac→（EC !（end）∪选择 Cashl）））　　　　（8.9）

属性（8.10）断言：借记账户动作应该先于支付现金动作。

Debit_Account PRECEDE Dispense_Cash

CTL：（!E［! （Debit_Account）∪ Dispense_Cash］）））　　　　（8.10）

属性（8.11）断言弹出卡片动作之后不应再有其他动作。

NEVER（Eject_Card & POSSIB !end）

CTL：!EF（Eject_Card & EX !end）　　　　　　　　（8.11）

在运行完模型检测器之后，获得的结果表明，模型中未检测到不可达或死锁的状态。手动规范满足了属性（8.7）和属性（8.9），但是违反了属性（8.8）、属性（8.10）和属性（8.11）。图 8.14 和图 8.15 分别给出了属性（8.8）和属性（8.10）的反例。

```
Insert_Card;
Enter_Pin,Read_Card;
Authorize_Card,Enter_Pin;
Eject_Card,Enter_Pin;
```

图 8.14　属性（8.8）的活动图反例

```
Insert_Card;
Enter_Pin,Read_Card;
Authorize_Pin,Read_Card;
Authorize_Card,Authorize_Pin;
Authorize_Pin;
Init_Transac;
Sel_Amount;
Check_Bal;
Debit_Account,Dispense_Cash,Print_Receipt;
Debit_Account,Print_Receipt;
```

图 8.15　属性（8.10）的活动图反例

属性（8.11）之所以失效，是因为存在包含弹出卡片动作以及另一个动作（如读取卡片）的可达配置。

现金提取操作活动需要进行多次修改，以便通过所有指定的属性。图 8.16 给出了修正后的 ATM 活动图示例，它对有缺陷的活动图进行了若干修正。在分叉用于读取卡片和输入识别码的活动流汇合之后，授权测试分支点按顺序串联在一起，而不是并发。此外，对支付现金和记录交易动作的次序进行了调换，以便在借记账户动作之后强制执行。在修正后的活动图上再次运行验证和确认过程，结果发现所有属性都得到了满足。

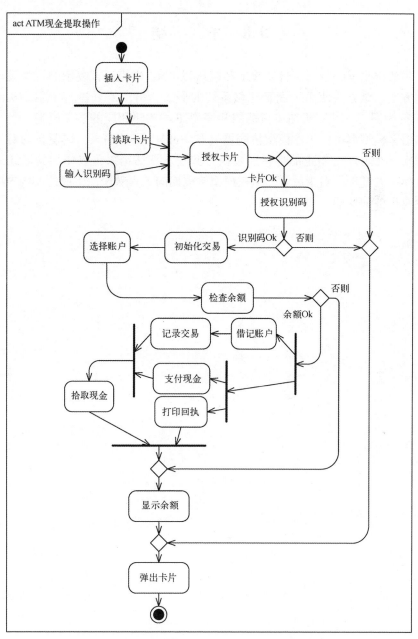

图 8.16　修正后的 ATM 活动图示例

第 9 章和第 10 章将进一步描述一个恰当的验证程序，它涉及评估设计模型的概率模型检测技术，其中将这些设计模型表示为注释有概率工件和时间约束的 SysML 活动图。

8.8 小　　结

本章提出了一种用于自动验证和确认以 UML 建模语言表示的行为设计模型的方法。该方法使用了配置迁移系统的概念，可以对其进行定制，从而为 UML 行为图（如状态机图、活动图和序列图）构建相应的语义模型。每个生成的语义模型都可以用作模型检测器（如 NuSMV）的输入，以便自动对用时态逻辑（如 CTL）指定的各种属性执行验证。评估结果可以作为验证或调试设计模型的基础。对于后者，从在模型检测期间为失效属性生成的反例中可以找到有价值的反馈。

第9章 SysML活动图的概率模型检测

对当今系统行为的功能与非功能方面进行建模和分析是形式化方法领域一个极具挑战性的问题。

本章将把这种分析集成到SE设计模型上，重点关注概率行为。实际上，SysML 1.0[187]使用概率特性扩展了UML活动图。因此，建议将SysML活动图转译为概率模型检测器PRISM的输入语言[204]。9.1节解释了我们提出的验证SysML活动图的方法，9.2节提出了一种将SysML活动图转译成PRISM输入语言的算法，9.3节专门描述属性规范语言，即PCTL*，9.4节说明了我们的方法在SysML活动图案例研究中的应用。

9.1 概率验证方法

我们的目标是提供一种技术，通过这种技术可以从功能和非功能的角度对SysML活动图进行分析，从而发现设计中的细微错误。这允许人们在实际实现之前就从这些角度来考虑设计的正确性。在这些设置中，概率模型检测允许对模型进行定性和定量分析。它可以通过量化系统模型中给定属性被违反或满足的可能性来计算对系统性能的期望。为了进行这一分析，我们设计并实现了一种将SysML活动图映射到所选概率模型检测器的输入语言中的转译算法。因此，必须推导出一个适当的性能模型来正确地捕获这些关系图的含义。更准确地说，选择合适的性能模型取决于对关系图所捕获行为及其基础特性的理解。它还必须得到可用概率模型检测器的支持。

活动图全局状态的特征是可以使用控件令牌的位置。特定的状态可以由令牌在某个时间点的位置来描述。当某些令牌被允许从一个节点移动到另一个节点时，全局状态中的修改就会发生。可以使用描述系统在其状态空间内演进的迁移关系来对这一过程进行编码。因此，可以使用迁移系统（自动机）来描述给定活动图的语义，该迁移系统是由系统演进过程中所有可达状态的集合以及由此产生的迁移关系定义的。SysML活动图允许使用概率决策节点对概率行为进行建模。这些节点的传出边用概率值进行量化，指定了迁移系统中的概率分支迁移。概率标签表示发生给定迁移的可能性。在确定性迁移的情况下，概率值等于1。此外，活动图的行为呈现出非确定性，这是由于并行行为和多实例执行而固有的。更准确地说，分叉节点指定了不受限制的并行，它可以使用非确定性来进行描述，以便对流执行的交错进行建模。在迁移系统中，这对应于一组出自相同状态的分支迁移，从而允许对异步行为进行描述。在概率标签方面，非确定性引发的所有迁移都被标记为概率值等于1。

为了选择合适的模型检测器，首先需要定义合适的概率模型来捕获 SysML 活动图所描述的行为。为此，需要一个能同时表达非确定性和概率行为的模型。因此，马尔可夫决策过程可能是一种适用于 SysML 活动图的模型。马尔可夫决策过程描述了概率和非确定性行为。它们被用于各种领域，如机器人[9]、自动化控制[100]以及经济学[111]。MDP 的形式化定义如下所示[209]：

定义 9.1 马尔可夫决策过程是一个元组 $M = (S, s_0, \text{Act}, \text{Steps})$，其中：

- S 是有限的状态集；
- $s_0 \in S$ 是初始状态；
- Act 是动作集；
- Steps：$S \rightarrow 2^{\text{act} \times \text{Dist}(S)}$ 是概率迁移函数，它将数字对集 $(a, \mu) \in \text{Act} \times \text{Dist}(S)$ 分配给每个状态 s，其中 $\text{Dist}(S)$ 是 S 上所有概率分布的集合，即函数集 $\mu: S \rightarrow [0,1]$，于是有 $\sum_{s \in S} \mu(s) = 1$。

当且仅当 $s \in S$，$a \in \text{Act}$ 并且 $(a, \mu) \in \text{Steps}(s)$ 时，有 $s \xrightarrow{a} \mu$，并且把它作为 s 的一个步骤或迁移。μ 分布称作 s 的 a 继任者。对于特定动作 $\alpha \in \text{Act}$ 和状态 s，存在单一的 a 继任者分布 μ。在每个状态 s 下，$\text{Steps}(s)$ 的元素之间（在动作之间）存在着不确定的选择。一旦选择某个动作分布对 (a, μ)，就会执行该动作，然后下一个状态（如 s'）根据分布 μ 概率性地确定，即取概率值为 $\mu(s')$。在 μ 的形式为 $\mu_{s'}^1$（意为 s' 上唯一的分布，即 $\mu(s') = 1$）的情况下，用 $s \xrightarrow{a} s'$ 而不是 $s \xrightarrow{a} \mu_{s'}^1$ 来表示迁移。

在现有的概率模型检测器中，选择了 PRISM 模型检测器。后者是一个免费开源的模型检测器，支持 MDP 分析，其输入语言既灵活又对用户友好。此外，PRISM 被广泛应用于多个应用领域的各种实际案例研究上，并因其在数据结构和数值方法方面的效率而得到认可。总之，要对 SysML 活动图应用概率模型检测，需要使用 PRISM 输入语言将这些图映射到相应的 MDP 中。具体到属性方面，则必须使用概率计算树逻辑（PCTL*）来表示它们。PCTL 通常与 DTMC 和 MDP[20]结合在一起使用。图 9.1 显示了推荐方法的概况。

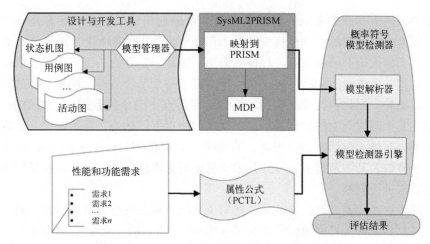

图 9.1　SysML 活动图的概率模型检测

9.2 节介绍为了将 SysML 活动图系统地映射到相应的 PRISM MDP 代码而设计的算法。

9.2　转译成 PRISM

为了将 SysML 活动图转译成 PRISM 代码，假设存在单个初始节点以及单个活动终止节点。然而，这并非是一种限制，因为可以用一个连接到分叉节点的初始节点来替换一组初始节点，以及用一个连接到单个活动终止节点的合并节点来替换一组活动终止节点。

定义 9.2　SysML 活动图是一个元组 $A=(N,N_0,\text{type},\text{next},\text{label})$，其中：

（1）N：动作、初始、终止、流终止、分叉、汇合、决策以及合并类型的活动节点集。

（2）N_0：初始节点。

（3）type：$N\rightarrow\{\text{action},\text{initial},\text{final},\text{flowfinal},\text{fork},\text{join},\text{decision},\text{merge}\}$ 将每个节点与其对应的类型关联起来。

（4）next：$N\rightarrow P(N)$ 是一个函数，用来向给定节点返回一组（可能是单例）节点，这些节点通过该给定节点的输出边与其直接相连。

（5）label：$N\times N\rightarrow\text{Act}\times[0,1]$ 是一个函数，用来返回标签对 (g,p)，即连接两个给定节点的边界上的警戒值和概率值。

我们依赖于从 SysML 活动图到 MDP 的细粒度迭代转译。实际上，控制点在动作节点和控制节点上都被跟踪。因此，每个这样的节点都由对应 PRISM

139

模型中的一个变量来表示。与其他控制节点规则相比，汇合节点算是一个特例，因为它所对应的控制传递规则并不简单[188]。更准确地说，汇合节点必须等待每个传入边上的控制点，以便被遍历。因此，需要为给定汇合节点的每个引脚保留一个变量。同时还定义了一个对应于每个汇合节点上同步条件的布尔公式。此外，允许执行多个实例，因此给定节点中的令牌数用一个整数表示，代指在某个时间点上的激活实例。在这一时间点上，认为实际系统中一定数量的实例同时处于激活状态。因此，将每个变量建模为 $[0,\cdots,max\_inst]$ 区间内的一个整数，其中常量 max_inst 代表支持的最大实例数。该值可以根据应用程序的需求进行定制。

除了这些变量之外，这些命令还对关系图所捕获的行为动态进行编码。因此，控制点的每个可能过程都对应于 PRISM 代码中的一条命令。给定命令的谓词警戒对应于触发控制传递的前置条件，而更新则表示给定命令对全局状态的影响。给定的谓词警戒表示源节点传递控制的能力，以及目标节点接受控制的能力。给定的更新表示控制传递对源节点和目标节点的激活实例数的影响。例如，图 9.5 中的分叉节点 F1 将控制传递给它的每个传出边，条件是它至少拥有一个控制点，并且目标节点能够接收令牌（未达到它们的最大实例数）。控制配置中的修改必须反映在命令的更新中，其中分叉节点释放了一个控制点，于是目标节点的激活实例数有所增加。对应的 PRISM 命令可以写成如下形式：

$$[F1] \quad F1>0 \ \& \ Autofocus<max\_inst \ \& \ DetLight<max\_inst \ \&$$
$$D3<max\_inst \ \& \ !End\rightarrow$$
$$F1'=F1-1 \ \& \ Autofocus'=Autofocus-1 \ \&$$
$$DetLight'=DetLight-1 \ \& \ D3'=D3-1;$$

谓词和更新在控制传递源节点和目标节点上的这种依赖关系启发我们去开发系统映射程序。事实上，我们算法的基本原则是源节点和目标节点的谓词和更新是单独生成的，于是当它们组合在一起时，将提供整个终止命令。这些命令根据源节点的类型和传出边数进行生成。例如，在源节点是非概率决策节点的情况下，该算法生成的命令数与传出边数一样多。关于概率决策节点，只需要一个单独的命令，其中更新是与不同概率选择相关联的所有概率事件的总和。对分叉节点来说，单个命令就可以支持所有的传出目标节点。最后，对于具有唯一传出边的节点，如动作、汇合、合并以及初始化，单个命令就足够了。

将 SysML 活动图转译为 PRISM 输入语言的算法如图 9.2~图 9.4 所示。

```
nodes as Stack;
cNode as Node;
nNode as list_of_Node;
vNode as list_of_Node;
cmd as PrismCmd;
varfinal, var as PRISMVarId;
cmdtp as PrismCmd;
procedure T(A,N)
        / * Stores all newly discovered nodes in the stack */
    for all n in N do
        nodes.push(n);
    end for
    while not nodes.empty() do
        cNode := nodes.pop();
        if cNode not in vNode then
            vNode := vNode.add(cNode);
            if type(cNode)= final then
                cmdtp := C(cNode, eq(varfinal,1), raz(vars), null, 1.0);
            else
                nNode := next(cNode);
            / * Return the PRISM variable associated with the cNode */
                var := prismElement(cNode);
                if type(cNode)= initial then
                    cmdtp := C(cNode, eq(var,1), dec(var), nNode, 1.0)
                end if
                if type(cNode) in {action, merge} then
                / * Generate the final PRISM command for the edge cNode-nNode */
                    cmdtp := C(cNode, grt(var,0), dec(var), nNode, 1.0);
                end if
                if type(cNode)= join then
                    cmdtp := C(cNode, var, raz(pinsOf(var)), nNode, 1.0);
                end if
                if type(cNode)= fork then
                    cmdtp1 := C(cNode, grt(var,0), dec(var), nNode[0], 1.0);
                    cmdtp := C(cNode, cmdtp1.grd, cmdtp1.upd, nNode[1], 1.0));
                end if
```

图 9.2　SysML 活动图到 MDP 的转换算法——第一部分

该算法使用深度优先搜索程序来访问活动节点，并实时生成 PRISM 命令。其主程序 $T(A,N)$ 如图 9.2 以及图 9.3 所示。最初，对主程序 $T(A,\{N_0\})$ 进行了调用，其中 A 是表示活动图的数据结构，N_0 是初始节点。然后以递归的方式调用它，其中 N 表示将被搜索的后继节点的集合（可能是单例）。算法使用了图 9.4 中所示的一个函数 $C(n,g,u,n',p)$，其中，n 是当前节点，代表命令的动作名称，g 和 u 是表达式，n' 是 n 的目标节点。函数 C 用于生成与目标节点 n' 有关的不同表达式，并返回将被附加到主要算法输出中的终止结果命令。

使用常见的 Stack（堆栈）数据结构进行基本操作，如 pop、push 和 empty。定义了用户自定义类型，例如：

（1）PrismCmd：一种记录类型，包含分别与 PrismCmd 类型命令的动作、

```
        if type(cNode)= decision then
            g := Π(label(cNode, nNode[0]), 1);
            upd := and(dec(var), set(g,true)) ;
            cmdtp1 := C(cNode, grt(var,0), upd, nNode[0], 1.0);
            g := Π(label(cNode, nNode[1]), 1);
            upd := and(dec(var), set(g,true)) ;
            cmdtp2 := C(cNode, grt(var,0), upd, nNode[1], 1.0);
        /*Append both generated commands together before final appending */
            append(cmdtp, cmdtp1);
            append(cmdtp, cmdtp2);
        end if
        if type(cNode)= pdecision then
            g := Π(label(cNode,nNode[0]), 1);
            p := Π(label(cNode,nNode[0]), 2);
            upd := and(dec(var), set(g,true)) ;
            cmdtp1 :=C(cNode, grt(var,0), upd, nNode[0], p);
            g := Π(label(cNode,nNode[1]), 1);
            q := Π(label(cNode,nNode[1]), 2);
            upd := and(dec(var), set(g,true)) ;
            cmdtp2 := C(cNode, grt(var,0), upd, nNode[1], q);
        /* Merge commands into one final command with a probabilistic choice */
            cmdtp :=merge(cmdtp1,cmdtp2);
        end if
      end if
    /*Append the newly generated command into the set of final commands */
        append(cmd, cmdtp);
        T(A,nNode);
      end if
    end while
 end procedure
```

图 9.3　SysML 活动图到 MDP 的转换算法——第二部分

警戒以及更新相对应的字段 act、grd 和 upd。

（2）Node：定义用于处理活动节点的类型。

（3）PRISMVarld：定义用于处理 PRISM 变量标识符的类型。

变量 "nodes" 属于 Stack 类型，用于临时存储将要被算法搜索的节点。每次迭代时，都会从堆栈 nodes 中弹出一个当前节点 cNode，活动图中的目标节点存储在名为 nNode 的节点列表中。这些目标节点将在主算法的后继递归调用中被推入堆栈。如果算法已经访问了当前节点，则将该节点存储在名为 vNode 的节点集中。根据当前节点的类型，计算将要传递给函数 C 的参数。用 varfinal 表示终止节点的 PRISM 变量标识符，vars 表示当前活动图中所有 PRISM 变量的集合。max 是一个常量，用于指定所有 PRISM 变量（整数型）的最大值。当堆栈为空且主算法的所有实例都已经停止运行时，算法终止。算法 T 生成的所有 PRISM 命令都被添加到 cmd 命令列表中（使用实用函数 append），这允许我们构建性能模型。

```
function C(n, g, u, n′, p)
    var := prismElement(n′);
    if type(n′)=flowfinal then
        /* Generate the final PRISM command */
        cmdtp := command(n,g,u,p);
    end if
    if type(n′)=final then
        u′ := inc(var);
        cmdtp := command(n, g, and(u,u′), p);
    end if
    if type(n′)=join then
        /* Return the PRISM variable related to a specific pin of the join */
        varpin :=pinPrismElement(n,n′);
        varn :=prismElement(n);
        g1 := not(varn);
        g2 :=less(varpin,max);
        g′ := and(g1,g2);
        u′ :=inc(varpin,1);
        cmdtp = command(n,and(g,g′),and(u,u′),p);
    end if
    if type(n′) in {action,merge,fork,decision,pdecision} then
        g′ := less(var,max);
        u′ := inc(var,1);
        cmdtp = command(n,and(g,g′),and(u,u′),p);
    end if
    return cmdtp;
end function
```

图 9.4　生成 PRISM 命令的函数

使用以下实用函数：

（1）函数 type、next 和 label 与访问活动图结构和组件有关。

（2）函数 PRISMELEMENT 以一个节点作为参数，并返回与该节点相关联的 PRISM 元素（整数型变量或公式）。

（3）函数 PINPRISMELEMENT 以两个节点作为参数，其中第二个是 Join 节点，并返回与特定引脚相关的 PRISM 变量。

（4）使用各种函数来构建命令警戒或更新中所需的表达式。函数 raz 返回的表达式是将作为参数的变量重置为其默认值的表达式的组合。函数 $grt(x,y)$ 返回表达式 $x>y$，而函数 $less(x,y)$ 返回表达式 $x<y$。函数 $dec(x)$ 返回表达式 $x′=x-1$，函数 $inc(x)$ 返回表达式 $x′=x+1$。函数 $not(x)$ 返回表达式 $!x$。函数 $and(x,y)$ 返回表达式 $x\&y$。函数 $eq(r,y)$ 返回表达式 $x=y$。函数 $set(x,y)$ 返回表达式 $x′=y$。

（5）∏ 是常规投影，取两个参数，数字对 (x,y) 和 index（1 或 2）。如果 index=1，则返回 x；如果 index=2，则返回 y。

（6）函数 pinsOf 取对应于汇合节点的 PRISM 公式作为输入，提取相应的

143

引脚变量放入 PRISM 变量列表。

（7）函数 Command 按照动作名称 a、警戒 g、更新 u、更新概率 p 这一顺序将它们取为输入，并返回表达式 $[a]g\rightarrow p:u$。

（8）函数 merge 将两个作为参数的子命令合并成一个命令，该命令由一组概率更新组成。更准确地说，它取两个参数 $cmdtp1=[a]g1\rightarrow p:u1$ 和 $cmdtp1=[a]g2\rightarrow q:u2$，然后生成命令 $[a]g1\ \&g2\rightarrow p:u1+q:u2$。

9.3 PCTL* 属性规范

为了将概率模型检测应用在转译算法生成的 MDP 模型上，需要以合适的时态逻辑形式来表示属性。对于 MDP 模型，可以使用 LTL[248]、PCTL[44] 或 PCTL*[248]。PCTL[44] 是对 CTL[48] 所做的一种扩展，主要添加了概率操作符 P。PCTL* 包括 PCTL 和 LTL[248]。它基于 PCTL，虽然允许路径公式进行任意的组合，但只允许命题状态公式[10]。

PCTL* 的语法如下所示[10]：

$$\phi::=\mathrm{true}\,|\,a\,|\,\neg\phi\,|\,\phi\wedge\phi\,|\,\mathcal{P}_{\bowtie p}[\psi]$$

$$\psi::=\phi\,|\,\psi_1\mathcal{U}^t\psi_2\,|\,\psi_1\cup\psi_2\,|\,\mathcal{X}\psi\,|\,\psi_1\wedge\psi_2\,|\,\neg\psi$$

其中，a 是原子命题，$t\in\mathrm{IN}$，$p\in[0,1]\subset\mathfrak{R}$，并且 $\bowtie\in\{>,\geqslant,<,\leqslant\}$。

PRISM 扩展了后一种语法，以便使用操作符 $P=?$ 来量化概率值。对于 MDP 的情况，所有的非确定性都必须得以解决。因此，对概率进行量化的属性实际上是从所有可能的非确定性解决方案中推断最小或最大概率，从而观察到某种类型的行为。度量最小/最大概率提供了最坏/最好的案例场景。

9.4 案 例 研 究

为了解释我们所采用的方法，给出了一个数码相机设备假设模型的 SysML 活动图。该图捕获了拍摄照片的功能，如图 9.5 所示。相应的动态足够丰富，可以验证多个有趣的属性，这些属性捕获了重要的功能方面和性能特征。为了演示我们方法的适用性和优势，我们故意在设计中加入了一些缺陷。数码相机的活动图所捕获的过程从打开相机开始。随后，将生成三个并行的执行流：第一个并行流首先从自动对焦开始，然后是检查内存状态的决策（内存已满警戒）。在内存已满的情况下，相机无法使用并关闭。第二个并行流专门用于检测周围的光照条件（检测光照），确定是否需要使用闪光灯才能拍照。第三个并行流允许对尚未充电的闪光灯进行充电（充电闪光灯）。动作（拍照）在两种可能的情况下执行：要么是日光充足（晴天＝true）并且内存未占满（内存已满＝false），要么是由于日光不足（晴天＝false）而需要闪光灯。然后，照片被写入相机的内存，活动图在相机关闭后结束。

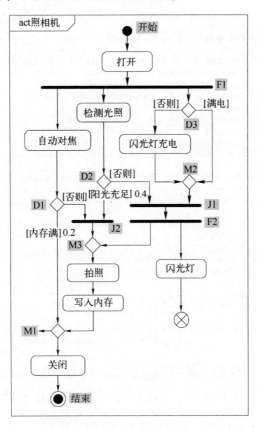

图 9.5　案例研究：数码相机活动图——缺陷设计

通过将我们的算法应用到 SysML 活动图的案例研究上，最终得到了使用 PRISM 语言描述的 MDP，如图 9.6 和图 9.7 所示。在将模型提供给 PRISM 以后，后者首先以状态列表和迁移概率矩阵的形式构建可达状态空间。

起初，可以在模型中搜索死锁状态的存在。这用属性（9.1）表示。还可以使用属性（9.2）和属性（9.3）来量化发生最坏/最好案例场景的概率：

$$\text{"init"} => P>0\left[\ F\ \text{"deadlock"}\right] \tag{9.1}$$

$$P\text{max}=?\left[F\ \text{"deadlock"}\right] \tag{9.2}$$

$$P\text{min}=1\left[F\ \text{"deadlock"}\right] \tag{9.3}$$

属性（9.1）中的标签"init"和"deadlock"是内置标签，分别对初始状

```
mdp
const int max_inst = 1;
formula J1 = J1_pin1>0 & J1_pin2>0 ;
formula J2 = J2_pin1>0 & J2_pin2>0 ;

module mainmod
memful : bool init false;
sunny : bool init false;
charged : bool init false;
Start : bool init true; TurnOn : [0 .. max_inst] init 0; F1 : [0 .. max_inst] init 0;
Autofocus : [0 .. max_inst] init 0; DetLight : [0 .. max_inst] init 0;
D3 : [0 .. max_inst] init 0; ChargeFlash : [0 .. max_inst] init 0;
D1 : [0 .. max_inst] init 0; D2 : [0 .. max_inst] init 0; F2 : [0 .. max_inst] init 0;
J1_pin1 : [0 .. max_inst] init 0; J1_pin2 : [0 .. max_inst] init 0;
J2_pin1 : [0 .. max_inst] init 0; J2_pin2 : [0 .. max_inst] init 0;
M1 : [0 .. max_inst] init 0; M2 : [0 .. max_inst] init 0; M3 : [0 .. max_inst] init 0;
TakePicture : [0 .. max_inst] init 0; WriteMem : [0 .. max_inst] init 0;
Flash : [0 .. max_inst] init 0; TurnOff : [0 .. max_inst] init 0; End : bool init false;

[Start] Start & TurnOn<max_inst & !End  →  Start'=false & TurnOn'=TurnOn + 1;

[TurnOn] TurnOn>0 & F1<max_inst & !End  →  TurnOn'=TurnOn − 1 & F1'=F1 + 1;

[F1] F1>0 & Autofocus<max_inst & DetLight<max_inst & D3<max_inst & !End  →
 F1'=F1 − 1 & Autofocus'=Autofocus + 1 & DetLight'=DetLight + 1 & D3'=D3 + 1;

[Autofocus] Autofocus>0 & D1<max_inst & !End  →
Autofocus'=Autofocus − 1 & D1'=D1 + 1;

[DetLight] DetLight>0 & D2<max_inst & !End  →
DetLight' = DetLight − 1 & D2' = D2 + 1 ;

[D3] D3>0 & ChargeFlash <max_inst & !End  →
ChargeFlash'= ChargeFlash + 1 & D3'=D3 − 1 & (charged'=false);

[D3] D3>0 & M2<max_inst & !End  →
 M2' = M2 + 1 & D3'= D3 − 1 & (charged'=true);

[D1] D1>0     & M1<max_inst & J2_pin1<max_inst & !J2 & !End  →
0.2 : (M1'=M1 + 1) & (D1'=D1 − 1) & (memful' = true) +
0.8 : (J2_pin1'=J2_pin1 + 1) & (D1'=D1 − 1) & (memful' = false);

[D2] D2>0 & J2_pin2<max_inst & J1_pin1<max_inst & !J1 & !J2 & !End  →
0.6 : (J2_pin1'=J1_pin1 + 1) & (D2'=D2 − 1) & (sunny'=false) +
0.4 : (J2_pin2'=J2_pin2 + 1) & (D2'=D2 − 1) & (sunny'=true);

[ChargeFlash] ChargeFlash>0 & M2<max_inst & !End  →
M2'=M2 + 1  & ChargeFlash'=ChargeFlash − 1;
```

图 9.6　数码相机案例研究的 PRISM 代码——第一部分

态和死锁状态都成立。属性（9.1）指出，从初始状态开始，最终达到死锁状态的概率大于 0。这将返回 true，意味着属性在模型的某些状态下得到满足。然而，经过进一步的研究，发现只有一个由活动图中的活动终止节点引起的死锁状态。该死锁状态能够被接受，是因为根据期望的执行，活动结束在活动终

```
[M2] M2>0    & J1_pin2<max_inst & !J1 & !End  →
M2'= M2 − 1 & J1_pin2'=J1_pin2+1;

[M1]  M1>0 &TurnOff<max_inst    & !End →
TurnOff'=TurnOff +1 & M1'= M1 −1;

[J2]  J2 &. TakePicture<max_inst & !End →
TakePicture'=TakePicture +1 & J2_pin1'=0 & J2_pin2'=0;

[J1]  J1 & F2<max_inst & !End  →
F2'=F2+1 & J1_pin1'=0 & J1_pin2'=0;

[F2] F2>0 & Flash<max_inst & TakePicture <max_inst & !End →
F2'=F2−1 & Flash'= Flash + 1 & TakePicture'=TakePicture +1;

[TakePicture] TakePicture >0 & WriteMem<max_inst & !End →
TakePicture' = TakePicture − 1 & WriteMem'= WriteMem +1;

[WriteMem] WriteMem >0 & M1<max_inst & !End →
WriteMem'= WriteMem − 1 & M1'=M1 +1;

[TurnOff] TurnOff >0 & !End →
TurnOff'=TurnOff − 1 & End'=true;
[End] End →

TurnOn'=0 & F1'=0 & Autofocus'=0 & DetLight'=0 & D3'=0 & ChargeFlash'=0 & D1'=0
& D2'=0 & J1_pin1'=0 & J1_pin2'=0 & F2'=0 & J2_pin1'=0 & J2_pin2'=0 & M1'=0 &
M2'=0 & M3'=0 & TakePicture'=0 & WriteMem'=0 & Flash'=0 & TurnOff'=0&
(memful' = false) & (sunny'=false) & (charged'=false);

endmodule
```

图 9.7　数码相机案例研究的 PRISM 代码——第二部分

止节点上，不存在任何传出迁移。

在活动图案例中同样重要的是验证一旦启动活动图，最终可以到达活动终止节点。这一属性已经在属性（9.4）中得到规定。属性（9.5）和属性（9.6）用于量化这种场景发生的概率。

$$\text{TurnOn} >=1 => P>0 \, [\, F \, End \,] \tag{9.4}$$

$$Pmax =? \, [\, F \, End \,] \tag{9.5}$$

$$Pmin =? \, [\, F \, End \,] \tag{9.6}$$

属性（9.4）返回 true，属性（9.5）和属性（9.6）均返回概率值 1。这代表了令人满意的结果，即最终活动总是可达的。

第一个功能需求规定，如果内存已满或自动对焦动作仍在进行，则不应激活拍照动作。因此，需要评估实际发生这一场景的概率。由于正在使用的是 MDP 模型，因此需要计算在拍照时达到内存已满状态或对焦动作正在进行状态的最小和最大概率度量：

$$Pmin =? \, [\, true \, U \, (memfull \, | \, Autofocus \geq 1) \& \, TakePicture \geq 1 \,] \tag{9.7}$$

$$Pmax = ? \ [\ true \ U \ (\ memfull \ | \ Autofocus \geqslant 1\ ) \ \& \ TakePicture \geqslant 1\ ] \quad (9.8)$$

此场景的预期可能性应该为零（不可能）。然而，模型检测器为最大度量确定了一个非零概率值（Pmax = 0.6），为最小度量确定了一个零概率值。这说明存在一条导致非期望状态的路径，从而指出了设计中存在的一个缺陷。在活动图上，这一缺陷是由导致 TakePicture 动作的控制流路径引起的，并且这独立于警戒内存已满的评估以及 AutoFocus 动作的终止。为了纠正这种错误行为，设计人员必须调整关系图，从而使得到达动作 AutoFocus 的控制流以及随后将警戒内存已满评估为 false 必须与所有可能导致 TakePicture 的路径同步。这可以使用一个分叉节点来完成。该节点分出两个线程，每个线程在激活 TakePicture 之前必须与一个可能的流同步。因此，我们阻止了 TakePicture 动作的激活，除非 AutoFocus 动作最终结束，并且数码相机中有可用的存储空间。图 9.8 显示了修正后的 SysML 活动图。

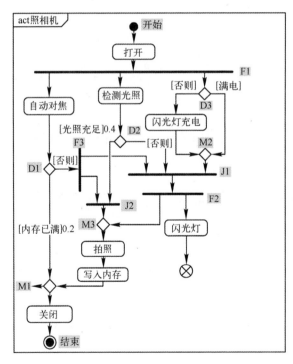

图 9.8　修正后的 SysML 活动图

由于数码相机的主要功能是拍照，我们想要度量正常情况下拍照的概率。对应的属性如下：

$$Pmin = ? \ [\ true \ U \ TakePicture \geqslant 1\ ] \quad (9.9)$$

$$\text{Pmax} = ?\ \lceil \text{true U TakePicture} \geqslant 1 \rceil \tag{9.10}$$

模型检测器提供的度量值分别为 Pmin = 0.8 和 Pmax = 0.92。这些值必须与系统可靠性的期望水平进行对比。

为了比较有缺陷和修正后的 SysML 活动图，对修正后的设计应用了概率模型检测。比较结果见表 9.1。对设计所作的修正移除了属性 (9.8) 所揭示的缺陷，其概率值变为 0。然而，失去了最好案例场景中的可靠性，因为计算得到的属性 (9.10) 的最大概率从 0.92 降低到 0.8。

表 9.1　有缺陷和修正后设计模型的对比评估

属　　性	有缺陷设计	修正后设计
(9.1)	true	true
(9.2)	1	1
(9.3)	1	1
(9.4)	true	true
(9.5)	1	1
(9.6)	1	1
(9.7)	0.0	0.0
(9.8)	0.6	0.0
(9.9)	0.8	0.8
(9.10)	0.92	0.8

9.5　小　　结

本章设计并实现了一种转译算法，用于对 SysML 活动图进行概率模型检测。该算法将这些活动图映射到相应的马尔可夫决策过程模型中。代码用所选概率模型检测器的输入语言编写。此外，为了说明使用所提出方法的实际优势，还给出了一项案例研究。最后，MDP 允许对显示出异步行为的系统的 SysML 活动图进行解释和分析。第 10 章提出了一种分析 SysML 活动图的方法论，其中特别考虑了活动动作节点上的时间限制。

第 10 章　带时间约束的 SysML 活动图的性能分析

目前，许多现代系统的开发都是通过聚合其他子系统和组件来实现的，这些子系统和组件可能具有不同的能够预期却无法精确确定的特征和性质。因此，这类系统可能表现出并发性和概率行为等特性。在这一背景下，需要合适的模型来有效捕获系统行为。在 SysML 行为图中，活动图[23]是一个非常有趣并且极具表现力的行为模型，因为它既适用于功能流建模，又与系统工程师常用的扩展功能流程框图（EFFBD）[24]相似。SysML 规范[187]使用 UML 的概要分析机制重新定义并广泛扩展了活动图，主要扩展包括对连续和概率系统建模的支持。

10.1　时　间　注　释

本节将研究 SysML 活动图中的时间约束和概率规范。SysML 活动图用于描述系统定义的函数和/或过程之间的控制流和数据流依赖关系。活动建模用于协调被建模系统中的行为。特别是，这些行为可能需要一段时间来执行和终止。因此，需要指定这样的约束，以便能够验证定量分析的时间相关属性，特别是在实时系统领域，如工业生产控制、机器人技术，以及各种嵌入式系统。这样的系统需要在严格的使用性能需求下进行工程化设计。然而，SysML 活动图顶部的时间约束注释在标准中的定义不够明确[187]。唯一一包含性能和时间方面内容的现有扩展可以在 UML1.4 所采用的可调度性、性能和时间（SPT）的 UML 概要文件[179]中找到。遗憾的是，SysML 没有导入这一概要文件，并且采用该文件需要对其进行相应的升级。事实上，SysML 规范[187]只是建议使用文献[186]中定义的简单时间模型，该模型可能用于注释活动图。SimpleTime（简单时间）[186]是一个与 CommonBehavior（常见行为）包相关的 UML 2.x 子包。它允许时间规范约束，如序列图上的时间间隔和持续时间。但是，没有明确指定它在活动图上的用法。另一种指定时间约束的推荐方案是使用时序图，尽管它们不是 SysML 规范的一部分。因此，提出了一个恰当且简单的时间注释，与简单时间模型类似。建议的符号允许人们指定与动作终止相关的持续时间变异性，这提供了一种灵活的方法来估计执行持续时间。

行为的执行时间取决于各种参数，如资源可用性和传入数据流的速率。这可能导致行为完成所需要的总时间发生变化。因此，如果一个动作终止在有限的时间间隔内，那么可以根据相应的执行时间间隔建立起终止动作的概率分布。因此，在 SysML 活动图的动作节点上提出了一个合适的离散时间注释，该 SysML 活动图指定了对动作执行持续时间的估计。考虑由全局时钟 C 维护的时间引用。当启用活动图时，C 被重置为零。由于考虑的是离散时间模型，时钟读数包含在以 Int 表示的正整数集中。将 activation time（激活时间）定义为动作节点处于激活状态的持续时间。此外，由于我们认为在活动边上发生的迁移是永恒的，因此只能以时间间隔 $I=[a,b]$ 的形式为动作节点指定时间注释，其中 a，$b \in$ Int 以相应动作激活时间的开始为参考点进行计算。时间值 a 表示执行完成的最早时间，时间值 b 指最近的时间。然而，一些动作可能需要一个固定的时间值来完成执行，即 $a = b$。在这种情况下，就要使用到时间值。此外，如果一个动作的激活时间与其他动作相比微不足道，就可以忽略掉该时间注释。最后，从排序和性能角度选择的恰当的时间单位必须与系统设计人员的意图相关。

注意，最好选择一个方便的时间单位，如果可能的话，将实际值按相同的因子缩小。这样的抽象可能会给模型检测以及语义模型生成程序的性能带来好处。通常，可以取持续时间的最小值为时间单位。稍后讨论广泛分离的时间尺度的影响以及抽象的好处。如图 10.1 所示，动作打开恰好需要 2 个单位时间才能终止，动作自动聚焦终止在区间 [1,2] 内，动作拍照的执行时间可以忽略不计。

在用于建模概率系统的 SysML 活动图中所定义的特征主要是源于概率决策节点的迁移上分配的概率，并且服从特定的概率分布。相应地，分配的概率值之和应为 1。给定边上的概率表示出自决策节点的值将遍历相应边的可能性。图 10.1 显示了概率值如何被指定在测试其相应警戒的决策节点的传出边之上。例如，测试警戒 Charged 的决策节点具有以下语义解释：存在着 0.3 的可能性，使得决策节点的结果成为 charged = true，并遍历相应的边。

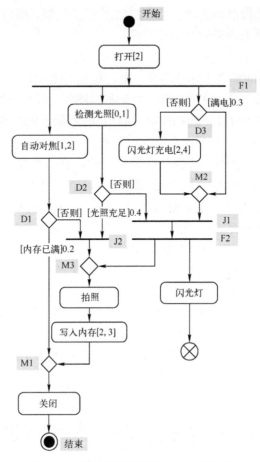

图 10.1　数码相机活动图——缺陷设计

10.2　语义模型的推导

在第 8 章介绍了配置迁移系统的概念，它可以用来建模各种行为图的动态。从本质上讲，CTS 是一种自动机，其特征是一组包含了（通常是单例）初始配置以及其他有迁移关系的配置，其中迁移关系对 CTS 从一个配置到另一个配置的动态演进进行编码。然而，CTS 模型假设了某种类型的背景计算，负责更改动态参数集。这种计算被抽象为从一种配置到另一种配置的可能迁移。虽然这种抽象在许多情况下都适用，但在某些必须考虑与模型动态元素相关的特性（如计算的持续时间和/或决策的可能性）的情况下，可能还需要做进一步的细化。因此，为了捕获上述特性，很明显需要一个扩展的模型。因为在对应于各种行为图的动态中最重要的利益元素，通常由状态变量或动作块表示，也将把这些工件视为动态元素。

当使用自动机组合或网络对系统进行建模时，可以使用通信来实现同步。此外，还可以使用时间量化技术来捕获采用通信自动机建模的与时间相关的系统动态，并将其放入适合于自动验证目的的紧凑型可计算模型。因此，该方法将 SysML 活动图映射到相应的 DTMC 网络，用来代表带有离散概率分布的离散时间迁移系统。

之所以选择 DTMC 网络作为 SysML 活动图的语义解释，其背后的主要动机是基于推断可以使用活动图来指定系统所显示的行为之间的协调。根据规范，属于给定活动图的动作可能由已建模系统的不同部件执行。这些部件以及它们之间的关系使用块定义图和内部块图来指定。为了在活动图中高亮显示被分配了执行给定行为/动作职责的系统部件（块），设计人员可以使用泳道结构。在此设置中，沿着相同泳道放置的动作在系统相同的对应块中得以执行。从内部块图的角度来看，该图根据系统的部件、端口和连接器描述了系统的内部结构，可以显示对系统部件的活动调用分配。此外，泳道通常对应于活动图中的一个并发线程。因此，可以将活动图分解为一组线程（可能是单例）。从本质上讲，这些线程是相互协作的，它们可能在某些点上同步，以便继续进行剩余的操作。此外，在建模与时间相关的行为时，必须允许所有交互线程具有相同的时间流逝，或者更准确地说具有相同的时间流率。

10.3　模型检测时间约束活动图

我们的验证方法依赖于模型检测，并且已经成功应用于硬件系统验证。此外，模型检测在评估行为方面是一种合适的选择，因为它不仅是一种自动综合的方法，而且具有坚实的数理基础。模型检测的主要功能是通过检查给定模型是否满足指定的属性来实现系统的验证。检测结果要么是一个肯定的答案（系统满足规范），要么是一个否定的答案（系统违反规范）。然而，这只是一种定性的评估。另外，概率模型检测则允许对模型进行定量分析。需要使用它来量化已建模系统违反或满足给定属性的可能性。

基本上，SysML 活动图的语义解释都可以被编码成概率模型检测器的输入语言，如 PRISM。它最初是在伯明翰大学开发的[239]，后来又转移到了牛津大学[240]。它已经广泛应用于分析来自通信、多媒体和安全协议等多个应用领域的系统。除了 PRISM 的广泛应用以外，它的许多特性也激发了我们的选择。从本质上来说，为了获得一个紧凑的模型，PRISM 使用了高效的数据结构，如多终端二进制决策图（MTBDD）、稀疏矩阵，以及这两者的组合。此外，报道称所应用的数值方法在时间耗费和内存占用上是合理的。文献［193］对概率模型检测器进行了综合的比较研究。我们使用 PRISM 的功能来确定给定行为发生的实际概率值，并测试与时限可达性相关的许多概率属性的满足度。这些属性取决于系统的功能需求和性能规范。图 10.2 显示了推荐方法的概要。

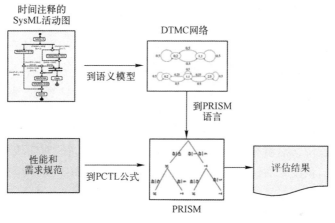

图 10.2　推荐方法

因此，提出了一种算法，用来系统地将 SysML 活动图编码到相应的用 PISM 语言表达的 DTMC 模型中。

10.3.1　离散时间马尔可夫链

DTMC 是一个具有离散概率分布的离散时间迁移系统，它能够有效地捕获活动图的预期行为。此外，与 PRISM[①] 支持的其他概率模型相比，它属于轻量级的。

选择离散时间模型方面的权衡在于究竟是选择更多细粒度的表示（在验证可行性方面以更高成本为代价）还是选择更少细粒度的表示，后者可以显著提高验证性能，从而使更复杂的模型得到验证。

DTMC 模型的简明定义[208]如下：

定义 10.1　离散时间马尔可夫链是一个元组 $D=(S,\bar{s},\boldsymbol{P})$，其中 S 是状态的有限集，$\bar{s}\in S$ 是初始状态，$\boldsymbol{P}:S\times S\rightarrow[0,1]$ 是迁移概率矩阵，于是对于所有

---

　　① 相对于 PRISM 支持的其他概率模型，CTMC 可以被看作是具有无穷小时间步长的 DTMC，而 MDP 是用非确定性对 DTMC 所做的扩展[140]。

的 $s \in S$，存在 $\sum\limits_{s' \in S} P(s,s') = 1$，其中 $P(s,s')$ 是从状态 s 迁移到状态 s' 的概率。

10.3.2　PRISM 输入语言

PRISM 语言使用了一种基于状态的语言，这种语言依赖于 Alur 和 Henzinger[5] 定义的反应模块概念。反应模块基本上类似于一组交互的迁移系统，其中迁移可以用概率来标记。这些迁移系统可以在相同的模型中用许多不同的模块表示，这些模块可以交互在一起，并根据模型的类型以同步或交错的方式演进。PRISM 模型的基本要素是模块、变量和命令。模块可以看作一个与其他模块并发运行的过程，并且可以与它们进行交互。变量集定义系统的全局状态。从内部来说，PRISM 解析系统描述，并以组合方式将模块集转译成单个系统模块。因此，与系统描述文件相对应的概率模型表示系统模块的并行组成。PRISM 支持三种类似于过程代数机制（常用操作上）的并行组成风格：常用操作上完全同步的并行组成，完全不同步的异步并行组成，以及仅对特定动作集同步的受限并行组成。最后，PRISM 命令是模型中的一个动作，它由动作名、警戒表达式以及一组更新表达式组成。位于方括号之间的动作名用于同步的目的。如果命令的警戒值评估为真，那么更新组的生成取决于更新上定义的概率分布。

10.3.3　将 SysML 活动图映射到 DTMC

将活动图语义编码到 PRISM 语言中有两种可能的选择：要么将整张图的语义表示为单个模块，要么将图分解为多个过程并将每个过程编码成一个模块。在后一种情况下，使用生成的 PRISM 模块的并行组成结果来指定整个活动图行为。第二种选择似乎更有吸引力，因为指定活动图组件的行为以及它们之间可能的交互要比解出一个可能非常复杂的活动的完整行为更为直观。此外，还将整个 DTMC 的组成以及其他繁琐的任务委托给 PRISM，这些任务包括复合概率分布（在并发概率决策节点的情况下）的计算和正规化以及时间间隔重叠处的行为。在我们所用方法的背景下，指示 PRISM 以同步的方式来组成模块。

为了实现高效且直观的活动图分解，建议将活动图分解为一组线程（可能是单例）。这一做法背后的原理基于以下内容：活动图由一组流组成。有些流是按顺序组成的，而另一些流则是并发组成的。这一组成通过使用活动控制节点来实现。将线程定义为既不遍历分叉节点也不遍历汇合节点的一连串动作，因为这些节点用于生成并发活动流。在系统描述中，每个已标识的线程都被编码为一个模块，其中每个模块本身就是一个 DTMC。这些模块之间的交互由活动控制节点决定，活动控制节点基本上位于线程的开头和结尾。所有模块（DTMC）的并行组成形成了一个 DTMC 网络，其自身也是一个 DTMC。

算法 10.1 定义了如何将给定的带有时间注释的 SysML 活动图映射到其 PRISM DTMC 模型中。首先从活动图结构中提取控制流关系，然后按照算法 10.2 将活动图分解为若干个线程。在代码生成之前，必须考虑线程之间的交互和协调，以便对模块的交互进行编码。对应的辅助函数表示为 getCoordinationPts。其他函数都是自解释的，它们的名称可以从目标上推断出来。

算法 10.1　SysML 活动图到 PRISM DTMC 模型的映射

```
Init CFR as List;
    / * Control Flow Relations * /
Init Threads, SSP, Commands as Map;
Init variables, guards, formulas as List;
CFR = generateCFR(A);
    / * Extract control flow relations * /
Threads = getThreads(CFR);
    / * Explores CFR and extract the threads * /
SSP = getCoordinationPts(CFR, Threads);
    / * Generates a map of synchronization points between threads * /
for all item in Threads do
    key = item. ThreadId;
    newModule = createModule(key);
       / * Create a module for each thread * /
    variables = getLocalVariables(item, SSP, key);
    newModule. addDeclai * ation(variables, key);
    PRISMCode. addGlobalVariables(variables);
    formulas = setFormulas(SSP, variables, key);
    PRISMCode. addFormulas(formulas);
    guards = setGuai * ds(variables, formulas, key);
    Commands. put(key, guards);
    updateCommands(Commands, item, key);
    newModule. addCommands(Commands);
    PRISMCode. add(newModule);
       / * Add the module to the main PRISM code * /
end for
```

156

10.3.4　线程标识

在线程标识之前，必须为活动图中的各个控制节点分配唯一的标签，以便对它们进行适当的编码。假设给定的活动图中存在着一个单独的初始节点带有 Start 的标签。线程标识程序的先决条件是一个由活动图节点之间的控制流关系组成的集合，用 CFR 表示。CFR 是一组表示活动边的元组，其中每个元组由源节点、目标节点、警戒（如果存在）以及概率值（如果存在）组成。CFR 的生成可以通过使用辅助函数 generateCFR 来实现。线程标识程序是对控制流关系 CFR 所作的一种广度优先搜索，具体如算法 10.2 所示。

算法 10.2　线程标识：getThreads(CFR)

Init Threads as Map;

Init StackNodes as Stack;

　　　　/ * StackNodes is a stack of unexplored nodes * /

Init Visited, tempListCFR as List;

ThreadID = 1;

tempListCFR := getAllCFR('source', 'Start');

Threads. put(ThreadID, tempListCFR);

Visited. add(Start);

StackNodes. push(getNode(tempListCFR,<target>));

while not StackNodes. empty( ) and not CFR. empty( ) **do**

　　CurrentNode = StackNodes. pop( );

　　if Visited. contains( ) or CurrentNode instOf Final **then**

　　　continue;

　　end if

　　if CurrentNode instOf Action or Decision **then**

　　　tempListCFR = getAllCFR('source', CurrentNode);

　　　for al l y in tempListCFR **do**

　　　　key = getCFR('target', CurrentNode). getThreadID( );

　　　　Threads [key], add(y);

　　　　StackNodes. push(getNode(y, 'target'));

　　　　CFR. delete(y);

　　　end for

　　end if

　　if currentNode instOf Fork or Join or Merge **then**

　　　tempListCFR = get AllCFR('source',CurrentNode);

```
        for all y in tempListCFR do
            Threads. put( ThreadID++, y) ;
            StackNodes. push( getNode( y, 'target') ) ;
        CFR. delete( y) ;
        end for
    end if
    Visited. add ( CurrentNode) ;
end while
return Threads
```

在算法 10.2 中，地图数据结构 Threads 存储算法的输出，堆栈 StackNodes 包含未搜索的节点，列表 Visited 由访问过的节点组成。辅助函数 getAllCFR (pos，node) 返回的控制流列表包含位置 pos（可能的 pos 值为"源"或"目标"）中的 node。辅助函数 getNode (y，pos) 返回控制流 y 中位置为 pos 的节点。在节点搜索过程中，当遇到一个分叉或汇合节点时，将为每个传出流分配一个新的线程。在相同的序列流中，使用相同的线程标识符。注意，对于合并节点，这取决于是否为传入流分配了相同的线程。在第一种情况下，为传出流分配相同的线程标识符；否则，将创建一个新的线程标识符。为了简单起见，算法只显示了为合并节点的传出流分配新线程标识符的情况。但必须注意，在所有情况下，每次分配一个新线程标识符只影响代码的复杂度，而不会影响模型动态的复杂度。

模块之间的同步机制允许两个或更多并发活动流或执行线程根据为它们各自所指定的时间约束来"体验"相同的时间流逝。因此，每个线程都有其自身的时钟变量，用于跟踪线程当前状态下的时间流逝。

同步组成的 DTMC 模型的动态确保所有的时钟变量都是同步更新（改进或重置）的。因此，每个线程的时钟变量要么通过自迁移得到改进，要么在离开当前状态时被重置。此外，每当线程的时钟变量落在当前状态的时间约束区间内时，控件要么转移到当前状态，要么根据概率分布迁移到另一个状态上。选择哪种概率分布取决于正被建模的实际系统。

用于形成 DTMC 网络以及建模活动图的派生 PRISM 模块以类 CSP 的方式同步组合在一起（常用操作上的同步）。这允许正确地更新与不同线程中的动作执行相对应的时钟变量。每个模块都由两个主要部分组成：一部分包含其状态变量的声明，另一部分通过谓词警戒的命令对其动态进行编码，其中这些谓词可能跨越的状态变量也可能属于任何模块。

此外，每个命令都被标记上相同的动作 step，并且具有一组对其状态变量所做的更新。具体来说，每个模块都可以读取所有的变量值，但只能更改在其范围内声明的变量值。在每个模块中，状态变量对应于动作节点、决策节点的警戒以及与活动图中标识线程相对应的时钟。如果需要的话，每个模块还可以包含额外的布尔状态变量，这些变量可能用于线程的合并或同步。每个模块的动态演进是通过选择一个匹配的命令来确定的，该命令的布尔谓词被评估为 true。因此，根据当前变量值，每个模块在执行匹配命令时对自身变量进行更新。

因为模块在动作 step 上总是同步的，这就意味着没有模块能够独立于其他模块演进。更准确地说，在每个同步步骤中，每个模块都被平等地给予了更新其变量的可能。此外，为了能够继续改进系统，每个模块都包含了一条命令，该命令的警戒谓词是同一模块中所有其他命令的逆命题。对警戒谓词所做的更新非常容易就保留了相同的状态变量值。类似地，为了确保活动行为的正确终止，每个命令谓词都拒绝将状态指定为活动结束节点。

10.4　绩效分析案例研究

为了解释我们的方法，这里举出了一个数码相机设备的假想模型当作案例研究。该系统模型由包含时间约束的 SysML 活动图组成。它捕获了如图 10.1 所示的拍照功能。为了展示清楚以及便于理解，该模型只由一个活动图组成。提出一个更复杂的模型可能会影响到方法的呈现，因为生成的代码和可达性图的规模会变得太大，以至于读者无法完全理解。然而，正如后面将要显示的，简单的模型并不会漏掉高度动态的行为。此外，相应的动态已经足够丰富，允许对一些有趣的属性进行验证，这些属性捕获了重要的功能方面和性能特征。为了演示我们方法的适用性，故意将一些缺陷添加到模型设计中。

为了继续对活动图进行评估，主要的步骤包括生成捕获系统行为的 DTMC 模型。此外，根据模型检测器所需的语法在 PCTL 逻辑中提供必须检查的规范属性。为数码相机活动图生成的模型如图 10.3 以及图 10.4 所示，其中每个模块代表活动图中的一个线程。表 10.1 描述了根据图 10.1 中缺陷活动图的控制流关系集所做的线程分配。在向模型检测器提供模型和规范属性之后，模型检测器以状态列表和迁移概率矩阵的形式构建状态空间。从模型中得到的数值分析允许对性能进行验证。

```
probabilistic
formula t1_fin=TurnOn & t1_ck >= t1_tb;
formula t1_idle = ! ( End | Start | TurnOn );
const t1_tb = 2;
module t1
Start : bool init true; TurnOn : bool; t1_ck : [0..t1_tb];
    [step] ! End & Start                      →      Start'=false & TurnOn'=true;
    [step] ! End & TurnOn & t1_ck < t1_tb      →      t1_ck'= t1_ck +1;
    [step] ! End & t1_fin                      →      TurnOn'=false & t1_ck'=0;
    [step] t1_idle                             →      true;
endmodule

formula sync_t2_t3 = t2_j & t3_j; formula sync_t3_t4 = t3_j_2 & t4_j;
formula t2_idle = ! ( End | t1_fin | Autofocus | sync_t2_t3 | t2_m );
const t2_lb = 1; const t2_ub = 2;
module t2
Autofocus : bool; memfull : bool; t2_j : bool; t2_m : bool; t2_ck : [0..t2_ub];
    [step] ! End & t1_fin                              →      Autofocus'=true;
    [step] ! End & Autofocus & t2_ck < t2_lb           →      t2_ck'= t2_ck +1;
    [step] ! End & Autofocus & t2_ck >= t2_lb & t2_ck<t2_ub  →    0.5 : (t2_ck'= t2_ck + 1) +
                                          0.5*0.2 : (Autofocus'=false) & (memfull'= true) &
                                                        (t2_m'=true) & (t2_ck'=0) +
                                          0.5*0.8 : (Autofocus'=false) & (t2_j'=true) &
                                                        (t2_ck'=0);
    [step] ! End & Autofocus & t2_ck = t2_ub           →    0.2 : (Autofocus'=false) & (memfull'= true) &
                                                        (t2_m'=true) & (t2_ck'=0) +
                                          0.8 : (Autofocus'=false) & (t2_j'=true) &
                                                        (t2_ck'=0);
    [step] ! End & sync_t2_t3                 →      t2_j'=false;
    [step] ! End & t2_m                       →      t2_m'=false;
    [step] t2_idle                            →      true;
endmodule

formula t3_idle = ! ( End | t1_fin | DetLight | sync_t2_t3 | sync_t3_t4 );
const t3_lb = 0; const t3_ub = 1;
module t3
DetLight : bool; sunny : bool; t3_j : bool; t3_j_2 : bool; t3_ck : [0..t3_ub];
    [step] ! End & t1_fin                              →      DetLight'=true;
    [step] ! End & DetLight & t3_ck < t3_lb            →      t3_ck'= t3_ck +1;
    [step] ! End & DetLight & t3_ck >= t3_lb & t3_ck<t3_ub   →    0.5 : (t3_ck'= t3_ck + 1) +
                                          0.5*0.4 : (DetLight'=false) & (sunny'=true) &
                                                        (t3_j'=true) & (t3_ck'=0) +
                                          0.5*0.6 : (DetLight'=false) & (t3_j_2'=true)&
                                                        (t3_ck'=0) ;
    [step] ! End & DetLight & t3_ck = t3_ub            →    0.4 : (DetLight'=false) & (sunny'=true) &
                                                        (t3_j'=true) & (t3_ck'=0) +
                                          0.6 : (DetLight'=false) & (t3_j_2'=true) &
                                                        (t3_ck'=0);
    [step] ! End & sync_t2_t3                 →      t3_j'=false;
    [step] ! End & sync_t3_t4                 →      t3_j_2'=false;
    [step] t3_idle                            →      true;
endmodule
```

图 10.3 数码相机活动图示例所用 PRISM 代码——第一部分

为了以用户友好的方式表示模型的动态，生成了一个可达性图，其中包含了关于状态及其迁移关系的信息（图 10.5）。后者显示了一种高度动态的行为，这是由于活动图中线程的并发性以及各个活动节点相互重叠的完成区间所引起的。

```
formula t4_idle = ! (End | t1_fin | ChargeFlash | sync_t3_t4 ); const t4_lb = 2; const t4_ub = 4;
module t4
ChargeFlash : bool; charged : bool; t4_j : bool; t4_ck : [0..t4_ub];
    [step] ! End & t1_fin                        →        0.7 : (ChargeFlash'=true) +
                                                          0.3 : (charged'=true) & (t4_j'=true);
    [step] ! End & ChargeFlash & t4_ck < t4_lb            →        t4_ck'= t4_ck + 1;
    [step] ! End & ChargeFlash & t4_ck >= t4_lb & t4_ck<t4_ub →    0.5 : (t4_ck'= t4_ck + 1) +
                                                          0.5 : (ChargeFlash'=false) & (t4_j'=true) & (t4_ck'=0)
    [step] ! End & ChargeFlash & t4_ck=t4_ub             →        ChargeFlash'=false & t4_j'=true & (t4_ck'=0);
    [step] ! End & sync_t3_t4                    →        t4_j'=false;
    [step] t4_idle                              →        true;
endmodule

formula t5_idle = ! ( End | sync_t2_t3 | sync_t3_t4 | TakePicture | WriteMem | t5_m);
const t5_lb = 2; const t5_ub = 3;
module t5
TakePicture : bool; WriteMem : bool; t5_m : bool; t5_ck : [0..t5_ub];
    [step] ! End & sync_t2_t3                    →        TakePicture'=true;
    [step] ! End & sync_t3_t4                    →        TakePicture'=true;
    [step] ! End & TakePicture                   →        TakePicture'=false & WriteMem'=true;
    [step] ! End & WriteMem & t5_ck<t5_lb        →        t5_ck'= t5_ck + 1;
    [step] ! End & WriteMem & t5_ck >= t5_lb & t5_ck<t5_ub →    0.5 : (t5_ck'= t5_ck + 1) +
                                                          0.5 : WriteMem'=false & t5_m'=true & (t5_ck'=0);
    [step] ! End & WriteMem & t5_ck=t5_ub        →        WriteMem'=false & t5_m'=true & (t5_ck'=0);
    [step] ! End & t5_m                          →        t5_m'=false;
    [step] t5_idle                              →        true;
endmodule

formula t6_idle = ! (End | sync_t3_t4 |  Flash );
module t6
Flash : bool;
    [step] ! End & sync_t3_t4                    →        Flash'=true;
    [step] ! End & Flash                         →        Flash'=false;
    [step] t6_idle                              →        true;
endmodule

formula t7_idle = ! ( End | t2_m | t5_m | TurnOff);
module t7
TurnOff : bool; End : bool;
    [step] ! End & t2_m                          →        TurnOff'=true;
    [step] ! End & t5_m                          →        TurnOff'=true;
    [step] ! End & TurnOff                       →        TurnOff'=false & End'=true;
    [step] t7_idle                              →        true;
endmodule
```

图 10.4　数码相机活动图示例所用 PRISM 代码——第二部分

表 10.1　缺陷设计的线程分配

线　　程	控制流关系集
ID1	(start , TurnOn) ; (TurnOn , F1)
ID2	(F1 , Autofocus) ; (Autofocus , D1) ; (D1 , M1) ; (D1 , J2)
ID3	(F1 , DetLight) ; (DetLight , D2) ; (D2 , J2) ; (D2 , J1)
ID4	(F1 , D3) ; (D3 , ChargeFlash) ; (D3 , M2) ; (ChargeFlash , M2) ; (M2 , J1)
ID5	(J2 , M3) ; (F2 , M3) ; (M3 , TakePicture) ; (TakePicture , WriteMem) ; (WriteMem , M1)
ID6	(F2 , Flash)
ID7	(M1 , TurnOff) ; (TurnOff , End)

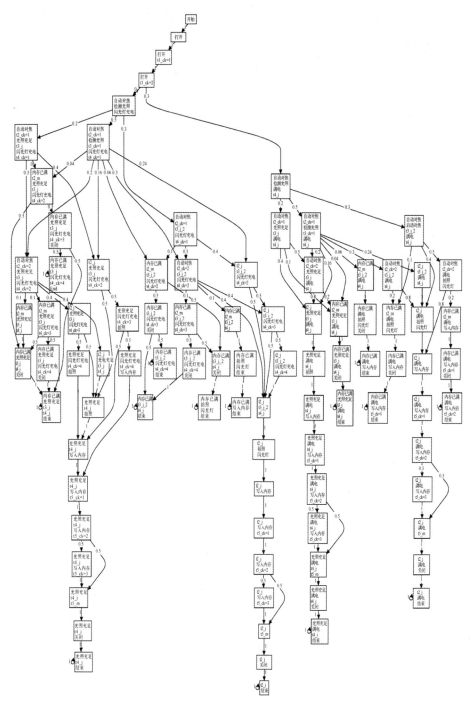

图 10.5　有缺陷活动图的可达性图

下面将验证用时态逻辑语法表示的一些有趣的属性，并给出相应的结果，其中时态逻辑语法由 PRISM 定义，并且基于 PCTL。

属性（10.1）说明了一般的功能需求，即如果内存已满 memfull = true 或 AutoFocus 动作仍在进行中，则 TakePicture 动作不应被激活。它指示模型检测器确定该场景发生的概率值：

$$P = ? \left[\; true \cup (memfull \mid Autofocus) \right.$$
$$\left. \& \; TakePicture \;\right] \tag{10.1}$$

在一个好的设计中，预期可能性应为 null（不可能）。然而，模型检测器确定了一个非零概率值，从而指示出了设计中存在的一个缺陷。为了更精确地确定错误行为出现的原因，可以分别对属性 memfull 和 Autofocus 进行重新声明。由于该概率值大于 0，这就意味着在可达性图中存在着一条通向某个状态的路径，该状态将导致 TakePicture 动作在内存满时或者关闭 Autofocus 之前也能被激活。可以确定，这是由于在活动图中存在着一条控制流路径，导致在不测试 memfull 警戒的情况下就采取了 TakePicture 动作。为了纠正这一错误行为，设计者必须更改这一控制流路径，使其要么测试 memfull 警戒，要么与测试的其他控制流路径同步。

属性（10.2）规定开启相机之后拍照的概率应该为 0.75 或更高，其表达式如下：

$$TurnOn \Rightarrow P \geq 0.75 \left[\; true \cup TakePicture \;\right] \tag{10.2}$$

当分析与活动图相对应的 DTMC 上的这一属性时，发现它原来是满足的。这告诉人们，该模型满足基本功能的最低可靠性要求，即拍照。

属性（10.3）建立在前一个属性的基础上，用于检测在开启相机后使用闪光灯拍照的概率是否至少为 0.6：

$$TurnOn \Rightarrow P \geq 0.6 \left[\; true \cup TakePicture \& Flash \;\right] \tag{10.3}$$

模型检测器确定属性（10.3）对指定的概率值失效。可以通过重新声明属性（10.4），来指示 PRISM 确定是否存在一个该属性能够通过的概率值。因此，得到的值为 0.56：

$$P = ? \left[\; true \cup TakePicture \& Flash \mid TurnOn \mid \;\right] \tag{10.4}$$

属性（10.5）进一步细化了前一个属性，它旨在评估数码相机在最坏案例场景下的关键性能特性之一。它是一种时间概率可达性属性，用来度量在一定时间范围内达到模型中某个场景的概率。具体来说，它评估了在弱光照条件下一定时间范围内到达 TakePicture 动作的概率，时间从带有闪光灯放电的 TurnOn 动作开始时算起：

P = ? ［ ！sunny & ！charged ∪<=10 TakePicture & Flash ｛TurnOn & tl_ck=0｝］

$$(10.5)$$

属性（10.5）的验证结果表明，该模型在最坏案例场景下的性能相当差。

为了更好地评估活动图中设计变更的影响，我们还对修正后的活动图进行了验证（图 9.8 添加了时间约束注释）。表 10.2 总结了与有缺陷和修正后设计的性能评估相关的评估结果。

表 10.2　有缺陷和修正后设计的评估结果对比

属　　性	有缺陷设计	修正后设计
（10.1）	0.1245	0
（10.2）	True	True
（10.3）	False	True
（10.4）	0.5685	0.7999
（10.5）	0.3885	0.252

可以注意到，在性能和可靠性之间进行了权衡。确实，一方面对于修正后的设计属性（10.1）具有一个空值，符合要求；另一方面，属性（10.5）显示性能在修正后的设计中出现了下降。然而，属性（10.4）的验证结果表明，修正后的设计超过了最低可靠性水平，从而满足属性（10.3）声明的要求。

关于性能模型可达性图的规模，可以在表 10.3 中注意到，从状态数和迁移数上来看，这两个模型具有几乎相同的复杂度。

表 10.3　性能模型可达性图的复杂度对比

	有缺陷设计	修正后设计
状态数	92	93
迁移数	139	140

10.5　可 伸 缩 性

本节基于数值结果对我们方法的可伸缩性进行了讨论。我们的目标是研究将该方法应用在更复杂活动图上时的性能。值得注意的是，活动图的行为复杂度与其动作节点数无关，而是与它可能捕获的复杂动态有关。因此，直接影响行为复杂度的主要因素是并发性方面和动作的概率持续时间。下面将研究并发性和定时行为对与方法性能相关的重要参数的影响，这些参数包括 DTMC 模型的规模、MTBDD 的规模、用 PRISM 构建模型所需要的时间以及模型检测程序的时间和内存消耗。

　　从活动图的角度来看，添加并发性意味着添加源自分叉节点动作的并行流。从 PRISM 代码的角度来看，对于我们的方法来说，添加新的并发流意味着添加一个或更多个对应于并发线程的模块。我们选择添加一个新的并发线程，它源自图 10.1 中的分叉节点 F1。于是，复制了 module（模块）t4，并且做了一些必要的调整，如更改空闲公式、局部变量的名称以及汇合条件公式。

　　至于定时行为，通过改变对应于 PRISM 代码中时间间隔范围的常数，可以调整时间间隔尺度以及它们之间的重叠区域。这些常数为 t1_tb、t2_lb、t2_ub、t3_lb、t3_ub、t4_lb、t4_ub、t5_lb 和 t5_ub，如表 10.4 第一列所示。

表 10.4　每个实验的时间间隔范围值

	T. 1	T. 2	T. 3	T. 4	T. 5
t1_tb	2	2	20	20	20
t2_lb	1	1	1	1	10
t2_ub	2	2	2	2	20
t3_lb	0	10	100	1000	0
t3_ub	1	20	150	1020	10
t4_lb	2	15	75	1000	20
t4_ub	4	40	80	1200	40
t5_lb	2	2	20	2000	20
t5_ub	3	3	30	3000	30

　　为了研究这两个因素对我们方法的影响，开展了几个实验，包括应用前面讨论过的参数变量，并记录了构建模型所需要的时间、DTMC 状态数、DTMC 迁移数、MTBDD 节点数和矩阵规模（行数和列数）等信息。

　　在模型检测方面，我们在上述实验中得到的不同模型上进行了相同属性的验证。记录了与模型检测相关的信息，如总时间和最大内存消耗，即内存占用。

　　在表 10.4 中列出了不同的时间相关实验，即 T.1、T.2、T.3、T.4 和 T.5，以及分配给每个时间常数的不同数值。T.1 的时间值代表了案例研究中的初始常数。T.2、T.3 和 T.4 用来表示 Autofocus 动作的持续时间和其他动作的持续时间之间稀疏的时间尺度。在 T.2、T.3 和 T.4 中，分别考虑了大约 10 个、100 个和 1000 个单位的时间差。做这些实验是为了研究大范围内不同时间尺度的影响，这些时间尺度排除了按相同比例缩小间隔范围常数。T.5 显示了抽象的好处（按相同比例缩小时间常数）。对于 T.5，常数的对应值恰好是

T. 1 常数的 10 倍。在并发性方面，选择了 C. 0、C. 1 和 C. 2 三个实验，分别向初始模型中添加 0、1 和 2 个新模块。

作为符号规定，使用 T. 1+C. 1 表示同时应用 T. 1 和 C. 1。这意味着设置了 T. 1 的时间值，并且向图 10.3 和图 10.4 所示 PRISM 代码的现有模块中添加了一个新的并发模块。

实验使用奔腾 4 英特尔计算机，其性能参数：CPU 2.80GHz，内存 1.00GB。将 PRISM 工具设置为使用 "Hybrid" 引擎和雅可比方法。注意，在硬件资源允许的情况下，可以配置 PRISM 为 MTBDD 使用更大的内存，从而允许评估更大的模型。

表 10.5~表 10.7 列出了与模型构建相关的信息。表 10.8~表 10.10 列出了模型检测程序所需的时间和内存消耗。

表 10.5　试验结果：改变时间常数但未添加并发性（C.0）

		T. 1	T. 2	T. 3	T. 4	T. 5
时间/s		0.578	0.828	1.687	77.813	2.0
DTMC	状态数	92	233	487	18294	877
	迁移数	139	439	741	26652	1588
MTBDD	节点数	1573	2501	2954	27049	7002
	行/列	29r/29c	36r/36c	46r/46c	56r/56c	44r/44c

表 10.6　试验结果：改变时间常数并且添加一个新的并发模块（C.1）

		T. 1	T. 2	T. 3	T. 4	T. 5
时间/s		1.656	2.687	5.297	249.625	4.609
DTMC	状态数	222	833	967	49214	2459
	迁移数	375	1949	1499	87192	5204
MTBDD	节点数	2910	7474	7068	118909	15630
	行/列	35r/35c	45r/45c	56r/56c	70r/70c	53r/53c

表 10.7　试验结果：改变时间常数并且添加两个新的并发模块（C.2）

		T. 1	T. 2	T. 3	T. 5
时间/s		18.75	13.281	25.078	19.453
DTMC	状态数	566	2735	1957	7243
	迁移数	1105	8059	3123	19300
MTBDD	节点数	4553	15612	11449	27621
	行/列	41r/41c	54r/54c	66r/66c	62r/62c

表 10.8　模型检测性能结果——第一部分

属性	T.1+C.0		T.2+C.0		T.3+C.0		T.4+C.0		T.5+C.0	
	时间/s	内存/KB	时间/s	内存/KB	时间/s	内存/KB	时间/s	内存/KB	时间/s	内存/KB
(10.1)	0.094	23.6	0.0	0.0	0.0	0.0	0.016	0.0	0.375	96.9
(10.2)	0.109	22.9	0.438	19.4	1.953	28.6	54.125	398.7	1.547	111.8
(10.3)	0.062	20.4	0.297	46.7	1.906	69.9	36.5	891.8	0.953	92.7
(10.4)	0.078	20.4	0.296	46.7	1.828	69.9	42.797	891.8	0.719	92.7
(10.5)	0.046	21.9	0.125	48.1	0.25	66.3	11.281	834.6	0.156	94.4
总时间/s	0.389		1.156		5.937		144.719		3.75	—
最大内存/KB	23.6		48.1		69.9		891.8		—	111.8

表 10.9　模型检测性能结果——第二部分

属性	T.1+C.1		T.2+C.1		T.3+C.1		T.4+C.1		T.5+C.1	
	时间/s	内存/KB	时间/s	内存/KB	时间/s	内存/KB	时间/s	内存/KB	时间/s	内存/KB
(10.1)	0.109	46.3	0	0	0	0	0.094	0	1.016	217.9
(10.2)	0.375	45.8	2.141	38.7	5.219	46.3	—	—	2.765	249.5
(10.3)	0.187	41.7	1.406	134.5	4.141	171.2	—	—	2.093	211.1
(10.4)	0.188	41.7	1.484	134.5	4.125	171.2	136.265	2710.8	2.157	211.1
(10.5)	0.094	41.1	0.687	137.9	0.547	133.5	35.312	2562.2	0.797	198.7
总时间/s	0.953		5.718		14.032		—		8.828	—
最大内存/KB	46.3		137.9		171.2		—		—	249.5

表 10.10　模型检测性能结果——第三部分

属性	T.1+C.2		T.2+C.2		T.3+C.2		T.5+C.2	
	时间/s	内存/KB	时间/s	内存/KB	时间/s	内存/KB	时间/s	内存/KB
(10.1)	0.375	79.5	0.016	0	0	0	2.25	429.4
(10.2)	1.641	79.4	8.156	85.3	10.532	75.2	10.171	471.7
(10.3)	0.859	73.5	6.516	289.3	9.89	291.8	7.358	420.1
(10.4)	0.968	73.5	5.891	289.3	9.297	291.8	5.563	420.1
(10.5)	0.656	73.6	3.859	353.9	1.938	249.2	2.594	449.0
总时间/s	4.499		24.438		31.657		27.936	
最大内存/KB	79.5		353.9		291.8		—	471.7

下面讨论与前述一系列试验相对应的数值结果。图 10.6 显示了稀疏时间尺度对 MTBDD 规模的影响。可以注意到 MTBDD 的规模只在实验 T.1+C.0、T.2+C.0、T.3+C.0 中有所增加。然而，在实验 T4+C.0 中 MTBDD 的规模出现了显著的增加，其中最小时间值与所有其他时间值之间的差值约为 3 个数量级。在这种情况下，可以认为与其他值相比，最小值所对应的持续时间可以忽略不计。图 10.7 中的图表显示了影响 MTBDD 规模的两个重要因素的效果：第一个因素与附加并发性有关。正如预期的那样，并发性的增加导致了一个更为复杂的模型；第二个因素与未缩减时间值有关。

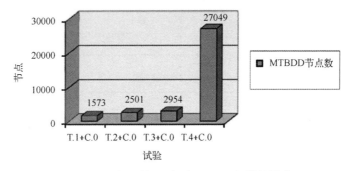

图 10.6　稀疏时间尺度对 MTBDD 规模的影响

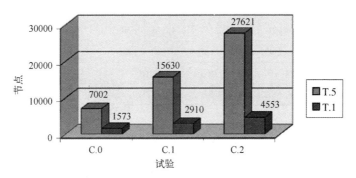

图 10.7　附加并发性以及未缩减时间值对 MTBDD 规模的影响

可以注意到，较大的时间值也会导致复杂度增加。允许使用相同的比例缩减所有时间范围内提高的时间值。这种抽象有益于模型检测程序，因为它在保持底层动态的同时，降低了模型的规模。这种类型的抽象也出现在其他与概率模型检测相关的研究计划中[74]。

图 10.8～图 10.10 显示了在没有缩减抽象的情况下，稀疏时间尺度和附加并发性对模型检测性能的影响。对于提到的模型，模型检测程序所耗费的最长时间为 144.72s，而占用的最大内存大约是 891.8KB。

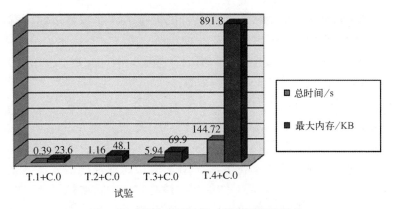

图 10.8　稀疏时间尺度对模型检测的影响

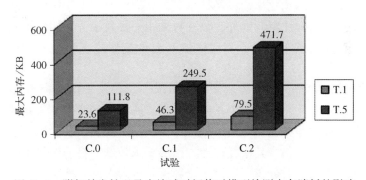

图 10.9　附加并发性以及未缩减时间值对模型检测内存消耗的影响

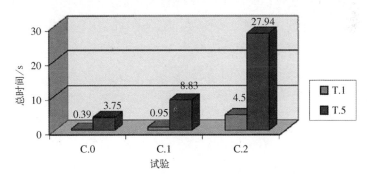

图 10.10　附加并发性以及未缩减时间值对模型检测时间消耗的影响

　　尽管这些试验中所考虑的新活动图较为复杂，但模型检测程序所耗费的时间和内存值仍然控制在合理的范围内。

　　此外，可以通过应用以前提出的建议对评估做进一步的优化，这些建议包括：

（1）当定时动作对应的时间值比其他时间值大两个数量级时，就可以忽略不计，在允许的误差范围内这样做是安全的。

（2）如果可能的话，按相同比例缩减（抽象）时间常数。

（3）重新考虑设计中不必要的并发性。

10.6　小　　结

本章提出了一种新的自动化方法，用于从功能和性能的角度评估 SysML 1.0 活动图。评估 SysML 1.0 活动图的相关性与它们的重要性以及它们在许多领域（包括业务流程和功能流建模）中的广泛使用有关。该方法涵盖了核心特征，即控制流、结构化活动以及概率决策。同时，还基于简单时间模型在动作节点上添加了时间注释。另外，该注释技术还提供了方法用来指定带有概率估计的动作持续时间。此外，需要评估的属性被形式化地表示为 PCTL 时态逻辑。

在可伸缩性方面，我们展示了一些试验，它们从 DTMC 模型规模以及所需时间和内存资源的角度给出了正向的结果。所提出的评估方法允许通过执行适当的时间相关抽象来进行细化。此外，对于通常表现出高模块性的较大设计，可以执行块级评估，其中并发性方面的要求较低。在动作终止的概率估计方面，采用了均匀延时分布，以便对资源竞争进行考虑。然而，任何其他的离散分布都可以通过为间隔范围内的每个时间单位指定离散概率来进行处理。

第11章 SysML 活动图的语义基础

本章研究 SysML 活动图的语义基础。语义的形式化将允许人们构建一个稳健而严格的框架，用于验证和确认使用这些活动图表示的设计模型。为此，我们设计了一种专用的形式化语言，称为活动演算（AC），用于以数学的形式表达和分析 SysML 活动图捕获的行为。11.1 节给出了 AC 语言的语法和语义定义。同时，还总结了从活动图结构到带有说明性示例的 AC 术语的非形式化映射。为了说明这种形式化语义的作用，在 11.2 节中给出了一个案例研究，其中包含一张 SysML 活动图，用于自动柜员机（ATM）上银行操作的假设设计。将语义规则应用到案例研究中，是为了展示如何发现设计中的细微错误。11.3 节定义了描述 SysML 活动图语义的底层马尔可夫决策过程。

11.1 活动演算

构建活动演算的目的是提供一种专用演算，用于捕获活动图丰富的表达性，并使用操作语义框架对行为方面进行形式化建模。它主要受到过程代数概念的启发，代表了用于建模并发和分布式系统的一系列方法。

形式化语义除了为非形式化指定的活动图赋予一种严格的含义以外，还提供了一种有效的技术来发现可能被直观检查所遗漏的设计错误。此外，它允许应用模型转换和模型检测。从实践上来说，标准中定义的图形符号操作不具备形式化语言所提供的灵活性。确实需要以数学和严格的方式来描述这种行为。因此，我们的形式化框架允许使用现有技术（如概率模型检测）来进行自动化验证。此外，它还允许从行为的角度对活动图之间的潜在关系进行推理，并推导出相关的数学证明。

据我们所知，这是第一种专门用于捕获 SysML 活动图本质的演算。在回顾技术现状时，我们无法找到与自己提出的活动演算思路一致的建议。关于 UML2. x 活动图，大多数研究计划使用现有的形式，如 CSP[216]、交互式马尔可夫链（IMC）[228]及 Petri 网形式的变体[224-226]。虽然这些形式具有良好的语义域，但它们对活动图的表达性强加了一些严重的限制（如不允许多重动作实例）。回顾的大多数计划都将活动图表示为数据结构元组。很少有建议提供专门类似代数的表示法[82,234]，其中只有 Tabuchi 等[228] 旨在定义一种语义框架。使得我们的演算可区分的主要支持特性是它能够用 UML 规范所允许的混合与嵌套式分叉和汇合来表示各种控制流。此外，AC 允许多重实例，并且包括警戒和概率决策。最后，AC 允许人们为基于令牌传播的直观和原始的 SysML 活动图定义一种操作语义。接下来，我们将详细解释这种活动演算的语法和语义。

11.1.1 语法

从结构的角度来看，活动图可以被视为一种有向图，它使用有向边连接两种类型的节点（动作节点和控制节点）。从动态的角度来看，活动图行为相当于其动作的特定有序执行。这个顺序取决于从初始节点开始的控制点（令牌）的传播。当一个动作接收到令牌时，它就会被激活并开始执行。当其执行终止时，动作就会把令牌传递到它的传出边。此外，如果接收到多个控制令牌，同一动作的多重实例就可能会并发执行。在执行期间，活动图结构保持不变；但是，控件令牌的位置发生了变化。因此，活动图所描述的行为（含义）可以使用一组进度规则来描述，它们指示了令牌在活动图中的移动。为了指定控件令牌的出现，使用了标记一词（借自 Petri 网形式）。

假设活动图中的每个活动节点（初始节点除外）都被分配了一个独特的标签。令 L 为包含标签 $l_0, l_1, \cdots, l_N$ 的集合，其中 N 代表活动图中的任一节点（初始节点除外）。用 $l: N$ 表示带有标签 l 的活动节点 N。标签有许多不同的用途。标签 l 主要用于唯一地引用被其标记的活动节点，以便对到已定义节点的流连接进行建模。特别要指出的是，标签在将多重传入流连接到合并和汇合节点方面非常有用。AC 语言的语法使用图 11.1 中的 Backus - Naur - Form（BNF）符号来进行定义。AC 项就是使用这种语法生成的。可以划分出无标记项和有标记项两种主要的语法类别。无标记 AC 项通常用 A 表示，对应于不带令牌的活动图。有标记 AC 项通常用 B 表示，对应于带有令牌的活动图。这两种类别之间的区别在于是否为有标记项（或子项）添加了"上划线"符号，用于表示令牌的存在和位置。有标记项通常用于表示正在执行的活动图。对语法进行修饰的想法是受 Petri 网代数[19]研究的启发。但是，为了处理多重令牌，我们对这一概念进行了扩展。用 $\overline{\overline{N}}$ 来表示对项 N 做了两次标记的方法虽然直观，但随着令牌数量的增加，可能会导致彻底无法管理有标记 AC 项。因此，舍弃了这种直观但无用的解决方案，添加了一个带有整数 n 的"上划线"操作符，即 $\overline{N}^n$，来表示使用 n 个令牌标记过的项。这允许人们考虑活动图中存在的循环以及多重实例。

参照图 11.1，项 B 的定义是基于 A 建立的，因为 B 代表了所有有效的子项，它们具有 A 子项上所有可能的上划线符号位置。N 定义了一个无标记子项，M 表示 A 的一个有标记子项。AC 项 A 可以是 $\in$，表示一个空活动，也可以是 $l \mapsto N$，其中 l 指定初始节点，N 可以是任何带标签的活动节点（或节点的控制流）。符号 $\mapsto$ 用于指定活动控制流边。AC 项的推导基于相应活动图的深度优先遍历。因此，系统地实现了从活动图到 AC 项的映射。需要注意的是，作为一种语法惯例，每次遇到一个新的合并（或汇合）节点时，都需要考虑节点的定义以及为其新分配的标签。如果在稍后的遍历过程中再次遇到该节点，则只使用其对应的标签。这一惯例对于确保 AC 项的合式至关重要。

$$
\begin{array}{ll}
\mathscr{A} ::= \varepsilon & \mathscr{B} ::= \overline{\mathscr{A}} \\
\quad | \ \iota \mapsto \mathscr{N} & \quad | \ \iota \mapsto \mathscr{M} \\
& \quad | \ \overline{\iota} \mapsto \mathscr{N} \\
\mathscr{N} ::= \varepsilon & \mathscr{M} ::= \mathscr{N} \\
\quad | \ l{:}\otimes & \quad | \ l{:}Merge(\mathscr{M}) \\
\quad | \ l{:}\odot & \quad | \ l{:}x.Join(\mathscr{M}) \\
\quad | \ l{:}Merge(\mathscr{N}) & \quad | \ l{:}Fork(\mathscr{M},\mathscr{M}) \\
\quad | \ l{:}x.Join(\mathscr{N}) & \quad | \ l{:}Decision_p(\langle g\rangle \mathscr{M},\langle \neg g\rangle \mathscr{M}) \\
\quad | \ l{:}Fork(\mathscr{N},\mathscr{N}) & \quad | \ l{:}Decision(\langle g\rangle \mathscr{M},\langle \neg g\rangle \mathscr{M}) \\
\quad | \ l{:}Decision_p(\langle g\rangle \mathscr{N},\langle \neg g\rangle \mathscr{N}) & \quad | \ \overline{l{:}a^n} \mapsto \mathscr{M} \\
\quad | \ l{:}Decision(\langle g\rangle \mathscr{N},\langle \neg g\rangle \mathscr{N}) & \quad | \ \overline{\mathscr{M}^n} \\
\quad | \ l{:}a \mapsto \mathscr{N} & \\
\quad | \ l &
\end{array}
$$

图 11.1　活动演算的未标记语法（左）和标记语法（右）

在 N 的基本结构中有以下项：

（1）$l{:}\otimes (l{:}\odot)$ 指定流终止节点（活动终止节点）。

（2）$l{:}Merge(N)(l{:}Join(N))$：表示合并（汇合）节点的定义。只有在活动图的深度优先遍历过程中首次遇到对应的节点时，才会使用该符号。合并（汇合）函数内的参数 N 指连接到合并（汇合）节点传出边上的后续目标节点（或流）。对于汇合节点，实体 x 表示一个整数，用来指定进入该特定汇合节点的传入边的数量。

（3）$l{:}Fork(N_1,N_2)$：指代分叉节点的结构。参数 N_1、N_2 表示对应于分叉节点传出边目的地的子项（流并行分裂）。

（4）$l{:}Decision_p(\langle g\rangle N_1,\langle \neg g\rangle N_2)(l{:}Decision(\langle g\rangle N_1,\langle \neg g\rangle N_2))$：指定概率（非概率）决策节点。它表示介于备选流 N_1 和 N_2 之间的一种概率（非概率警戒）选择。对于概率情况，子项 N_1 被选择的概率为 p，而子项 N_2 被选择的概率为 $1-p$。

（5）$l{:}a \mapsto N$：表示前缀操作符的结构；使用控制流边将标签动作 $l{:}a$ 连接到 N。

(6) l：引用带有标签 l 的节点。

有标记项 B 可以是$\overline{A}$或$\bar{l} \rightarrowtail N$，表示用一个令牌标记并且连接到无标记子项 N 的初始节点 l，也可以是 $l \rightarrowtail M$，表示连接到有标记子项 M 的无标记初始节点。在 M 的基本结构中有以下几项：

(1) N：AC 有标记项在 $n=0$ 时的一种特殊情况。

(2) $\overline{M}^{n}$：表示用 $n(n \geqslant 0)$ 个其他令牌标记的项 M。

(3) l:Merge(M)(l:Join(M))：定义了带有一个有标记子项 M 的无标记合并（汇合）项。

(4) l:Fork(M_1,M_2)：表示带有两个有标记子项 M_1 和 M_2 的无标记分叉项。

(5) l:Decision($\langle g \rangle M_1$,$\langle \neg g \rangle M_2$)($l$:Decision$_p$($\langle g \rangle M_1$,$\langle \neg g \rangle M_2$))：表示具有两个有标记子项 M_1 和 M_2 的无标记决策（概率决策）项。

(6) $\overline{l{:}a}^{n} \rightarrowtail M$：表示带有 n 次有标记动作的前缀操作符，并被连接到有标记子项 M。

这里必须进行一项重要的观察。由于“上划线”符号表示令牌的存在（最终也包括位置），因此可以使用类似于 Petri 网令牌的小实心方块（为了不与初始节点符号相混淆）在活动图上以图形方式描绘这些令牌。这并非 UML 符号的一部分，但它仅用于说明目的。这个练习可能会揭示两个有标记表达式能够引用同一个活动图结构，该结构使用可以被认为处在相同位置的令牌进行注释。例如，这是有标记表达式$\overline{l \rightarrowtail N}$和$\bar{l} \rightarrowtail N$ 的情况。更准确地说，$\overline{l \rightarrowtail N}$表示的活动图在整个顶部带有一张令牌。此配置与将令牌放置在图的初始元素中恰好一致，这用项$\bar{l} \rightarrowtail N$ 表示。$\overline{l{:}a \rightarrowtail N}$和$\overline{l{:}a} \rightarrowtail N$ 的情况也是如此。这符合“当活动开启时，控制令牌被放置在不具有传入边的每个动作或结构化节点上”。[188]

因此，为了识别这些成对的有标记表达式，在有标记表达式集上定义了一个用$\preccurlyeq M$ 表示的预序关系。

定义 11.1 令$\preccurlyeq M \subseteq M \times M$ 为最小的预序关系，定义如图 11.2 所示。

(M1)	$\overline{\iota \rightarrowtail \mathscr{N}} \preccurlyeq_M \bar{\iota} \rightarrowtail \mathscr{N}$
(M2)	$\overline{\overline{l:a}^{k} \rightarrowtail \mathscr{M}}^{n} \preccurlyeq_M \overline{l:a}^{n+k} \rightarrowtail \mathscr{M}$
(M3)	$\overline{l:\otimes}^{n} \preccurlyeq_M l:\otimes$
(M4)	$\overline{\overline{\mathscr{M}}^{k}}^{n} \preccurlyeq_M \overline{\mathscr{M}}^{n+k}$
(M5)	$\mathscr{B}[\overline{l:Merge(\mathscr{M})}^{n}, \bar{l}^{k}] \preccurlyeq_M \mathscr{B}[\overline{l:Merge(\mathscr{M})}^{n+k}, l]$

图 11.2　标记中的预序定义

该关系允许在 $M_1 \preccurlyeq MM_1'$ 的情况下将 M_1 重写进 M_1'，然后使用与 M_1' 相对应的语义规则。通过保持其简洁性，大大简化了操作语义。在这些设置中，只需要预序概念；但是，使用该预序的内核可以容易地将 $\preccurlyeq M$ 扩展为等价关系。

在讨论操作语义之前，首先将活动图结构转译为相应的 AC 语法元素，随后展示了一个使用 AC 的活动图示例。图 11.3 列出了具体的活动图语法与演算语法之间的对应关系。

AD 组成	AC 语法
$\mathscr{A}$　●→$\mathcal{N}$	$\iota \rightarrowtail \mathcal{N}$
◉	$l : \odot$
⊗	$l : \otimes$
$\mathcal{N}$　[a]→$\mathcal{N}$	$l : a \rightarrowtail \mathcal{N}$
◇ [¬g]→$\mathcal{N}_2$ / [g]→$\mathcal{N}_1$	$l : Decision(\langle g \rangle \mathcal{N}_1, \langle \neg g \rangle \mathcal{N}_2)$
◇ [¬g]{1-p}→$\mathcal{N}_2$ / [g]{p}→$\mathcal{N}_1$	$l : Decision_p(\langle g \rangle \mathcal{N}_1, \langle \neg g \rangle \mathcal{N}_2)$
◇→$\mathcal{N}$	$l : Merge(\mathcal{N})$ or l
▬ $\mathcal{N}_1$　$\mathcal{N}_2$	$l : Fork(\mathcal{N}_1, \mathcal{N}_2)$
▬ $\mathcal{N}$	$l : x.Join(\mathcal{N})$ or l (x 为传入边数)

图 11.3　将活动图结构映射成 AC 语义

示例 11.1　图 11.4 显示的 SysML 活动图用来表示对取款这一银行操作所做的设计。可以用无标记项 A_{withdraw} 表示如下：

$A_{\text{withdraw}} = l \rightarrowtail l_1 : \text{Enter} \rightarrowtail l_2 : \text{Check} \rightarrowtail N_1$

$\qquad N_1 = l_3 : \text{Decision0.1}(\langle \text{not enough} \rangle N_2, \langle \text{enough} \rangle N_3)$

$\qquad N_2 = l_4 : \text{Notify} \rightarrowtail l_5 : \text{Merge}(l_6 : \odot)$

$\qquad N_3 = l_7 : \text{Fork}(N_4, l_{13} : \text{Fork}(l_{14} : \text{Disp} \rightarrowtail l_{10}, l_{15} : \text{Print} \rightarrowtail l_{12}))$

$\qquad N_4 = l_8 : \text{Debit} \rightarrowtail l_9 : \text{Record} \rightarrowtail l_{10} : 2.\text{Join}(l_{11} : \text{Pick} \rightarrowtail l_{12} : 2.\text{Join}(l_5))$

A_{withdraw} 项表示活动图的组成。可以基于对应的 AC 项绘制出相同的活动图。

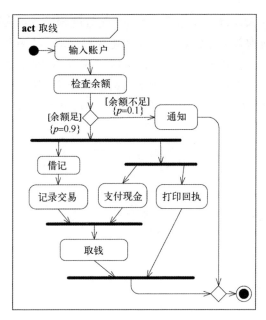

图 11.4　案例研究：取款活动图

11.1.2　操作语义

本节将以结构化操作语义的形式展示活动演算的操作语义[201]。后者是一种非常成熟的方法，提供了一个框架来给出许多程序和规范语言的操作语义[201]。它在并发进程语义的研究中也得到了广泛应用。定义这种语义（小步语义）包括定义一组用于描述操作演进的公理和推理规则。由于图 11.1 中令牌的传播过程表示了它的执行步骤，因此公理和规则指定了令牌在相应的有标记 AC 项中的进展。每条公理和规则用来指定介于活动图中两个有标记项之间可能的迁移。在某些情况下，在某个给定时刻的活动中可能存在着不止一个令牌。然后，非确定性地执行进程令牌的选择。

操作语义由定义 11.2 中的概率迁移系统（PTS）给出。PTS 的初始状态对应于在初始节点上放置唯一的令牌。与 A 相对应的初始有标记 AC 项为项 $\overline{A}$，其中根据图 11.2 中的（M1）将一条上划线放置在子项 l 上（$\overline{l} \mapsto N$）。用 B_0 表示该有标记项。迁移的一般形式是 $B \xrightarrow{\alpha}_p B'$ 或 $B \xrightarrow{\alpha}_p A$，其中 B 和 B' 是有标记活动演算项，A 是无标记活动演算项，$\alpha \in \Sigma \cup \{o\}$，动作集中的元素包括 a，$a_1, \cdots, b$，o 表示空动作，$p, q \in [0,1]$ 为发生迁移的概率。这种迁移关系显示了标记演进，并且意味着通过以 p 的概率执行 α，可以将有标记项 B 转变成另一个

有标记项 B' 或一个无标记项 A。如果某个有标记项被转变成无标记项，那么这种迁移表示标记的丢失。当到达一个终止流或一个活动终止节点时，就会是这种情况。为简单起见，如果没有执行任何动作，就去掉迁移关系上的标签 o，即 $B \longrightarrow_p B'$ 或 $B \longrightarrow_p A$。迁移关系使用图 11.5 ~ 图 11.12 所示的语义规则进行定义。

$$\text{INIT-1} \quad \overline{\iota} \rightarrowtail \mathcal{N} \longrightarrow_1 \iota \rightarrowtail \overline{\mathcal{N}}$$

$$\text{INIT-2} \quad \frac{\mathcal{M} \xrightarrow{\alpha}_q \mathcal{M}'}{\iota \rightarrowtail \mathcal{M} \xrightarrow{\alpha}_q \iota \rightarrowtail \mathcal{M}'}$$

图 11.5　初始语义规则

$$\text{ACT-1} \quad \overline{\iota : a^n} \rightarrowtail \mathcal{M} \xrightarrow{a}_1 \overline{\iota : a^{n-1}} \rightarrowtail \overline{\mathcal{M}} \quad \forall n > 0$$

$$\text{ACT-2} \quad \frac{\mathcal{M} \xrightarrow{\alpha}_q \mathcal{M}'}{\overline{\iota : a^n} \rightarrowtail \mathcal{M} \xrightarrow{\alpha}_q \overline{\iota : a^n} \rightarrowtail \mathcal{M}'}$$

图 11.6　动作前缀语义规则

$$\text{FINAL} \quad \mathcal{B} \boxed{\overline{\iota : \odot}} \longrightarrow_1 |\mathcal{B}|$$

图 11.7　终止语义规则

$$\text{FORK-1} \quad \overline{\iota : Fork(\mathcal{M}_1, \mathcal{M}_2)}^n \longrightarrow_1 \overline{\iota : Fork(\overline{\mathcal{M}_1}, \overline{\mathcal{M}_2})}^{n-1} \quad \forall n > 0$$

$$\text{FORK-2} \quad \frac{\mathcal{M}_1 \xrightarrow{\alpha}_q \mathcal{M}_1'}{\overline{\iota : Fork(\mathcal{M}_1, \mathcal{M}_2)}^n \xrightarrow{\alpha}_q \overline{\iota : Fork(\mathcal{M}_1', \mathcal{M}_2)}^n}$$

$$\overline{\iota : Fork(\mathcal{M}_2, \mathcal{M}_1)}^n \xrightarrow{\alpha}_q \overline{\iota : Fork(\mathcal{M}_2, \mathcal{M}_1')}^n$$

图 11.8　分叉语义规则

$$\text{DEC-1} \quad \overline{\iota : Decision(\langle g \rangle \mathcal{M}_1, \langle \neg g \rangle \mathcal{M}_2)}^n \longrightarrow_1$$
$$\overline{\iota : Decision(\langle tt \rangle \overline{\mathcal{M}_1}, \langle ff \rangle \mathcal{M}_2)}^{n-1} \quad \forall n > 0$$

$$\text{DEC-2} \quad \overline{\iota : Decision(\langle g \rangle \mathcal{M}_1, \langle \neg g \rangle \mathcal{M}_2)}^n \longrightarrow_1$$
$$\overline{\iota : Decision(\langle ff \rangle \mathcal{M}_1, \langle tt \rangle \overline{\mathcal{M}_2})}^{n-1} \quad \forall n > 0$$

$$\text{DEC-3} \quad \frac{\mathcal{M}_1 \xrightarrow{\alpha}_q \mathcal{M}_1'}{\overline{\iota : Decision(\langle g \rangle \mathcal{M}_1, \langle \neg g \rangle \mathcal{M}_2)}^n \xrightarrow{\alpha}_q \overline{\iota : Decision(\langle g \rangle \mathcal{M}_1', \langle \neg g \rangle \mathcal{M}_2)}^n}$$

$$\overline{\iota : Decision(\langle g \rangle \mathcal{M}_2, \langle \neg g \rangle \mathcal{M}_1)}^n \xrightarrow{\alpha}_q \overline{\iota : Decision(\langle g \rangle \mathcal{M}_2, \langle \neg g \rangle \mathcal{M}_1')}^n$$

图 11.9　非概率守护决策语义规则

$$\text{PDEC-1} \quad \frac{\overline{l:Decision_p(\langle g\rangle\mathcal{M}_1,\langle\neg g\rangle\mathcal{M}_2)}^{\,n}\longrightarrow_p}{\overline{l:Decision_p(\langle tt\rangle\overline{\mathcal{M}}_1,\langle ff\rangle\mathcal{M}_2)}^{\,n-1}}\quad \forall n>0$$

$$\text{PDEC-2} \quad \frac{\overline{l:Decision_p(\langle g\rangle\mathcal{M}_1,\langle\neg g\rangle\mathcal{M}_2)}^{\,n}\longrightarrow_{1-p}}{\overline{l:Decision_p(\langle ff\rangle\mathcal{M}_1,\langle tt\rangle\overline{\mathcal{M}}_2)}^{\,n-1}}\quad \forall n>0$$

$$\text{PDEC-3} \quad \frac{\mathcal{M}_1\xrightarrow{\;\alpha\;}_q\mathcal{M}_1'}{\overline{l:Decision_p(\langle g\rangle\mathcal{M}_1,\langle\neg g\rangle\mathcal{M}_2)}^{\,n}\xrightarrow{\;\alpha\;}_q\overline{l:Decision_p(\langle g\rangle\mathcal{M}_1',\langle\neg g\rangle\mathcal{M}_2)}^{\,n}}$$

$$\overline{l:Decision_p(\langle g\rangle\mathcal{M}_2,\langle\neg g\rangle\mathcal{M}_1)}^{\,n}\xrightarrow{\;\alpha\;}_q\overline{l:Decision_p(\langle g\rangle\mathcal{M}_2,\langle\neg g\rangle\mathcal{M}_1')}^{\,n}$$

图 11.10　概率决策语义规则

$$\text{MERG-1} \quad \overline{l:Merge(\mathcal{M})}^{\,n}\longrightarrow_1\overline{l:Merge(\overline{\mathcal{M}})}^{\,n-1}\quad \forall n\geqslant 1$$

$$\text{MERG-2} \quad \frac{\mathcal{M}\xrightarrow{\;\alpha\;}_q\mathcal{M}'}{\overline{l:Merge(\mathcal{M})}^{\,n}\xrightarrow{\;\alpha\;}_q\overline{l:Merge(\mathcal{M}')}^{\,n}}$$

图 11.11　合并语义规则

$$\text{JOIN-1} \quad \mathcal{B}[\overline{l:x.Join(\mathcal{M})}^{\,n},\overline{l}^{\,k_x}\{x-1\}]\longrightarrow_1\mathcal{B}[l:x.Join(\overline{\mathcal{M}}),l\{x-1\}]\quad x>1;\ n,k_x\geqslant 1$$

$$\text{JOIN-2} \quad \overline{l:1.Join(\mathcal{M})}^{\,n}\longrightarrow_1\overline{l:1.Join(\overline{\mathcal{M}})}^{\,n-1}\quad n\geqslant 1$$

$$\text{JOIN-3} \quad \frac{\mathcal{M}\xrightarrow{\;\alpha\;}_q\mathcal{M}'}{\overline{l:x.Join(\mathcal{M})}^{\,n}\xrightarrow{\;\alpha\;}_q\overline{l:x.Join(\mathcal{M}')}^{\,n}}$$

图 11.12　汇合语义规则

定义 11.2　活动演算项 A 的概率迁移系统定义为元组 $T=(S,s_0,\xrightarrow{\;\alpha\;}_p)$，其中：

- S 是状态 s 的集合，每种状态表示与无标记项 A 相对应的 AC 项 B；

- 初始状态 $s_0 \in S$，表示项 $B_0 = \overline{A}$；

- $\xrightarrow{\;\alpha\;}_p \subseteq S \times \Sigma \cup \{o\} \times [0,1] \times S$ 为概率迁移关系，是满足 AC 操作语义规则的最小关系。用 $s_1 \xrightarrow{\;\alpha\;}_p s_2$ 来为 $\Sigma \cup \{o\} \times [0,1]$ 中的 $s_1, s_2 \in S$ 以及 (α, p) 指定 $(s_1,(\alpha,p),s_2)$ 形式的概率迁移。

令 e 为有标记项，并且 $f,f_1,\cdots,f_n$ 指定有标记（或无标记）子项。如果 f 是在 e 的定义中出现过的有效活动演算项，则 f 是 e 的一个子项（或子表达式），用 $e[f]$ 表示。用 $e[f\{x\}]$ 表示 f 恰好在表达式 e 中出现了 x 次。为了简便起见，令 $e[f\{1\}]=e[f]$。可以把这个符号推广到不止一个子项，即 $e[f,f_1,\cdots,f_n]$。例如，给定一个有标记项 $B=l{\rightarrowtail}\overline{l_1:a_1}{\rightarrowtail}l_2:a_2{\rightarrowtail}l_3:\odot$。用 $B[\overline{l_1:a_1}]$ 来指定 $\overline{l_1:a_1}$ 是 B 的一个子项。此外，用 $|B|$ 表示通过从有标记项 B 中移除标记（所有的上划线）得到的无标记活动演算项。

1. 初始语义规则

图 11.5 中的第一个规则（INIT-1）表示与项 $l{\rightarrowtail}N$ 有关的迁移。"初始节点中的令牌被提供给传出边"[188]。这是我们的语义使用 INIT-1 给出的解释，意味着如果对 l 进行了标记，该标记将传播到项 N 的其余部分，遍及其传出边。这一过程中所有动作均不可见且概率 $q=1$。如果子项 M 上的标记可以使用相同的迁移演进到另一个标记 M'，那么 INIT-2 允许通过执行动作 α 使标记在活动项的剩余部分中以 q 的概率从 $l{\rightarrowtail}M$ 演进到 $l{\rightarrowtail}M'$。

2. 动作前缀语义规则

图 11.6 中的第二个规则（ACT-2）涉及动作前缀。这些规则说明了表达式 $\overline{l:a^n}{\rightarrowtail}M$ 中令牌的可能进度。"执行完成某个动作后，可以执行后继节点。"[188] 相应地，ACT-1 指定了 $\overline{l:a^k}$ 中的令牌到子项 M 的进度，其中动作 a 终止了其执行。注意：ACT-1 支持多重令牌的情况，这符合"开始执行一项新的带有新到令牌的行为，即使该行为在令牌到达调用前就已经开始执行"的规范声明[188]。如果有标记子项 M 能够演进到 M'，那么 ACT-2 允许通过执行动作 α 使标记在活动项的剩余部分中以 q 的概率从 $\overline{l:a^n}{\rightarrowtail}M$ 演进到 $\overline{l:a^n}{\rightarrowtail}M'$。

3. 终止语义规则

活动终止语义规则如图 11.7 所示。"到达活动终止节点的令牌终止了活动。特别是，它会停止活动中所有正在执行的动作，并销毁所有令牌。"[188] 一旦被标记（一个令牌就足够了），活动终止节点就将突然强制终止活动中所有其他的正常流。相应地，FINAL 规定，如果 $\overline{l:\odot}$ 是有标记项 B 的一个子项，那么后者可以执行一个概率 $q=1$ 并且没有动作的迁移，这将导致从有标记活动项 B 中删除所有的上划线（令牌）。

4. 分叉语义规则

分叉语义规则如图 11.8 所示。"到达某个分叉的令牌在跨越传出边时进行复制。"[188] 因此，FORK-1 显示了在分叉表达式被标记的情况下，令牌传播到分叉子项的过程。分叉表达式被标记意味着在分叉节点的传入边上提供了一个或多个令牌。FORK-2 演示了两条对称的规则，它们显示了分叉表达式子项中标记的演进。根据活动图规范，"UML 2.0 活动分叉对不受限制的并行性进行了建模"，这与 UML 1.x 的早期语义形成了鲜明的对比。在后者中，并行流之间存在着必要的同步[188]。因此，标记根据左右子项上的交错语义进行异步的演进。

5. 决策语义规则

下一组规则涉及图 11.9 所示的非概率守护决策和图 11.10 所示的概率决策。对于非概率决策节点，规范文档规定："到达决策节点的每个令牌只能遍历一条传出边。对传出边的警戒进行评估，以确定应该遍历哪条边。"[188] DEC-1 和 DEC-2 描述了到达非概率决策节点的令牌的演进。对于概率决策节点，PDEC-1 和 PDEC-2 指定了到达概率决策节点的令牌遍历其中一个分支的可能性。这种选择是概率性的。标记将以 p 的概率（PDEC-1）传播到第一个分支，或以 $1-p$ 的概率（PDEC-2）传播到第二个分支。这符合规范的要求[187]。

规则 PDEC-3（分别为 DEC-3）对两个通过决策子项与标记演进相关的对称案例进行了分组。如果存在一种可能的迁移 $M_1 \xrightarrow{\alpha}_p M_1'$，并且 M_1 是 $\overline{l:Decision_p(\langle g \rangle M_1, \langle \neg g \rangle M_2)^n}$ 的一个子表达式，就可以推导出迁移 $\overline{l:Decision_p(\langle g \rangle M_1, \langle \neg g \rangle M_2)^n} \xrightarrow{\alpha}_q \overline{l:Decision_p(\langle g \rangle M_1', \langle \neg g \rangle M_2)^n}$

6. 合并语义规则

合并语义规则如图 11.11 所示。"传入边上提供的所有令牌都提供给传出边。不存在流的同步或令牌的汇合。"[188] 因此，MERG-1 规定，合并顶部的标记以 1 的概率演进，并且不对其子项 M 采取任何动作。如果存在像 $M \xrightarrow{\alpha}_q M'$ 这样的可能迁移，那么 MERG-2 允许标记以 $\overline{l:Merge(M)^n}$ 的形式演进。

7. 汇合语义规则

汇合语义规则如图 11.12 所示。"如果所有的传入边上都提供了一个令牌，那么在传出边上就提供一个控制令牌。"[188] JOIN-1 和 JOIN-2 描述了一个令牌在汇合定义表达式顶上的传播，即 $\overline{l:x. Join(M)^n}$ 以及引用标签。与合并节点不同，汇合遍历需要标记所有到其自身的引用，文献［188］使用"汇合规范"需求对这一点进行了描述。更准确地说，必须标记所有与 AC 项中给定汇合节点相对应的子项 l，包括汇合自身的定义，以便令牌能够前进到表达式的其余部分。子项 l 在整个有标记项中出现的次数是已知的，并且对应于 $x-1$ 的数值。如果是这样的话，那么只有一个控制令牌以概率 $q=1$ 传播到后续的子项 M。此外，文献［188］指出"同一条传入边上提供的多重控制令牌在遍历之前组合成一个令牌"，这在 JOIN-1 中有所指定。JOIN-2 对应于 $x = 1$ 这一特殊情况。根据文献［188］，在具有单个传入边的汇合节点的使用上不设定任何限制，即使该节点被限定为无用的。规则 JOIN-3 显示了 $\overline{l:x.\,Join(M)}^n$ 中的标记到 $\overline{l:x.\,Join(M')}^n$ 的可能演进，前提是如果 M 中的标记以相同的迁移演进到 M'。

11.2　案 例 研 究

本节给出一个 SysML 活动图的案例研究，描述了 ATM 系统上与银行操作相对应的行为假想设计，如图 11.13 所示。首先展示如何能够使用 AC 语言来表达活动图，然后演示提出的形式化语义的优势和作用。

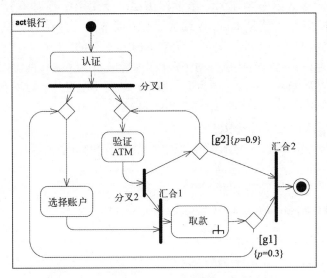

图 11.13　案例研究：某个银行操作的活动图

可以使用结构化活动节点来对活动图中的动作进行细化，用以扩展它们的内部行为。例如，图 11.13 中标签为取款的节点实际上是一个结构化节点，用来调用如图 11.4 中所示的活动图。通过使用先前定义过的操作语义，可以对设计的组成进行评估。例如，首先抽象出详细的活动，并且对全局行为进行验证，然后对细化后的行为进行评估。组合性和抽象特性允许在验证过程不打折扣的情况下对实际系统进行处理。例如，考虑如图 11.13 所示的活动图，并假设 Withdraw（取款）动作是一个原子动作，用缩写字母 d 表示。此外，分别将动作 Authentication（认证）、Verify ATM（验证 ATM）以及 Choose account

（选择账户）缩写为动作 a、b 以及 c，则对应的无标记项 A_1 如下：

$\mathcal{A}_1 = l \rightarrowtail l_1 : a \rightarrowtail l_2 : \text{Fork}(\mathcal{N}_1, l_{12})$

$\mathcal{N}_1 = l_3 : \text{Merge}(l_4 : b \rightarrowtail l_5 : \text{Fork}(\mathcal{N}_2, \mathcal{N}_3))$

$\mathcal{N}_2 = l_6 : \text{Decision}_{0.9}(\langle g2 \rangle l_3, \langle \neg g2 \rangle l_7 : 2. \text{Join}(l_8 : \odot))$

$\mathcal{N}_3 = l_9 : 2. \text{Join}(l_{10} : d \rightarrowtail \mathcal{N}_4)$

$\mathcal{N}_4 = l_{11} : \text{Decision}_{0.3}(\langle g1 \rangle \mathcal{N}_5, \langle \neg g1 \rangle l_7)$

$\mathcal{N}_5 = l_{12} : \text{Merge}(l_{13} : c \rightarrowtail l_9)$

缩写是为了简化 AC 项的演示。警戒 $g1$ 表示在评估结果为 true 的情况下触发新操作的可能性，警戒 $g2$ 表示评估连接状态的结果。将操作规则应用于有标记 $\overline{A_1}$，就可以派生出导致死锁的运行，这意味着到达了一种配置，其中对表达式进行了标记，但是未取得任何进展（没有操作规则可以应用）。这一派生可能会揭示活动图中存在的一个设计错误，仅使用检查时不容易发现该错误。即使有人怀疑可能是 Join2 导致了之前决策节点的存在所引发的死锁，但死锁实际上是由另一个汇合节点（节点 Join1）引起的。

更准确地说，运行包括执行动作 c（因为警戒 $g1$ 为 true）两次以及执行动作 b（$g2$ 被评估为 false）一次。派生运行所得到的死锁配置具有以下有标记子项：

$\mathcal{M}_2 = l_6 : \text{Decision}_{0.9}(\langle g2 \rangle l_3, \langle \neg g2 \rangle \overline{l_7} : \text{Join}(l_8 : \odot))$

$\mathcal{M}_5 = l_{12} : \text{Merge}(l_{13} : c \rightarrowtail \overline{l_9})$

图 11.14 和图 11.15 显示了导致这种死锁配置的可能的派生运行如下：

$$\overline{\mathcal{A}_1} = \overline{\iota} \rightarrowtail l_1 : a \rightarrowtail l_2 : \text{Fork}(\mathcal{N}_1, l_{12})$$

$$\longrightarrow_1 \iota \rightarrowtail \overline{l_1 : a} \rightarrowtail l_2 : \text{Fork}(\mathcal{N}_1, l_{12})$$

$$\overset{a}{\longrightarrow}_1 \iota \rightarrowtail l_1 : a \rightarrowtail \overline{l_2 : \text{Fork}(\mathcal{N}_1, l_{12})}$$

$$\longrightarrow_1 \iota \rightarrowtail l_1 : a \rightarrowtail l_2 : \text{Fork}(\overline{\mathcal{N}_1}, \overline{l_{12}})$$

$$\longrightarrow_1 \iota \rightarrowtail l_1 : a \rightarrowtail l_2 : \text{Fork}(l_3 : \text{Merge}(\overline{l_4 : b} \rightarrowtail l_5 : \text{Fork}(\mathcal{N}_2, \mathcal{N}_3)), \overline{l_{12}})$$

$$\overset{b}{\longrightarrow}_1 \iota \rightarrowtail l_1 : a \rightarrowtail l_2 : \text{Fork}(l_3 : \text{Merge}(l_4 : b \rightarrowtail \overline{l_5 : \text{Fork}(\mathcal{N}_2, \mathcal{N}_3)}), \overline{l_{12}})$$

$$\longrightarrow_1 \iota \rightarrowtail l_1 : a \rightarrowtail l_2 : \text{Fork}(l_3 : \text{Merge}(l_4 : b \rightarrowtail l_5 : \text{Fork}(\overline{\mathcal{N}_2}, \overline{\mathcal{N}_3})), \overline{l_{12}})$$

$$\longrightarrow_{0.1} \iota \rightarrowtail l_1 : a \rightarrowtail l_2 : \text{Fork}(l_3 : \text{Merge}(l_4 : b \rightarrowtail l_5 : \text{Fork}($$
$$l_6 : \text{Decision}_{0.9}(\langle g2 \rangle l_3, \langle \neg g2 = tt \rangle \overline{l_7 : 2. \text{Join}(l_8 : \odot)}), \overline{\mathcal{N}_3})), \overline{l_{12}})$$

$$\longrightarrow_1 \iota \rightarrowtail l_1 : a \rightarrowtail l_2 : \text{Fork}(l_3 : \text{Merge}(l_4 : b \rightarrowtail l_5 : \text{Fork}($$
$$l_6 : \text{Decision}_{0.9}(\langle g2 \rangle l_3, \langle \neg g2 \rangle \overline{l_7 : 2. \text{Join}(l_8 : \odot)}), l_9 : 2. \text{Join}($$
$$l_{10} : d \rightarrowtail l_{11} : \text{Decision}_{0.3}(\langle g1 \rangle l_{12} : \text{Merge}(\overline{l_{13} : c} \rightarrowtail l_9), \langle \neg g1 \rangle l_7)))), \overline{l_{12}})$$

图 11.14　导致死锁的派生运行——第一部分

这是通过将 AC 操作语义规则应用在项$\overline{A_1}$上获得的，其中项$\overline{A_1}$对应于概率迁移系统的初始状态。该运行代表了与图 11. 13 所示活动图的语义模型相对应的概率迁移系统中的单一路径。用非形式化语言来说，死锁的发生是因为汇合节点 join1 和 join2 都正在等待一个令牌，该令牌永远不会在它们的任何一条传入边上传递。由于不能应用任何规则，因此无法从死锁配置中获得任何可能的令牌进程。

$$
\begin{aligned}
&\xrightarrow{c}_1 \iota \rightarrowtail l_1 : a \rightarrowtail l_2 : \mathtt{Fork}(l_3 : \mathtt{Merge}(l_4 : b \rightarrowtail l_5 : \mathtt{Fork}(\\
&\quad l_6 : \mathtt{Decision}_{0.9}(\langle g2 \rangle\, l_3, \langle \neg g2 \rangle\, \overline{l_7 : 2.\mathtt{Join}(l_8 : \odot))}, \overline{l_9 : 2.\mathtt{Join}(}\\
&\quad \overline{l_{10} : d \rightarrowtail l_{11} : \mathtt{Decision}_{0.3}(\langle g1 \rangle\, l_{12} : \mathtt{Merge}(l_{13} : c \rightarrowtail \overline{l_9})},\\
&\qquad\qquad \overline{\langle \neg g1 \rangle\, l_7})))), l_{12})
\end{aligned}
$$

$$
\begin{aligned}
&\longrightarrow_1 \iota \rightarrowtail l_1 : a \rightarrowtail l_2 : \mathtt{Fork}(l_3 : \mathtt{Merge}(l_4 : b \rightarrowtail l_5 : \mathtt{Fork}(\\
&\quad l_6 : \mathtt{Decision}_{0.9}(\langle g2 \rangle\, l_3, \langle \neg g2 \rangle\, \overline{l_7 : 2.\mathtt{Join}(l_8 : \odot))}, l_9 : 2.\mathtt{Join}(\\
&\quad \overline{l_{10} : d} \rightarrowtail l_{11} : \mathtt{Decision}_{0.3}(\langle g1 \rangle\, l_{12} : \mathtt{Merge}(l_{13} : c \rightarrowtail l_9),\\
&\qquad\qquad \langle \neg g1 \rangle\, l_7)))), l_{12})
\end{aligned}
$$

$$
\begin{aligned}
&\xrightarrow{d}_1 \iota \rightarrowtail l_1 : a \rightarrowtail l_2 : \mathtt{Fork}(l_3 : \mathtt{Merge}(l_4 : b \rightarrowtail l_5 : \mathtt{Fork}(\\
&\quad l_6 : \mathtt{Decision}_{0.9}(\langle g2 \rangle\, l_3, \langle \neg g2 \rangle\, \overline{l_7 : 2.\mathtt{Join}(l_8 : \odot))}, l_9 : 2.\mathtt{Join}(\\
&\quad l_{10} : d \rightarrowtail \overline{l_{11} : \mathtt{Decision}_{0.3}(\langle g1 \rangle\, l_{12} : \mathtt{Merge}(l_{13} : c \rightarrowtail l_9)},\\
&\qquad\qquad \overline{\langle \neg g1 \rangle\, l_7})))), l_{12})
\end{aligned}
$$

$$
\begin{aligned}
&\longrightarrow_{0.3} \iota \rightarrowtail l_1 : a \rightarrowtail l_2 : \mathtt{Fork}(l_3 : \mathtt{Merge}(l_4 : b \rightarrowtail l_5 : \mathtt{Fork}(\\
&\quad l_6 : \mathtt{Decision}_{0.9}(\langle g2 \rangle\, l_3, \langle \neg g2 \rangle\, \overline{l_7 : 2.\mathtt{Join}(l_8 : \odot))}, l_9 : 2.\mathtt{Join}(\\
&\quad l_{10} : d \rightarrowtail l_{11} : \mathtt{Decision}_{0.3}(\langle g1 \rangle\, \overline{l_{12} : \mathtt{Merge}(l_{13} : c \rightarrowtail l_9)},\\
&\qquad\qquad \langle \neg g1 \rangle\, l_7)))), l_{12})
\end{aligned}
$$

$$
\begin{aligned}
&\longrightarrow_1 \iota \rightarrowtail l_1 : a \rightarrowtail l_2 : \mathtt{Fork}(l_3 : \mathtt{Merge}(l_4 : b \rightarrowtail l_5 : \mathtt{Fork}(\\
&\quad l_6 : \mathtt{Decision}_{0.9}(\langle g2 \rangle\, l_3, \langle \neg g2 \rangle\, \overline{l_7 : 2.\mathtt{Join}(l_8 : \odot))}, l_9 : 2.\mathtt{Join}(\\
&\quad l_{10} : d \rightarrowtail l_{11} : \mathtt{Decision}_{0.3}(\langle g1 \rangle\, l_{12} : \mathtt{Merge}(\overline{l_{13} : c} \rightarrowtail l_9),\\
&\qquad\qquad \langle \neg g1 \rangle\, l_7)))), l_{12})
\end{aligned}
$$

$$
\begin{aligned}
&\xrightarrow{c}_1 \iota \rightarrowtail l_1 : a \rightarrowtail l_2 : \mathtt{Fork}(l_3 : \mathtt{Merge}(l_4 : b \rightarrowtail l_5 : \mathtt{Fork}(\\
&\quad l_6 : \mathtt{Decision}_{0.9}(\langle g2 \rangle\, l_3, \langle \neg g2 \rangle\, \overline{l_7 : 2.\mathtt{Join}(l_8 : \odot))}, l_9 : 2.\mathtt{Join}(\\
&\quad l_{10} : d \rightarrowtail l_{11} : \mathtt{Decision}_{0.3}(\langle g1 \rangle\, l_{12} : \mathtt{Merge}(l_{13} : c \rightarrowtail \overline{l_9}),\\
&\qquad\qquad \langle \neg g1 \rangle\, l_7)))), l_{12})
\end{aligned}
$$

图 11. 15　导致死锁的派生运行——第二部分

11.3　马尔可夫决策过程

以 PTS 为基础与给定 SysML 活动图的语义模型相对应的 MDP 可以使用以

下定义来进行描述。

定义 11.3 以概率迁移系统 $T=(S,s_0,\xrightarrow{\alpha}_p)$ 为基础的马尔可夫决策过程 M_T 为元组 $M_T=(S,s_0,Act,Steps)$，其中：

（1）$Act=\Sigma\cup\{o\}$。

（2）$Steps:S\rightarrow 2^{Act\times Dist(S)}$ 是在 S 上定义的概率迁移函数，对于每个 $s\in S$，$Steps(s)$ 都有以下定义：

① 对于每个迁移集 $\Gamma_\alpha=\left\{s\xrightarrow{\alpha}_{p_j}s_j,j\in J,p_j<1,\text{ 且 }\sum\limits_j p_j=1\right\}$，$(\alpha,\mu_\Gamma)\in Steps(s)$，使得对于 $s'\in S\backslash\{s_j\}_{j\in J}$，有 $\mu_\Gamma(s_j)=p_j$ 以及 $\mu_\Gamma(s')=0$。

② 对于每个迁移 $\tau=s\xrightarrow{\alpha}_1 s'$，$(\alpha,\mu_\tau)\in Steps(s)$，使得对于 $s\neq s'$，有 $\mu_\tau(s')=1$ 以及 $\mu_\tau(s)=0$。

11.4 小　　结

本章定义了一种概率演算，又称为活动演算。后者允许以代数的形式表示 SysML 活动图，并使用操作语义框架提供其形式化的语义基础。我们的演算不仅证明了第 10 章中介绍的转译算法的合理性，而且为使用 SysML 活动图的形式化语义搜索其他属性和应用程序开辟了新的方向。第 12 章将定义 PRISM 规范语言的形式化语法和语义，并检查将 SysML 活动图映射到 PRISM MDP 的推荐转译算法的合理性。

第 12 章　转译算法的合理性

本章的主要目标是检查转译程序的正确性，该程序将 SysML 活动图映射为 PRISM 的输入语言。为了提供系统的证明，依靠形式化方法来获得坚实的数学基础。为此，需要四种主要的组分：一是需要形式化地表示转译算法，这使得它的操作能够向前派生出相应的证明；二是需要定义 SysML 活动图的形式化语法和语义，这已经在第 11 章中通过活动演算语言提出；三是定义 PRISM 输入语言的形式化语法和语义；四是需要一个合适的关系来对比活动图的语义与生成的 PRISM 模型的语义。

12.1 节给出使用的符号开始。12.2 节解释建立正确性证明所使用的方法。12.3 节描述 PRISM 输入语言的形式化语法和语义定义。12.4 节专门讨论如何使用函数式核心语言来形式化转译算法。12.6 节定义了一个马尔可夫决策过程上的仿真关系，该关系可以用于对比 SysML 活动图及其相应 PRISM 模型的语义。12.7 节给出了合理性定理，它形式化地定义了转译算法的合理性，其中我们提供了相关证明的细节。

12.1　符　　号

多重集用符号 (A,m) 表示，其中 A 是底层元素集，$m:A{\rightarrow}\mathrm{IN}$ 是将 IN 中的正自然数与集合 A 中的每个元素关联在一起的多重函数。对于每个元素 $a\in A$，$m(a)$ 表示 a 出现的次数。符号 $\{|\,|\}$ 用于指定空的多重集，而 $\{|\,a{\rightarrow}n\,|\}$ 表示包含出现次数为 $m(a)=n$ 的元素 a 的多重集。操作符 $\uplus$ 表示两个多重集的并集，于是如果 (A_1,m_1) 和 (A_2,m_2) 是两个多重集，那么两个的并集也是一个多重集 $(A,m)=(A_1,m_1)\uplus(A_2,m_2)$。于是，有 $A=A_1\cup A_2$，并且 $\forall a\in A$，有 $m(a)=m_1(a)+m_2(a)$。

在可数集 S 上的离散概率分布是一个函数 $\mu:S{\rightarrow}[0,1]$，使得 $\sum_{s\in S}\mu(s)=1$，其中 $\mu(S)$ 表示 s 在 μ 分布下的概率。分布 μ 的支持是集合 $Supp(\mu)=\{s\in S:\mu(s)>0\}$。对于 $s\in S$，用 μ_s^1 来指定一种概率分布，该分布将概率 1 赋给 s，将概率 0 赋给 S 中的任一其他元素。当 $\sum_{s\in S}\mu(s)<1$ 时，也考虑了子分布 μ，

并且 μ_s^λ 表示一种概率分布，该分布将概率 λ 赋给 s，将概率 0 赋给 S 中的任一其他元素。S 上的概率分布集用 $Dist(S)$ 表示。

12.2 方 法 论

令 A 为给定 SysML 活动图对应的无标记 AC 项。令 P 为用 PRISM 输入语言编写的对应的 PRISM 模型描述。用 F 表示将 A 映射到 P 的转译算法，即 $F(A)=P$。如果用 S 表示与每个 SysML 活动图的形式化含义相关联的语义函数，$S(A)$ 就表示了对应的语义模型。根据我们之前的结果，活动图的语义可以表示为定义 11.3 中给出的 MDP。用符号 $S(A)=M_A$ 来表示它。类似地，令 S' 为与描述活动图形式化语义的 PRISM 模型相关联的语义函数。由于正在处理 MDP 模型，$S'(P)=M_P$ 表示了 P 的 MDP 语义。

本节的主要目标是证明转译算法对于 SysML 活动图语义的正确性。这可以简化为证明如图 12.1 所示的可交换性。为此，定义一种关系，可以用它来比较 M_P 和 M_A。令符号"$\approx$"来表示这种关系，目的是证明存在着这样一种关系，使得 $M_P \approx M_A$。

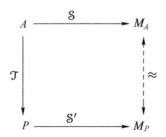

图 12.1　证明转译正确性的方法

12.3　PRISM 输入语言的形式化

本节描述 PRISM 输入语言的形式化语法和语义。为了做到这一点，大大简化了出于证明目的而对转译算法输出所做的操作。此外，为 PRISM 语言量身定义的形式化语义导致了更准确的合理性概念和更严格的证明。在文献查询过程中，我们没有在这个方向发现其他原创性的想法。

12.3.1　语法

PRISM 输入语言的形式化语法在图 12.2 和图 12.3 中以 BNF 的格式给出。PRISM 模型，即 *prism_model*，起始于模型类型 *model_type*（MDP、CTMC 或 DTMC）的规范化。模型由两个主要部分组成：一是与模型相对应的常量、公式以及全局变量的声明；二是对组成模型的模块所做的规范，每个模块由一组局部变量声明以及一组命令组成。

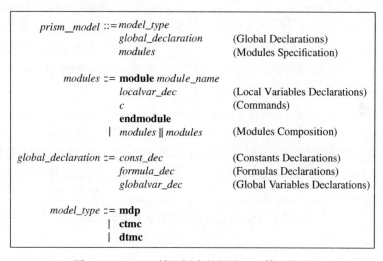

图 12.2　PRISM 输入语言的语法——第一部分

　　之所以关注命令，是因为它们描述了模型的内在行为。对常量、公式、局部和全局变量声明没有给出详细的形式化描述，因为它们应该是预先确定的，并且先于命令的实际定义生成。此外，假设每个变量声明都包含一个初值。用 x_0 表示变量 x 的初值。

　　命令 c 的形式是 $[\alpha]\omega \rightarrow u$，其中 α 表示命令的动作标签，ω 是对应的（布尔）警戒，u 作为其更新，表示了命令对变量值的影响。更新被构建为在多个单元更新 d_i 上的概率选择，用符号 $\sum_{i \in I} \lambda_i : d_i$ 表示，于是有 $\sum_{i \in I} \lambda_i = 1$。给定的单元更新 d 是形式 $x' = e$ 的赋值组合，其中 x' 表示变量 x 的新值，e 表示模型变量、常量和/或公式的表达式。因此，需要变量 x 和表达式 e 在类型上保持一致。一个细微的更新单元 *skip* 代表不影响变量值的更新。最后，使用模型变量和公式上的逻辑表达式构建了一个警戒 w。

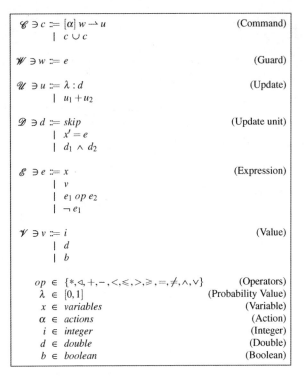

$$\mathscr{C} \ni c ::= [\alpha]\, w \rightharpoonup u \qquad\qquad \text{(Command)}$$
$$\mid c \cup c$$

$$\mathscr{W} \ni w ::= e \qquad\qquad\qquad\qquad \text{(Guard)}$$

$$\mathscr{U} \ni u ::= \lambda : d \qquad\qquad\qquad \text{(Update)}$$
$$\mid u_1 + u_2$$

$$\mathscr{D} \ni d ::= skip \qquad\qquad\qquad \text{(Update unit)}$$
$$\mid x' = e$$
$$\mid d_1 \wedge d_2$$

$$\mathscr{E} \ni e ::= x \qquad\qquad\qquad\qquad \text{(Expression)}$$
$$\mid v$$
$$\mid e_1 \, op \, e_2$$
$$\mid \neg e_1$$

$$\mathscr{V} \ni v ::= i \qquad\qquad\qquad\qquad \text{(Value)}$$
$$\mid d$$
$$\mid b$$

$$op \in \{*, \triangleleft, +, -, <, \leqslant, >, \geqslant, =, \neq, \wedge, \vee\} \quad \text{(Operators)}$$
$$\lambda \in [0, 1] \qquad\qquad\qquad \text{(Probability Value)}$$
$$x \in variables \qquad\qquad \text{(Variable)}$$
$$\alpha \in actions \qquad\qquad\quad \text{(Action)}$$
$$i \in integer \qquad\qquad\quad \text{(Integer)}$$
$$d \in double \qquad\qquad\quad \text{(Double)}$$
$$b \in boolean \qquad\qquad \text{(Boolean)}$$

图 12.3　PRISM 输入语言的语法——第二部分

12.3.2　操作语义

　　本节将重点放在用 PRISM 输入语言编写的一个程序的语义上，它将我们自身限制在具有 MDP 语义的片段上。紧随 SOS 的风格，定义了 PRISM 语言的操作语义[201]。我们认为，PRISM 模型由单个的系统模块组成，因为任何被描述为一组模块组合的 PRISM 模型可以根据文献［203］中描述的一组结构规则简化为单个的模块系统。在单个模块的情况下，给命令作标签的动作不如在多重模块的情况下有用。

　　配置表示系统在演进过程中某个特定时刻的状态。它以序偶$\langle e, s \rangle$的形式构建，其中 e 表示将要执行的命令集，s 表示关联存储，通过建模被使用的内存来跟踪与系统变量相关联的当前值。令 V 为值集，S 为存储集，集合元素包括 s、s_1、s_2 等。用符号 $s[x \rightarrowtail v_x]$ 表示赋值 v_x 给变量 x 以及赋值 $s(y)$ 给变量 $x \neq y$ 的存储 s。用符号 $[[\_]](\_)$ 表示用来评估图 12.3 中定义的表达式或警戒的语义函数。令 E 为表达式集，W 为警戒集。有函数 $[[\_]](\_) : E \cup W \rightarrow S \rightarrow V$，

它取表达式 e（或警戒）以及存储 s 作为参数，并返回表达式 e 的值，其中每个变量 x 都由 $S(x)$ 解释。

定义了一个辅助函数 $f(\_)(\_):Dist(S)\rightarrow Dist(S)\rightarrow Dist(S)$，于是 $\forall \mu_1,\mu_2 \in Dist(S)$，有

$$f(\mu_1)(\mu_2)=\mu=\begin{cases}\sum\limits_{\substack{i\in I,\\s_i=s}}\mu_1(s_i)\sum\limits_{\substack{i\in I,\\s_i=s}}\mu_1(s_i)\\0,\qquad \text{其他}\end{cases}$$

图 12.4 列出了对应于 PRISM 模型操作语义的推理规则。基本上，规则（SKIP）表明细微的单元更新 $skip$ 不会影响存储（变量值）。规则（UPD-EVAL）表示了通过评估表达式赋新值给变量 x 对存储 s 的影响。规则（UPD-PROCESSING）用于在 $\langle d_1,s\rangle$ 评估给定的情况下合取更新 $\langle d_1 \wedge d_2,s\rangle$。单元更新 d_2 应用在使用单元更新 d_1 所导致的存储 s_1 上。该规则允许递归地应用单元更新，直到处理完 $\lambda:d$ 形式的更新的所有组件为止，这导致了一种新的系统状态，即一种反映系统新变量值的新型存储。规则（PROB-UPD）表示对系统上概率更新的处理。$\langle\lambda:d,s\rangle$ 的处理结果是一种概率子分布，它将概率 λ 与应用更新获得的存储 s_1 关联在一起。如果 $\lambda<1$，概率分布的定义就是不完整的，因为它是相关命令更新上概率选择的一部分。

$$
\begin{array}{ll}
(\text{SKIP}) & \langle skip,s\rangle\rightarrow s \\[2ex]
(\text{UPD-EVAL}) & \langle x'=e,s\rangle\rightarrow s[x\mapsto [\![e]\!](s)] \\[2ex]
(\text{UPD-PROCESSING}) & \dfrac{\langle d_1,s\rangle\rightarrow s_1}{\langle d_1\wedge d_2,s\rangle\rightarrow\langle d_2,s_1\rangle} \\[3ex]
(\text{PROB-UPD}) & \dfrac{\langle d,s\rangle\rightarrow s_1}{\langle\lambda:d,s\rangle\rightarrow\mu^{\lambda}_{s_1}} \\[3ex]
(\text{PROBCHOICE-UPD}) & \dfrac{\langle u_1,s\rangle\rightarrow\mu_1 \qquad \langle u_2,s\rangle\rightarrow\mu_2}{\langle u_1+u_2,s\rangle\rightarrow f(\mu_1)(\mu_2)} \\[3ex]
(\text{ENABLED-CMD}) & \dfrac{[\![w]\!](s)=true}{\langle[\alpha]\,w\rightarrow u,s\rangle\xrightarrow{\alpha}\langle u,s\rangle} \\[3ex]
(\text{CMD-PROCESSING}) & \dfrac{\langle c,s\rangle\xrightarrow{\alpha}\langle u,s\rangle \qquad \langle u,s\rangle\rightarrow\mu}{\langle\{c\}\cup C,s\rangle\xrightarrow{\alpha}\langle\{c\}\cup C,\mu\rangle}
\end{array}
$$

图 12.4　PRISM 输入语言的语义推理规则

规则（PROBCHOICE-UPD）将不同更新之间的概率选择处理成结果存储集上的一种概率分布。它使用函数 f 以便从部分概率分布定义出发来构建结果概率分布，在这一过程中考虑了不同的更新可能导致相同的存储这种可能。规则（ENABLED-CMD）用于评估某一给定命令的警戒，并且如果其相应的警戒为真，就允许执行该命令。规则（CMD-PROCESSING）规定如果对于给定的存储 s，命令被非确定性地从允许命令集（因为它们的警戒为真）中选出（第一个前提），并且如果相应的更新集导致了概率分布 μ（第二个前提），那么可以从配置 $\langle \{c\} \cup C, s \rangle$ 出发来触发转译，从而生成一组新的可能配置，其中所有的可达状态都使用概率分布 μ 来定义。

PRISM MDP 程序 P 的操作语义由 MPD M_p 提供，其中状态的形式为 $\langle e, s \rangle$，初始状态为 $\langle e, s_0 \rangle$，于是 s_0 为初始存储，其中每个变量都被赋予了默认值，动作集的元素为标记命令的动作，并且概率迁移关系由图 12.4 中的规则（CMD-PROCESSING）获得，于是有 $Step(s) = (\alpha, \mu)$。从配置中删除了命令集 e，并且简单地用 $s \xrightarrow{\alpha} \mu$ 来表示 $Steps(s)$。

12.4　形式化转译

本节将重点讨论如何使用 PRISM 的输入语言将 SysML 活动图形式化地转译为相应的 MDP。在第 9 章中已介绍用命令式语言编写的转译算法，它表示一种实现代码的抽象。为了简化对转译算法所做的分析，需要将其表达为一些函数式核心语言。后者允许对程序作断言，并且与用命令式语言编写的转译算法相比，更容易证明其正确性。因此，使用 ML 函数式语言[101]。转译算法的输入对应于形式化表示 SysML 活动图结构的 AC 项。转译算法的输出为 PRISM MDP 模型。后者包含变量声明以及封装在主模块中的 PRISM 命令集两个部分。假设变量、常量和公式的声明与使用我们算法的实际转译是分开执行的。

在详细介绍转译算法之前，首先澄清关于模型中常量、公式和变量的选择，以及它们与关系图中元素之间的对应关系。首先，需要定义一个整数型常量，即 max_inst，用来指定受支持执行实例的最大数量（控制令牌的最大数量）。可能接收令牌的每个节点（动作或控制）都与一个整数型变量相关联，该变量值在区间 $[0, max\_inst]$ 内变化。在特殊情况下，流终止节点是唯一没有表示在 PRISM 模型中的节点，因为它们只吸收到达它们的令牌。在某个时间点上赋给每个变量的值表示对应活动节点上的激活实例数。未激活的活动节点将其对应的变量赋值为 0。达到活动实例最大支持数的活动节点将其对应的变量赋值为最大值 max_inst。但是，这个规则也有两个例外：第一个例外对应于初始节点和终止节点；第二个例外对应于汇合节点。

　　首先，每个初始节点和终止节点都与一个整数型变量相关联，该变量取 0 或 1 两个可能的数值。这是因为这些节点都应该具有布尔状态（激活或未激活）。其次，由于对汇合条件的特定处理，汇合节点也代表了一种例外情况。后者规定，每个传入边都必须接收至少一个控制令牌，以便单独生成一个遍历汇合节点的令牌。因此，为汇合节点的每个传入边都赋予了一个整数型变量。它们的数值在区间 $[0, max\_inst]$ 上获得。然后，给汇合节点赋予了一个布尔公式，用来表示汇合条件。这个公式是布尔条件的合取，规定每个与传入边相关联的变量的数值都必须大于或等于 1。最后，还考虑了所有决策节点的警戒。这些有助于描述将在模型上进行验证的属性。因此，为决策节点的每个布尔警戒都赋予了一个布尔 PRISM 变量。

　　使用与活动演算项中定义的活动节点相关联的标签作为它们对应 PRISM 变量的标识符。对于特殊的情况（指初始节点、终止节点和汇合节点），使用其他适当的符号。对于初始节点和终止节点，分别使用变量标识符 l_i 和 l_f。AC 项中的汇合节点要么用子项 $l: x.join(N)$ 表示汇合的定义，要么用 l 表示对每个传入边的引用，于是需要给 x 个不同的变量赋值。因此，使用标签 l 加上一个整数 k，于是有 $k \in [1, x]$，这就形成了一个与每个传入边相关联的变量 $l[k]$。按照惯例，使用 $l[1]$ 来指定与 $l: x.join(N)$ 相关的变量。用符号 L_A 表示与 AC 项 A 相关联的标签集，代表相应 MDP 模型中变量的标识符。

　　使用图 12.3 中给出的语法定义来形式化地表示生成的 PRISM 命令 c。表 12.1 描述了用 Γ 表示的主映射函数。它使用列表 12.2 中描述的函数 ε。它还使用了一个实用函数 L 来标识 AC 项元素的标签。这两个主要函数的签名在它们各自的列表中均有所提供。用 AC 表示无标记 AC 项的集合，用 $\overline{AC}$ 表示有标记 AC 项的集合。令 L 为标签 l 的通用集。此外，令 C 为命令 c 的集合，W 为警戒表达式 w 的集合，Act 为动作 α 的集合，D 为更新单元 d 的集合。

表 12.1 形式化 SysML 活动图的转译算法

$$\mathcal{T}:\ \mathcal{AC} \rightarrow \mathcal{C}$$
$$\mathcal{T}(\mathcal{N}) \ =\ \text{Case}\ (\mathcal{N})\ \textbf{of}$$

$\iota \rightarrowtail \mathcal{N}' \quad \Rightarrow\ \textbf{let}$
$$c \ =\ \mathcal{E}(\mathcal{N}')(l_\iota = 1)(l'_\iota = 0)(1.0)(l_\iota)$$
$\textbf{in}$
$$\{c\}\ \bigcup\ \mathcal{T}(\mathcal{N}')$$
$\textbf{end}$

$l:a \rightarrowtail \mathcal{N}' \quad \Rightarrow\ \textbf{let}$
$$c \ =\ \mathcal{E}(\mathcal{N}')(l > 0)(l' = l - 1)(1.0)(l)$$
$\textbf{in}$
$$\{c\}\ \bigcup\ \mathcal{T}(\mathcal{N}')$$
$\textbf{end}$

$l:Merge(\mathcal{N}') \ \Rightarrow\ \textbf{let}$
$$c \ =\ \mathcal{E}(\mathcal{N}')(l > 0)(l' = l - 1)(1.0)(l)$$
$\textbf{in}$
$$\{c\}\ \bigcup\ \mathcal{T}(\mathcal{N}')$$
$\textbf{end}$

$l:x.Join(\mathcal{N}') \ \Rightarrow\ \textbf{let}$
$$c = \mathcal{E}(\mathcal{N}')(\bigwedge_{1\leqslant k \leqslant x}(l[k] > 0))(\bigwedge_{1\leqslant k \leqslant x}(l[k]' = 0))(1.0)(l[1])$$
$\textbf{in}$
$$\{c\}\ \bigcup\ \mathcal{T}(\mathcal{N}')$$
$\textbf{end}$

$l:Fork(\mathcal{N}_1,\ \mathcal{N}_2) \ \Rightarrow\ \textbf{let}$
$$[\alpha]w \rightharpoonup \lambda:d \ =\ \mathcal{E}(\mathcal{N}_1)(l > 0)(l' = l - 1)(1.0)(l)$$
$\textbf{in}$
$\quad \textbf{let}$
$$c \ =\ \mathcal{E}(\mathcal{N}_2)(w)(d)(\lambda)(\alpha)$$
$\quad \textbf{in}$
$$\{c\}\ \bigcup\ \mathcal{T}(\mathcal{N}_1)\ \bigcup\ \mathcal{T}(\mathcal{N}_2)$$
$\quad \textbf{end}$
$\textbf{end}$

$l:Decision_p(\langle g\rangle\ \mathcal{N}_1,\ \langle \neg g\rangle\ \mathcal{N}_2) \ \Rightarrow\ \textbf{let}$
$$[\alpha_1]w_1 \rightharpoonup \lambda_1:d_1 = \mathcal{E}(\mathcal{N}_1)(l > 0)((l' = l - 1)\wedge(g' = tt))(p)(l)$$
$$[\alpha_2]w_2 \rightharpoonup \lambda_2:d_2 =$$
$$\mathcal{E}(\mathcal{N}_2)(tt)((l' = l - 1)\wedge(g' = ff))(1 - p)(l)$$
$\textbf{in}$
$$([l]w_1 \wedge w_2 \rightharpoonup \lambda_1:d_1 + \lambda_2:d_2)\ \bigcup\ \mathcal{T}(\mathcal{N}_1)\ \bigcup\ \mathcal{T}(\mathcal{N}_2)$$
$\textbf{end}$

$l:Decision(\langle g\rangle\ \mathcal{N}_1,\ \langle \neg g\rangle\ \mathcal{N}_2) \ \Rightarrow\ \textbf{let}$
$$[\alpha_1]w_1 \rightharpoonup \lambda_1:d_1 = \mathcal{E}(\mathcal{N}_1)(l > 0)((l' = l - 1)\wedge(g' = tt))(1.0)(l)$$
$$[\alpha_2]w_2 \rightharpoonup \lambda_2:d_2 = \mathcal{E}(\mathcal{N}_2)(l > 0)((l' = l - 1)\wedge(g' = ff))(1.0)(l)$$
$\textbf{in}$
$$([l]w_1 \rightharpoonup \lambda_1:d_1)\ \bigcup\ \mathcal{T}(\mathcal{N}_1)\ \bigcup\ ([l]w_2 \rightharpoonup \lambda_2:d_2)\ \bigcup\ \mathcal{T}(\mathcal{N}_2)$$
$\textbf{end}$

$l_f:\odot \qquad\qquad \Rightarrow\ \textbf{let}$
$$w \ =\ (l_f = 1)$$
$$d \ =\ \bigwedge_{l \in \mathcal{L}_A}(l' = 0)$$
$$\lambda = 1.0$$
$\textbf{in}$
$$([l_f]w \rightharpoonup \lambda:d)$$

$\text{otherwise} \qquad \Rightarrow\ \text{skip}$

表 12.2　ε 函数的定义

$$\varepsilon:\ \mathcal{AC} \rightarrow W \rightarrow D \rightarrow [0,1] \rightarrow Act \rightarrow \mathcal{C}$$

$\varepsilon(\mathcal{N})(w)(d)(\lambda)(\alpha)\ =\ \text{Case}(\mathcal{N})\ \textbf{of}$

$\quad l:\otimes \qquad\qquad \Rightarrow ([\alpha]\,w \wedge (l_f = 0) \rightharpoonup \lambda : d)$

$\quad l_f:\odot \qquad\qquad \Rightarrow ([\alpha]\,w \wedge (l_f = 0) \rightharpoonup \lambda : (l'_f = 1) \wedge d)$

$\quad l:x.Join(\mathcal{N}') \Rightarrow \textbf{let}$

$\qquad\qquad\qquad w_1 = w \wedge (l_f = 0) \wedge \neg(\bigwedge_{1 \leqslant k \leqslant x}(l[k] > 0)) \wedge (l[1] < max\_inst)$

$\qquad\qquad\qquad d_1 = (l[1]' = l[1] + 1) \wedge d$

$\qquad\qquad \textbf{in}$

$\qquad\qquad\qquad ([\alpha]\,w_1 \rightharpoonup \lambda : d_1)$

$\qquad\qquad \textbf{end}$

$\quad l \qquad\qquad\quad \Rightarrow \textbf{if}\ \ l = \mathcal{L}(l:x.Join(\mathcal{N}'))\ \ \textbf{then}$

$\qquad\qquad\qquad \textbf{let}$

$\qquad\qquad\qquad w_1 = w \wedge (l_f = 0) \wedge \neg(\bigwedge_{1 \leqslant k \leqslant x}(l[k] > 0)) \wedge (l[j] < max\_inst)$

$\qquad\qquad\qquad d_1 = (l[j]' = l[j] + 1) \wedge d$

$\qquad\qquad\qquad \textbf{in}$

$\qquad\qquad\qquad\qquad ([\alpha]\,w_1 \rightharpoonup \lambda : d_1)$

$\qquad\qquad\qquad \textbf{end}$

$\qquad\qquad \textbf{end}$

$\qquad\qquad \textbf{if}\ \ l = \mathcal{L}(l:Merge(\mathcal{N}'))\ \ \textbf{then}$

$\qquad\qquad\qquad \textbf{let}$

$\qquad\qquad\qquad\qquad w_1 = w \wedge (l_f = 0) \wedge (l < max\_inst)$

$\qquad\qquad\qquad\qquad d_1 = (l' = l + 1) \wedge d$

$\qquad\qquad\qquad \textbf{in}$

$\qquad\qquad\qquad\qquad ([\alpha]\,w_1 \rightharpoonup \lambda : d_1)$

$\qquad\qquad\qquad \textbf{end}$

$\qquad\qquad \textbf{end}$

$\quad otherwise \qquad \Rightarrow \textbf{let}$

$\qquad\qquad\qquad w_1 = w \wedge (l_f = 0) \wedge (l < max\_inst)$

$\qquad\qquad\qquad d_1 = (l' = l + 1) \wedge d$

$\qquad\qquad \textbf{in}$

$\qquad\qquad\qquad ([\alpha]\,w_1 \rightharpoonup \lambda : d_1)$

$\qquad\qquad \textbf{end}$

12.5　案 例 研 究

本节给出一个 SysML 活动图的案例研究，描述了一个与图 11.13 所示 ATM 系统上银行操作相对应的行为假设设计。它的设计故意带有缺陷，以便演示我们方法的可行性。该活动从 Authentication（认证）开始，然后用一个分叉节点来指示并发行为的启动。于是，Verify ATM（验证 ATM）以及 Choose account（选择账户）被一道触发。该活动图显示了分叉和汇合节点的混合部署。因此，在 Verify ATM 和 Choose account 动作终止之前，不能启动 Withdraw（取款）动作。如果警戒 $g1$ 被评估为 true，则表示存在触发新操作的可能性。后一个决策节点上的概率用于建模概率用户行为。警戒 $g2$ 表示连接状态的评估结果，该连接显示了功能上的不确定性。

首先给出先前解释过的对应的 AC 项 A_1，然后解释它到 PRISM 代码的映射。

对应的无标记项 A_1 如下：

$A_1 = \iota \rightarrowtail l_1 : a \rightarrowtail l_2 : \text{Fork}(\mathcal{N}_1, l_{12})$

$\mathcal{N}_1 = l_3 : \text{Merge}(l_4 : b \rightarrowtail l_5 : \text{Fork}(\mathcal{N}_2, \mathcal{N}_3))$

$\mathcal{N}_2 = l_6 : \text{Decision}_{0.9}(\langle g_2 \rangle l_3, (\neg g2) l_7 : 2.\text{Join}(l_8 : \odot))$

$\mathcal{N}_3 = l_9 : 2.\text{Join}(l_{10} : d \rightarrowtail \mathcal{N}_4)$

$\mathcal{N}_4 = l_{11} : \text{Decision}_{0.3}(\langle g1 \rangle \mathcal{N}_5, \langle \neg g1 \rangle l_7)$

$\mathcal{N}_5 = l_{12} : \text{Merge}(l_{13} : c \rightarrowtail l_9)$

首先，PRISM 变量标识符由 AC 项推导而来。分别使用 li 和 lf 作为初始节点 l 和终止节点 $l_8 : \odot$ 的变量标识符。对于汇合节点 $l_7 : 2.\text{Join}(l_9 : 2.\text{Join})$，使用 $l7(l9)$ 作为指定汇合条件的公式标识符，并使用 PRISM 变量 $l7\_1$ 和 $l7\_2(l9\_1$ 和 $l9\_2)$ 作为汇合节点传入边的变量标识符。一旦完成变量和公式的声明，就使用表 12.1 中描述的算法 Γ 生成模块命令。例如，第一个标签为 $[li]$ 的命令在第一次迭代中生成，同时调用 $\Gamma(A_1)$。它对应于第一种情况，于是有 $A_1 = l \rightarrow N'$ 和 $N' = l_1 : a \rightarrow l_2 : Fork(N_1, l_{12})$。因此，表 12.2 中描述的函数 ε 称为 $\varepsilon(N')((li=1))((li'=0))(1.0)(li)$。后一种函数的最后一种情况被触发，因为 N' 的形式为 $l : a \rightarrow N$。这允许生成第一条命令，随后触发对 $\Gamma(N')$ 的调用以便再次启动算法。当访问所有节点时，转译暂停，并且算法 Γ 的所有实例都停止执行。活动图 A_1 得到的 PRISM MDP 代码如图 12.5 所示。PRISM 代码一旦生成，就可以将代码输入 PRISM 模型检测器进行评估。然而，必须在模型上验证的属性需要表示成适当的时态逻辑。PRISM 的属性规范语言包含了一些著名的概率时态逻辑，包括 PCTL[44]、CSL[11]、LTL[248] 以及 PCTL*[204]。此外，PRISM 还扩展和定制了这种逻辑的附加特性。例如，PRISM 添加了确定满足公式实际概率的功能，而不是仅仅在公式上设置一个界限。

为了验证 MDP 模型，使用了 PCTL* 时态逻辑。模型上能够验证的属性是死锁的存在与否。属性（12.1）指定了从初始状态开始的任何配置到达死锁状态的可能性（概率 $P>0$），可以用下式表示：

$$"init" \Rightarrow P>0[F "deadlock"] \tag{12.1}$$

通过使用 PRISM 模型检测器，该属性返回 true。实际上，动作 Choose account 执行了两次（因为警戒 $g1$ 为真），而动作 Verify ATM 只执行了一次（因为警戒 $g2$ 被评估为假），这将导致死锁配置，其中汇合节点 join1 的条件永远无法满足。这证实了使用 AC 操作语义获得的发现（参见 11.2 节中相应的案例研究)。

```
mdp

const int max_inst=1;
formula l9 = l9_1>0 & l9_2>0 ;
formula l7 = l7_1> 0 & l7_2>0;

module mainmod

g1 : bool init false;
g2 : bool init false;
li : [0..1] init 1; lf : [0..1] init 0;
l1 : [0..max_inst] init 0; l2 : [0..max_inst] init 0;
l3 : [0..max_inst] init 0; l4 : [0..max_inst] init 0;
l5 : [0..max_inst] init 0; l6 : [0..max_inst] init 0;
l7_1 : [0..max_inst] init 0; l7_2 : [0..max_inst] init 0;
l9_1 : [0..max_inst] init 0; l9_2 : [0..max_inst] init 0;
l10 : [0..max_inst] init 0;
l11 : [0..max_inst] init 0; l12 : [0..max_inst] init 0;
l13 : [0..max_inst] init 0;

[li] li=1 & l1<max_inst & lf=0 → 1.0 : (l1'=l1+1) & (li'=0);
[l1] l1>0 & l2<max_inst & lf=0 → 1.0 : (l2'=l2+1) & (l1'=l1-1);
[l2] l2>0 & l3<max_inst & l12<max_inst & lf=0
                    → 1.0 : (l3'=l3+1) & (l12'=l12+1) & (l2'=l2-1);
[l3] l3>0 & l4<max_inst & lf=0 → 1.0 : (l4'=l4+1)&(l3'=l3-1);
[l4] l4>0 & l5<max_inst & lf=0 → 1.0 : (l5'=l5+1)&(l4'=l4-1);
[l5] l5>0 & l6<max_inst & !l9 & lf=0
                    → 1.0 : (l6'=l6+1) & (l9_1'=l9_1+1) & (l5'=l5-1);
[l6] l6>0 & l3<max_inst & !l7 & l7_1<max_inst & lf=0 →
                    0.9 : (l3'=l3+1) & (l6'=l6-1) & (g2'=true)
                        + 0.1 : (l7_1'=l7_1+1) & (l6'=l6-1) & (g2'=false);
[l7] l7 & lf=0 → 1.0 : (l7_1'=0) & (l7_2'=0) & (lf'=1);
[l9] l9 & l10<max_inst & lf=0 → 1.0 : (l10'=l10+1) & (l9_1'=0) & (l9_2'=0);
[l10] l10>0 & l11<max_inst & lf=0 → 1.0 : (l11'=l11+1) & (l10'=l10-1);
[l11] l11>0 & l12<max_inst & ! l7 & l7_2<max_inst & lf=0 →
                    0.3 : (l12'=l12+1) & (l11'=l11-1) & (g1'=true)
                        + 0.7 : (l7_2'=l7_2+1) & (l11'=l11-1) & (g1'=false);
[l12] l12>0 & l13<max_inst & lf=0 → 1.0 : (l13'=l13+1) & (l12'=l12-1);
[l13] l13>0 & !l9 & l9_2<max_inst & lf=0 → 1.0 : (l9_2'=l9_2+1) & (l13'=l13-1);
[lf] lf=1 → 1.0 : (li'=0)&(lf'=0) & (l1'=0) & (l2'=0) & (l3'=0) &
            (l4'=0) & (l5'=0) & (l6'=0) & (l7_1'=0) & (l7_2'=0)& (l9_1'=0)& (l9_2'=0)&
            (l10'=0)& (l11'=0)& (l2'=0)& (l3'=0) & (g1'=false) & (g2'=false);
endmodule
```

图 12. 5　用于 SysML 活动图案例研究的 PRISM 代码

12.6　马尔可夫决策过程的仿真预序

仿真预序代表了一个已经在非概率性和概率性设置中定义的关系示例,以便在两个系统之间建立起逐步对应的关系。Segala 和 Lynch[217] 定义了经典仿真和双仿真关系针对概率性设置所做的一些扩展。这些定义在 Baier 和 Kwiat-kowska[12]以及 Kattenbelt 和 Huth[130]的工作中已经得到了重用和定制。仿真是一种单向关系，在系统的形式化验证中已经被证明是成功的。实际上，它们允许对模型进行抽象，同时保留安全的 CTL 属性[163]。仿真关系是状态空间上的预定，当且仅当 s' 能够模拟 s 的所有逐步回归行为时，状态 s 才能够仿真状态 s'（写作 $s \subseteq s'$）。然而，其逆命题并不总是真的；s' 可能执行无法为 s 所匹配的步骤。

在概率性设置中引入了强仿真的概念，其中 $s \subseteq s'$（意味着 s' 充分仿真了 s）要求 s 的每个 α-后继者分布都在 s' 处具有一个相应的 α-后继者。分布之间的这种对应关系是基于权函数的概念定义的[128]。与强仿真相关的状态必须通过其分布上的权函数来关联[163]。令 M 为所有 MDP 的类。定义 9.1 中提供了 MDP 的形式化定义。接下来回顾应用在 MDP 上的强仿真相关的定义。首先，定义权函数的概念如下：

定义 12.1 令 $\mu \in Dist(S)$、$\mu' \in Dist(S')$ 和 $R \subseteq S \times S'$。(μ, μ') 的权函数 w.r.t R 为满足以下条件的函数 $\delta: S \times S' \rightarrow [0, 1]$：

(1) $\delta(s, s') > 0$ 意味着 $(s, s') \in R$。

(2) 对于所有的 $s \in S$ 以及 $s' \in S'$，有 $\sum_{s' \in S'} \delta(s, s') = \mu(s)$ 和 $\sum_{s \in S} \delta(s, s') = \mu'(s')$。

如果存在一个关于 R 的 (μ, μ') 权函数 δ，则有 $\mu \preceq_R \mu'$。

定义 12.2 令 $M = (S, s_0, Act, Steps)$ 和 $M' = (S', s_0', Act', Steps')$ 为两个 MDP。M' 通过关系 $R \subseteq S \times S'$ 来仿真 M，用符号 $M \subseteq_M^R M'$ 表示。当且仅当对于所有的 s 和 $s': (s, s') \in R$，如果 $s \xrightarrow{\alpha} \mu$，那么存在带有 $\mu \preceq_R \mu'$ 的迁移 $s' \xrightarrow{\alpha} \mu'$。

基本上，M' 充分仿真了 M，用符号 $M \subseteq_M^R M'$ 表示。在 M 和 M' 之间存在着一个强仿真 R，于是对于每个 $s \in S$ 和 $s' \in M'$，s 的每个 α-后继者都具有一个相应的 s' 的 α-后继者，并且存在着一个能够定义在 s 和 s' 的后继者分布之间的权函数 δ。

示例 12.1 考虑图 12.6 中所示的例子。X 的目的地集 $S = \{s, t, u\}$ 以及 Y 的目的地集 $S' = \{v, w, r, z\}$ 两种状态集。S 上 μ 分布的定义：$\mu(s) = 2/9$，$\mu(t) = 5/9$，$\mu(u) = 2/9$。S' 上 μ' 分布的定义：$\mu'(v) = 1/3$，$\mu'(w) = 4/9$，$\mu'(r) = 1/9$，$\mu'(z) = 1/3$。如果考虑关系 $R = ((s, v), (t, v), (t, w), (u, r), (u, z))$，就能够发现 R 是否为一种仿真关系，前提是能够定义一个权函数来满足作为与 μ 和 μ' 相关的权函数的约束。令 δ 为权函数，于是 $\delta(s, v) = 2/9$，$\delta(t, v) = 1/9$，$\delta(t, w) = 4/9$，$\delta(u, r) = 1/9$ 以及 $\delta(u, z) = 1/9$ 满足作为权函数的约束条件。根

据定义 12.1，满足第一个条件。对于第二个条件，有 $\sum\limits_{s'\in S'}\delta(t,s')=\delta(t,v)+$ $\delta(t,w)=5/9=\mu(t)$，$\sum\limits_{s_1\in S}\delta(s_1,v)=\delta(s,v)+\delta(t,v)=3/9=\mu(t)$，$\sum\limits_{s'\in S'}\delta(u,s')=$ $\delta(u,r)+\delta(u,z)=2/9=\mu(u)$。紧接着有 $\mu\leq_R\mu'$。于是，有 $X\sqsubseteq_M^R Y'$。

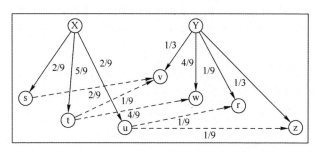

图 12.6　使用权函数的仿真关系示例

12.7　转译算法的合理性

本节目的是确保表 12.1 中定义的转译函数 Γ 生成一个正确捕获活动图行为的模型。更精确地说，期待能够证明转译的合理性。为此，使用了为 SysML 活动图和 PRISM 输入语言而定义的操作语义。在形式化合理性定理之前，首先需要规定一些重要的定义。

使用表 12.3 中指定的函数 $\lfloor\_\rfloor$。后者取 $\overline{AC}\cup AC$ 中的项 B 作为输入，返回相应活动演算项中有标记节点所对应的多重标签集 (L_B,m)，即 $\lfloor B\rfloor=\{\lfloor l_i\in L_B\mid m(l_i)>0\rfloor\}$。

使用 12.3.2 节中定义的函数 $[[\_]](\_)$ 来定义活动演算项 B 如何满足一个布尔表达式。之所以需要这样做，是为了定义 PRISM 语义模型中某种状态与相应 SysML 活动图语义模型中另一种状态之间的关系。

定义 12.3　对于活动演算项 B，要求 $\lfloor B\rfloor=(L_B,\text{m})$ 满足布尔表达式 e，并且有 $[[\omega]](B)=true\Leftrightarrow[[e]](s[x_i\to m(l_i)])=true$，$\forall l_i\in L_B$ 以及 $x_i\in variables$。

使用项 B 对布尔表达式 e 进行评估包括两个步骤。首先定义一个存储 s，在其中将已标签节点 l_i 的标记赋给每个变量 x_i；然后在布尔表达式 e 中用 $s(x_i)$ 替换每个变量 x_i。

令 $M_{P_A}=(S,s_0,Act,Steps_{P_A})$ 以及 $M_A=(S_A,s_0,Act,Steps_A)$ 分别为对应于 PRISM 模型 P_A 和 SysML 活动图 A 的 MDP。接下来需要定义一种关系 $R\subseteq S_{P_A}\times S_A$。

197

表 12.3　函数⌊_⌋的定义

$$
\begin{aligned}
&\lfloor - \rfloor : \overline{\mathcal{AC}} \longrightarrow P^{\mathcal{L}} \\
&\lfloor \mathcal{M} \rfloor = \text{Case } (\mathcal{M}) \text{ of} \\
&\quad \overline{\iota} \rightarrowtail \mathcal{N} \qquad \Rightarrow \quad \{\!\{ (l_\iota \hookrightarrow 1) \}\!\} \\
&\quad \iota \rightarrowtail \mathcal{M}' \qquad \Rightarrow \quad \lfloor \mathcal{M}' \rfloor \\
&\quad \overline{l_f : \odot}^{\,n} \qquad \Rightarrow \quad \text{if } n > 0 \text{ then } \{\!\{ (l_f \hookrightarrow 1) \}\!\} \text{ else } \{\!\{\}\!\} \\
&\quad \overline{l : Merge(\mathcal{M}')}^{\,n} \Rightarrow \{\!\{ (l \hookrightarrow n) \}\!\} \uplus \lfloor \mathcal{M}' \rfloor \\
&\quad \overline{l : x.Join(\mathcal{M}')}^{\,n} \Rightarrow \{\!\{ (l[1] \hookrightarrow n) \}\!\} \uplus \lfloor \mathcal{M}' \rfloor \\
&\quad \overline{l : Fork(\mathcal{M}_1,\ \mathcal{M}_2)}^{\,n} \Rightarrow \{\!\{ (l \hookrightarrow n) \}\!\} \uplus \lfloor \mathcal{M}_1 \rfloor \uplus \lfloor \mathcal{M}_2 \rfloor \\
&\quad \overline{l : Decision_p(\langle g \rangle \mathcal{M}_1, \langle \neg g \rangle \mathcal{M}_2)}^{\,n} \Rightarrow \{\!\{ (l \hookrightarrow n) \}\!\} \uplus \lfloor \mathcal{M}_1 \rfloor \uplus \lfloor \mathcal{M}_2 \rfloor \\
&\quad \overline{l : Decision(\langle g \rangle \mathcal{M}_1, \langle \neg g \rangle \mathcal{M}_2)}^{\,n} \Rightarrow \{\!\{ (l \hookrightarrow n) \}\!\} \uplus \lfloor \mathcal{M}_1 \rfloor \uplus \lfloor \mathcal{M}_2 \rfloor \\
&\quad \overline{l : a}^{\,n} \rightarrowtail \mathcal{M}' \Rightarrow \{\!\{ (l \hookrightarrow n) \}\!\} \uplus \lfloor \mathcal{M}' \rfloor \\
&\quad \overline{l}^{\,n} \qquad \Rightarrow \quad \text{if } l = \mathcal{L}(l : x.join(\mathcal{N})) \text{ then} \\
&\qquad\qquad\qquad\qquad \{\!\{ (l[k] \hookrightarrow n) \}\!\} \\
&\qquad\qquad\qquad \text{else} \\
&\qquad\qquad\qquad\qquad \{\!\{ (l \hookrightarrow n) \}\!\} \\
&\qquad\qquad\qquad \text{end} \\
&\quad \text{Otherwise} \qquad \Rightarrow \quad \{\!\{\}\!\}
\end{aligned}
$$

定义 12.4　令 $R \subseteq S_{P_A} \times S_A$ 为一种关系，其定义如下：

对于所有的 $s_p \in S_{P_A}$ 以及 $B \in S_A$，$s_p R B \Leftrightarrow$ 对于所有的表达式 $\omega \in W$，$[\![\omega]\!](s_p) = true$，这意味着 $\forall\, l_i \in L_B$ 以及 $x_i \in variables$，$[\![\omega]\!](B) = true$。

该定义规定，如果 AC 项 B 和状态 s 均满足相同的布尔表达式，则两者相关。在此关系基础上，给出了合理性定理。

定理 12.7.1（合理性）　令 A 为给定 SysML 活动图的 AC 项，M_A 为其相应的语义模型。令 $\Gamma(A) = P_A$ 为相应的 PRISM 模型，M_{P_A} 为其 MDP。如果 $M_{P_A} \subseteq_M^R M_A$，就认为转译算法 Γ 是稳健的。

证明（合理性证明）：为了证明这一定理，必须证明 MDP M_A 和 M_{P_A} 之间存在着仿真关系。通过结构化归纳描述活动图的 AC 项语法来进行推理。证明过程包括证明合理性适用于基本案例（$l : \otimes$ 和 $l : \odot$），然后证明它也适用于归纳案例。

案例 $l : \otimes$

该算法既不能生成 PRISM 变量，也不能生成与该元素相关的 PRISM 命令，因此在 M_{P_A} 中不存在与这个元素相对应的迁移。根据操作语义，有 $\overline{l : \otimes}^{\,n} \equiv_M l : \otimes$（根据图 11.2 中的（M3）），但不存在与该元素相关的操作推理规则，所以在 M_A 中不存在与该元素相关的迁移。因此，该定理适用于这一案例。

案例 $l : \odot$

该算法生成一个单独的 PRISM 命令，于是有 $[l_f]\, l_f = 1 \to 1.0 : l_f' = 0$。

存在状态 s_0 满足相应的警戒，意味着 $[[l_f=1]](s_0)=true$，从中派生出一个形式为 $s_0 \rightarrow \mu_2$ 的迁移，其中 $\mu_2=\mu_1^{s_1}$。

AC 项 $B=\overline{l_f:\odot}$ 通过 R 与 s_0 相关，因为 $[[l_f=1]](\overline{l_f:\odot})=true$（定义 12.4）。这一点能够得到证明，因为 $\lfloor \overline{l_f:\odot} \rfloor = \{|(l_f \rightarrow 1)|\}$（表 12.3）。

根据操作规则 FINAL，有 $\overline{l_f:\odot} \rightarrow \mu$，于是 $\mu=\mu_1^{l_f:\odot}$。

对于 $\Re=\{(s_0,\overline{l_f:\odot}),(s_1,l_f:\odot)\}$，当根据 δ 的定义使得 $\delta(s_1,\overline{l_f:\odot})=1$ 满足作为权函数的约束时，有 $\mu \leqslant \Re \mu_2$。因此，该定理在这一案例下得到了证明。

令 M_N 表示 N 的语义，M_{P_A} 表示由 $\Gamma(N)$ 得到的相应 PRISM 模型的语义。假设 $M_{P_A} \subseteq_M^R M_A$，以及存在一定数量的实例 max_inst，即 $\forall l$，$l \leqslant max\_inst$（ASSMPTION1）。

案例 $l \rightarrow N$

根据转译算法，有 $\Gamma(l \rightarrow N)=\{c\} \cup \Gamma(N)$。通过假设归纳步骤，得到 $M_{P_N} \subseteq_M^R M_N$。因此，需要证明用于命令 c 的定理，即

$c=\varepsilon(N)(l_l=1)(l'_l=0)(1.0)(l_l)$。

令 w 为警戒，d 为 $\varepsilon(N)$ 生成的更新，命令 c 可以写成：

$c=[l_l]w \wedge (l_l=1) \wedge (l_f=0) \rightarrow 1.0 ; d \wedge (l'_l=1)$。

存在状态 s_0 满足警戒，即 $[[w \wedge (l_l=1) \wedge (l_f=0)]](s_0)=true$，并且存在迁移 $s_0 \rightarrow \mu$，其中 $\mu=\mu_1^{s_1}$。

在给定 $\lfloor \overline{l} \rightarrow N \rfloor = \{|(l_l \rightarrow 1)|\}$ 的情况下，可以容易地验证 $[[(l_l=1) \wedge (l_f=0)]](\overline{l} \rightarrow N)==true$。仍需验证 $\forall N$，$[[w]](\overline{l} \rightarrow N)=true$。

存在两种情况：$w=\neg(\wedge_{1 \leqslant k \leqslant x}(l[k]>0)) \wedge (l[j]<max\_inst)$ 或 $w=(l<max\_inst)$。因为 $\forall l \neq l_l$，$m(l)=0$，并且有 ASSMPTION1，可以得出结论 $[[w]](\overline{l} \rightarrow \overline{N})=true$。因此，根据定义 12.4，$s_0 \Re \overline{l} \rightarrow N$。

操作语义规则 INIT-I 允许迁移 $\overline{l} \rightarrow N \rightarrow \mu'$，于是有 $\mu'(l \rightarrow \overline{N})=1$。

对于 $\Re=\{(s_0,\overline{l} \rightarrow N),(s_1,l \rightarrow \overline{N})\}$，当根据 δ 的定义使得 $\delta(s_1,l \rightarrow \overline{N})=1$ 满足作为权函数的约束时，有 $\mu' \leqslant \Re \mu$。因此，该定理在这一案例下得到了证明。

案例 $l:a \rightarrow N$

该案例的证明与前一个案例类似。需要证明用于命令 c 的定理，其表达式如下：

$c=\varepsilon(N)(l>0)(l'=l-1)(1.0)(l)$。

令 w 为警戒，d 为更新，使得：

$c=[l]w \wedge (l>0) \wedge (l_f=0) \rightarrow 1.0 : d \wedge (l'=l-1)$。

对应的迁移是 $s_0 \rightarrow \mu$，其中 $\mu = \mu_1^{s_1}$，并且 $[[w \wedge (l>0) \wedge (l_f=0)]](s_0) = true$。

可以容易地验证 $[[w \wedge (l>0) \wedge (l_f=0)]](\overline{l:a \rightarrowtail N}) = true$。

令 $\Re = \{(s_0, \overline{l:a \rightarrowtail N}), (s_1, \overline{l:a \rightarrowtail N})\}$。

操作语义规则 ACT-1 允许迁移 $\overline{l:a \rightarrowtail N} \xrightarrow{a} \mu'$，于是有 $\mu'(\overline{l:a \rightarrowtail N}) = 1$。

当根据 δ 的定义使得 $\delta(s_1, \overline{l:a \rightarrowtail N}) = 1$ 满足作为权函数的约束时，有 $\mu' \preceq \Re \mu$。因此，该定理在这一案例下得到了证明。

案例 $l:Merge(N)$

$\Gamma(l:Merge(N)) = \{c\} \cup \Gamma(N)$。为了证明这一案例，需要证明用于命令 c 的定理：

$c = \varepsilon(N)(l>0)(l'=l-1)(1.0)(l)$。

用 w 表示警戒，d 表示更新，于是有

$c=[l]w \wedge (l>0) \wedge (l_f=0) \rightarrow 1.0 : d \wedge (l'=l-1)$。

于是满足 $[[w \wedge (l>0) \wedge (l_f=0)]](s_0) = true$ 的状态 s_0 是导致产生 $s_0 \rightarrow \mu$ 形式迁移的根源，其中 $\mu = \mu_1^{s_1}$。

可以容易地验证 $[[w \wedge (l>0) \wedge (l_f=0)]](\overline{l:Merge(N)}) = true$。因此，根据定义 12.4，$(s_0, \overline{l:Merge(N)}) \in \Re$。

令 $\Re = \{(s_0, \overline{l:Merge(N)}), (s_1, \overline{l:Merge(N)})\}$。

操作语义规则 MERGE-1 允许迁移 $\overline{l:Merge(N)} \rightarrow \mu'$，于是有 $\mu'(l:Merge(\overline{N})) = 1$。

当根据 δ 的定义使得 $\delta(s_1, l:Merge(\overline{N})) = 1$ 满足作为权函数的约束时，有 $\mu' \preceq \Re \mu$。因此，该定理在这一案例下得到了证明。

案例 $l:x.Join(N)$

该案例与 l 在其中是汇合节点一个引用的案例共同处理。

令 $\Gamma(l:x.Join(N)) = \{c\} \cup \Gamma(N)$，于是有

$c = \varepsilon(N)(\wedge_{1 \le k \le x}(l[k]>0))(\wedge_{1 \le k \le x}(l[k]'=0))(1.0)(l[1])$。

用 w 表示警戒，d 表示更新，于是有

$c=[l]w \wedge (\wedge_{1 \le k \le x}(l[k]>0)) \wedge (l_f=0) \rightarrow 1.0 : d \wedge (\wedge_{1 \le k \le x}(l[k]'=0))$。

相应的迁移为 $s_0 \rightarrow \mu$，其中 $\mu = \wedge_{1 \le k \le x}(l[k]>0)) \wedge (l_f=0)]](s_0) = true$。

活动演算项 $B[\overline{l:x.Join(N)}, \overline{l}\{x-1\}]$ 满足警戒 $w \wedge (\wedge_{1 \le k \le x}(l[k]>0)) \wedge (l_f=0)$。于是根据定义 12.4，$s_0 \Re B$。

操作语义规则 JOIN-1 允许迁移，于是有

$B[\overline{l:x.\ Join(N)}, \overline{l}\{x-1\}] \rightarrow_1 B[l:x.\ Join(\overline{N}), l\{x-1\}]$

对于 $B' = B[l:x.\ Join(\overline{N}), l\{x-1\}]$，可以使 $B \rightarrow \mu'$，于是有 $\mu'(B') = 1$。

令 $R = \{(s_0, B), (s_1, B')\}$。当根据 δ 的定义使得 $\delta(s_1, B') = 1$ 满足作为权函数的约束时，有 $\mu' \leqslant \Re\mu$。因此，该定理在这一案例下得到了证明。

案例 l

l 是对 $l:x.\ Join(N)$ 或 $l:x.\ Merge(N)$ 的一个引用，因此证明可以从前面相应的案例中推导出来。

令 M_{N_1} 和 M_{N_2} 分别表示 N_1 和 N_2 的语义。同样的，M_{PN_1} 和 M_{PN_2} 分别表示相应的 PRISM 转译 $\Gamma(N_1)$ 和 $\Gamma(N_2)$ 的语义。假设 $M_{PN_1} \subseteq_M^\Re M_{N_1}$ 和 $M_{PN_2} \subseteq_M^\Re M_{N_2}$。

案例 $l:Fork(N_1, N_2)$

根据转译算法，有 $\Gamma(l \mapsto N) = \{c\} \cup \Gamma(N_1) \cup \Gamma(N_2)$。通过假设归纳步骤，得到 $M_{P_{N_1}} \subseteq_M^\Re M_{N_1}$ 和 $M_{P_{N_2}} \subseteq_M^\Re M_{N_2}$。因此，需要证明用于命令 c 的定理。

分别用 w_1 和 w_2 表示为 N_1 和 N_2 以及 d_1 和 d_2 生成的警戒，相应的更新为

$c = [l]w_1 \wedge w_2 \wedge (l>0) \wedge (l_f = 0) \rightarrow 1.0 : d_1 \wedge d_2 \wedge (l' = l-1)$。

于是，存在状态 s_0 使得 $[[w_1 \wedge w_2 \wedge (l>0) \wedge (l_f = 0)]](s_0) = true$，并且存在迁移 $s_0 \rightarrow \mu$，其中 $\mu = \mu_1^{s_1}$。

可以容易地验证 $[[w_1 \wedge w_2 \wedge (l>0) \wedge (l_f = 0)]](l:Fork(N_1, N_2)) = true$。于是，$s_0 R\ \overline{l:Fork(N_1, N_2)}$。

根据规则 FORK-1，有 $l:Fork(N_1, N_2) \rightarrow_1 l:Fork(N_1, N_2)$，或者 $l:Fork(N_1, N_2) \rightarrow \mu'$，其中 $\mu' = \mu_1^{l:Fork(\overline{N_1}, \overline{N_2})}$。

令 $\Re = \{(s_0, \overline{l:Fork(N_1, N_2)}), (s_1, l:Fork(\overline{N_1}, \overline{N_2}))\}$。当根据 δ 的定义使得 $\delta(s_1, l:Fork(\overline{N_1}, \overline{N_2})) = 1$ 满足作为权函数的约束时，有 $\mu' \leqslant \Re\mu$。因此，该定理在这一案例下得到了证明。

案例 $l:Decision_p(\langle g \rangle N_1, \langle \neg g \rangle N_2)$

转译算法结果如下：

$\Gamma(l:Decision_p(\langle g \rangle N_1, \langle \neg g \rangle N_2)) = ([l]w_1 \wedge w_2 \wedge (l>0) \wedge (l_f = 0) \rightarrow \lambda_1 : d_1 \wedge (l' = l-1) \wedge (g' = true) + \lambda_2$

$: d_2 \wedge (l' = l-1) \wedge (g' = false) \cup \Gamma(N_1) \cup \Gamma(N_2)$。

给定归纳步骤的假设，必须证明用于以下命令的定理：

$c = ([l]w_1 \wedge w_2 \wedge (l>0) \wedge (l_f = 0) \rightarrow p : d_1 \wedge (l' = l-1) \wedge (g' = true) + (1-p) : d_2 \wedge (l' = l-1) \wedge (g' = false)$。

存在状态 s_0 使得命令 c 成为可能，即 $[[w_1 \wedge w_2 \wedge (l>0) \wedge (l_f = 0)]](s_0) = true$。允许的迁移形式为 $s_0 \rightarrow \mu$，于是有 $\mu(s_1) = p$ 以及 $\mu(s_2) = 1-p$：

$$[[w_1 \wedge w_2 \wedge (l>0) \wedge (l_f=0)]]\overline{(l:Decision_p(\langle g\rangle N_1,\langle\neg g\rangle N_2))}=true$$

于是，$s_0 R\ \overline{l:Decision_p(\langle g\rangle N_1,\langle\neg g\rangle N_2)}$。

根据操作语义，可能存在着两种源自配置 $\overline{l:Decision_p(\langle g\rangle N_1,\langle\neg g\rangle N_2)}$ 的迁移。规则 PDEC-1 允许的迁移为

$$\overline{l:Decision_p(\langle g\rangle N_1,\langle\neg g\rangle N_2)}\to_p l:Decision_p(\langle tt\rangle N_1,\langle ff\rangle N_2)$$

规则 PDEC-2 允许的迁移为

$$\overline{l:Decision_p(\langle g\rangle N_1,\langle\neg g\rangle N_2)}\to_p l:Decision_{1-p}(\langle ff\rangle N_1,\langle tt\rangle N_2)$$

定义 11.3 定义了马尔可夫决策过程 M_A 中的一个迁移，于是有

$\overline{l:Decision_p(\langle g\rangle N_1,\langle\neg g\rangle N_2)}\to\mu'$，其中 $\mu'(l:Decision_p(\langle tt\rangle N_1,\langle ff\rangle N_2))=$ p 并且 $\mu'(l:Decision_p(\langle ff\rangle N_1,\langle tt\rangle N_2))=1-p$。

令 $R=\{(s_0,\overline{l:Decision_p(\langle g\rangle N_1,\langle\neg g\rangle N_2)}),(s_1,l:Decision_p(\langle tt\rangle N_1,\langle ff\rangle N_2)),(s_2,l:Decision_p(\langle ff\rangle N_1,\langle tt\rangle N_2))\}$。当根据 δ 的定义使得 $\delta(s_1,l:Decision_p(\langle tt\rangle N_1,\langle ff\rangle N_2))=p$，$\delta(s_2,l:Decision_p(\langle ff\rangle N_1,\langle tt\rangle \overline{N_2}))=1-p$ 满足作为权函数的约束时，有 $\mu'\leq_\Re\mu$。因此，该定理在这一案例下得到了证明。

案例 $l:Decision(\langle g\rangle N_1,\langle\neg g\rangle N_2)$

转译算法结果如下：

$\Gamma(l:Decision_p(\langle g\rangle N_1,\langle\neg g\rangle N_2))=([l]w\to 1.0:d)\cup\Gamma(N_1)\cup([l]w'\to$ $1.0:d')\cup\Gamma(N_2)$

给定归纳步骤的假设，必须证明用于两个命令 c_1 和 c_2 的定理：

$c_1=[l]w_1\wedge(l>0)\wedge(l_f=0)\to 1.0:d_1\wedge(l'=l-1)\wedge(g'=true)$

$c_2=[l]w_2\wedge(l>0)\wedge(l_f=0)\to 1.0:d_2\wedge(l'=l-1)\wedge(g'=false)$

存在状态 s_0 使得命令 c_1 和 c_2 成为可能，即 $[[w_1\wedge(l>0)\wedge(l_f=0)]](s_0)=$ $true$ 以及 $[[w_2\wedge(l>0)\wedge(l_f=0)]](s_0)=true$。从 s_0 出发，两个允许的迁移为 $s_0\to\mu_1$，其中 $\mu_1(s_1)=1$ 以及 $s_0\to\mu_2$，其中 $\mu_2(s_2)=1$。有

$$[[w_1\wedge(l>0)\wedge(l_f=0)]]\overline{(l:Decision(\langle g\rangle N_1,\langle\neg g\rangle N_2))}=true$$

$$[[w_2\wedge(l>0)\wedge(l_f=0)]]\overline{(l:Decision(\langle g\rangle N_1,\langle\neg g\rangle N_2))}=true$$

于是，$s_0 R\ \overline{l:Decision_p(\langle g\rangle N_1,\langle\neg g\rangle N_2)}$。

根据操作语义，可能存在着两种源自配置 $\overline{l:Decision_p(\langle g\rangle N_1,\langle\neg g\rangle N_2)}$ 的迁移。规则 DEC-1 允许的迁移为

$$\overline{l:Decision_p(\langle g\rangle N_1,\langle\neg g\rangle N_2)}\to_1 l:Decision(\langle tt\rangle \overline{N_1},\langle ff\rangle N_2)$$

规则 PDEC-2 允许的迁移为

$$\overline{l:Decision(\langle g\rangle N_1,\langle\neg g\rangle N_2)}\to_1 l:Decision(\langle ff\rangle N_1,\langle tt\rangle \overline{N_2})$$

定义 11.3 定义了马尔可夫决策过程 M_A 中两个源自相同状态的迁移，于是有

$\overline{l : Decision(\langle g \rangle N_1, \langle \neg g \rangle N_2)} \to \mu_1{}'$，其中 $\mu_1{}'(l : Decision(\langle tt \rangle \overline{N_1}, \langle ff \rangle N_2)) = 1$，
$\overline{l : Decision(\langle g \rangle N_1, \langle \neg g \rangle N_2)} \to \mu_2{}'$，其中 $\mu_2{}'(l : Decision(\langle ff \rangle N_1, \langle tt \rangle \overline{N_2})) = 1$。

令 $\Re = \{(s_0, \overline{l : Decision_p(\langle g \rangle N_1, \langle \neg g \rangle N_2)}), (s_1, l : Decision_p(\langle tt \rangle \overline{N_1}, \langle ff \rangle N_2)), (s_2, l : Decision_p(\langle ff \rangle N_1, \langle tt \rangle \overline{N_2}))\}$。当根据 δ_1 和 δ_2 的定义使得 $\delta_1(s_1, l : Decision_p(\langle tt \rangle \overline{N_1}, \langle ff \rangle N_2)) = 1$ 以及 $\delta_2(s_2, l : Decision_p(\langle ff \rangle N_1, \langle tt \rangle \overline{N_2})) = 1$ 满足作为权函数的两个约束时，有 $\mu_1' \leqslant_{\Re} \mu_1$ 和 $\mu_2' \leqslant_{\Re} \mu_2$。因此，该定理在这一案例下得到了证明。

12.8　小　　结

本章的主要结果证明了我们转译算法的合理性。于是建立了这样的信心，即由我们算法生成的 PRISM 代码正确地捕获了作为输入给定的 SysML 活动图所期望的行为。因此，它确保了我们概率验证方法的正确性。

第13章 结 论

伴随着生产进程的持续改进以及日趋自动化，众多成熟技术[①]带来了越来越多使用不同专门系统和子系统的可能。这些系统和子系统提供了特定的功能，如有线和无线数据链路连接、数据存储、模拟/数字信号处理、加密。此外，为了从硬件和软件重用中获益，通常使用相应的控制软件以及各种库或API来实现此类系统的专门化。事实上，今天软件的应用遍布各个领域，以至于原本属于传统机械的系统，如汽车，也正在集成越来越多的控制软件来优化燃油消耗、巡航控制或传感器数据处理等工作。

有谱系如此丰富的子系统可供使用，使得未来系统的开发走上了更快的"康庄大道"，这些系统已经能够集成其操作所需的可用子组件。然而，这对应于更高等级的系统集成，其中来自异构供应商的各种组件参与了新产品或服务的实现。这反过来给各大支柱行业厂商施加了经济压力，它们正竞相保持或扩大自己的市场份额。因此，每个供应商或服务提供商都需要实现恰当的上市时间和具有竞争力的定价。这些变量代表了决定产品成败的关键因素。因此，在业务目标和工程目标之间常常存在着一种权衡，这可能会影响分配给验证和确认过程的时间与支出。在这一背景下，在高度集成系统的某个构建块中未检出的缺陷可能会侵袭包含它的组件的功能。

因此，这使得验证和确认过程变得更为复杂，迫使它依赖于以前验证工作的有效性。此外，主要以摩尔定律为基础的技术预测，使得基于某些产品和服务预期可用性的项目规划能够控制在可预见的时间框架内，做出合理准确的价格估计。这些优势在信息技术作为一种工具因素存在的领域表现得特别明显。在这方面，数码相机、闪存驱动器、全球定位系统（GPS）设备、手机或音频/视频播放器等各种小设备的迅速发展，使它们的功能变得越来越强，成本变得越来越低。更重要的是，功能的提升叠加上价格的亲民，为之前无法为普罗大众所接受的新产品或新服务的上市打开了大门[②]。此外，向更高层次集成的趋

---

① 机械、电子以及制造等领域所取得的不断进步，带动了各自产业的发展。

② 事实上，现代个人娱乐设备在技术上的可行性可以追溯到 10 多年前，但在那时，一般人几乎不愿意花费一个月的收入去购买这样一个小设备。

势已经是显而易见的。事实上，现代都市生活方式需要大量的便携设备，如手机、GPS 设备、闪存驱动器。恰恰是这些小设备的本质要求将它们集成到聚合系统中，如现代智能手机。这些聚合系统在提供所有所需功能的同时，可以更容易实现随身携带。在这种情况下，一个高度集成系统的可靠性就变得更加至关重要，因为用户可能以多种方式完全依赖于这样的系统。于是，单点故障就可能会给系统用户带来多重困难。因此，采用更全面的技术和方法用于验证和确认系统工程产品的案例就变得更加引人注目。

现代系统开发所面临的日益增长的挑战，特别是在软件密集型系统设计领域，导致了 UML 2.0 和 SysML 这类系统建模语言的出现。经过从行业反馈中获益的迭代过程，这些语言逐渐被赋予了必要的表达能力，可以支持从基于文档的系统工程到基于模型的系统工程的转换。通过改进设计重用和交换、维护和评估等方面的工作，可以在许多领域带来显著的收益。

在这个过程中，INCOSE 和 OMG 这类组织在前面提到的建模语言开发过程中成为非常积极的推动者，这些语言旨在涵盖系统工程的各个方面。本书着眼于为读者提供与模型驱动系统工程设计与开发中的验证和确认过程相关的见解。在这方面，它综述了系统工程以及用于系统工程设计模型架构和设计的相关建模语言，如 UML 和 SysML。此外，它还提出了架构的概念以及验证和确认的方法论，并且指出了它们的缺点。同时，详细介绍了一种新出现的并且更为全面的验证和确认范例。后者可以通过在系统工程设计模型上协同地应用形式化方法、程序分析以及质量量度来改进现有的方法。

第 2 章介绍了国防组织主要是美国国防部为提升国防系统采购与能力工程而采用和扩展的架构框架范例。在商业领域，架构框架的概念又称为企业架构框架，被企业和公司用于管理涉及大量设计和开发团队的大型项目，这些项目通常分布在全国或世界各地。架构框架能够确保视图的通用性，并支持有效的信息共享和通信。SysML 这类标准化建模语言的出现提高了在架构框架背景下使用它们的必要性。在这方面，也给出了相应的利益特征。在第 3 章中，对 UML 2.0 建模语言进行了综述，描述了它出现的历史背景，并且给出了相应的结构图和行为图。此外，还讨论了 UML 概要分析机制。第 4 章介绍了 SysML 建模语言及其采纳过程的时间历程。详细介绍了 SysML 和 UML 之间的共性和具体区别，以及 SysML 结构图和行为图的特性。此外，还给出了关于重用的 UML 2.0 行为模型的非形式化语法和语义的具体细节，即状态机图、序列图和活动图。

第 5 章阐述了验证、确认以及认证的概念。回顾了相关的验证和确认方法，以及用于面向对象设计的特定验证技术，如软件工程技术、形式化验证以及程序分析。提出了有用的研究方法以及相关的研究计划，包括针对 UML 和 SysML 设计模型的最新验证和确认方法。此外，还介绍了针对验证和确认特定方面的各种工具，包括形式化验证环境和静态程序分析器。

第 6 章提出了一种有效的协同方法，用于验证和确认用标准化建模语言（如 UML 和 SysML）表示的系统工程设计模型。许多已建立的结果显示了对推荐的协同验证和确认方法论的支持，表明它适合以高度自动化的方式来评估系统工程设计模型。在这方面，第 7 章展示了软件工程量度在评估由 UML 类和包图捕获的设计模型结构方面的有用性。为此，在一个相关示例的背景下讨论了一组共 15 个量度。此外，第 8 章描述了建议的用于行为图的验证方法。在这一背景下，详细介绍了配置迁移系统的概念，并将其作为一种有效的语义解释用于以状态机图、序列图或者活动图表示的设计模型。通过使用合适的模型检测器，即能够作为建议的语义模型输入 NuSMV，给出了相应的模型检测验证方法论。我们展示了该方法论在验证以考虑的行为图方式表达的系统工程设计模型方面的巨大潜力。在这一设置中，引入了 CTL，并对其时态操作符、表达性以及相关的 CTL 宏符号进行了演示性说明。通过介绍和讨论相关的案例研究，举例说明了如何评估状态机图、序列图以及活动图。

第 9 章给出了 SysML 活动图的概率性验证，提出了一种将这种类型的图映射到异步概率模型（MDP）中所使用的转译算法，该算法基于概率模型检测器的输入语言。通过一个案例研究证明了用于异步 SysML 活动图模型性能分析的验证和确认方法在概念上的正确性。第 10 章详细描述了如何将带有时间约束和概率工件注释的 SysML 活动图转换为一个由离散时间马尔可夫链网络组成的模型。在案例研究范围内考虑的其他重要性能方面，显示了如何利用概率模型检测器对模型进行分析，以便进行时限可达性评估。

第 11 章介绍了一种概率演算，称为活动演算，它用于捕获具有概率特性的 SysML 活动图的本质。然后我们使用经过设计的演算，根据使用操作语义框架的马尔可夫决策过程来构建 SysML 活动图的底层语义基础。

第 12 章的目标是检查第 9 章中描述的转译程序的合理性，该程序将 SysML 活动图映射到用 PRISM 输入语言编写的 MDP 中。这就确保在生成的 MDP PRISM 模型上验证的属性真实反映了被分析的活动图。在此基础上，我们构建了基于马尔可夫决策过程上仿真预序的合理性定理。后者在 SysML 活动图语义与用转译算法生成的 MDP PRISM 模型语义之间建立了逐步的单向对应关系。因此，我们还为具有 MDP 语义的 PRISM 输入语言片段开发了一种形式化语法和语义。通过使用建立在活动演算语法之上的结构化归纳以及权函数概念，我们推证了转译算法的合理性。

作为最后的说明，我们可以有把握地说，基于模型的系统工程可能是大势所趋。在这方面，UML 和 SysML 这类的建模语言可以通过提供丰富而精确的表达能力来弥合许多理解和概念上的鸿沟，可以在设计、开发和验证团队之间建立起高度的凝聚力。与此同时，还要考虑到当今竞争激烈的商业环境通常会刺激外包，从而增加了参与设计、开发以及验证和确认过程人员的异构性。这后一个过程也可以从 MBSE 中获得显著的好处，因为用标准建模语言表示的设计模型方便允许使用更全面、更严格的设计评估程序。因此可以预期，随着商业和工程目标之间协调水平的提高，将导致出现更高质量的产品和服务。

缩 略 语

AP233	application protocol 233	应用协议 233
ATM	automated teller machine	自动柜员机
CASE	computer-aided software engineering	计算机辅助软件工程
CBO	coupling between object classes	对象类之间的耦合
CCRC	class category relational cohesion	类属关系型内聚度
CPU	central processing unit	中央处理器
CR	class responsibility	类职责
CTL	computation tree logic	计算树逻辑
CTS	configuration transition system	配置迁移系统
DIT	depth of inheritance tree	继承树深度
DMS	distance from the main sequence	到主序列的距离
DMSO	defense modeling and simulation organization	国防建模与仿真办公室
DoD	department of defense	美国国防部
DoDAF	department of defense architecture framework	美国国防部架构框架
DTMC	discrete-time Markov chain	离散时间马尔可夫链
EFFBD	enhanced function flow block diagram	扩展功能流程框图
EIA	electronic industries alliance	美国电子工业协会
FSM	finite state machine	有限状态机
HDL	hardware description language	硬件描述语言
ICAM	integrated computer-aided manufacturing	集成计算机辅助制造
IDEF	integrated definition language	集成定义语言
IEEE	institute of electrical and electronics engineers	美国电气和电子工程师协会
INCOSE	international council on systems engineering	国际系统工程协会

208

ISO	international organization for standardization	国际标准组织
IT	information technology	信息技术
LCA	least common ancestor	最近公共祖先
LTL	linear time logic	线性时态逻辑
MDA	model-driven architecture	模型驱动架构
ML	modeling language	建模语言
MOF	metaobject facility	元对象工具
M&S	modeling and simulation	建模与仿真
NAVMSMO	navy modeling and simulation management office	海军建模与仿真管理办公室
NMA	number of methods added	附加方法数
NMI	number of methods inherited	继承方法数
NMO	number of methods overridden	重写方法数
NOA	number of attributes	属性数
NOC	number of children	子类数
NOM	number of methods	方法数
OCL	object constraint language	对象约束语言
OMG	object management group	对象管理组
OMT	object modeling technique	对象模型模板
PCTL	probabilistic computation tree logic	概率计算树逻辑
PDA	personal digital assistant	个人数字助理
PMR	public methods ratio	公共方法比
PRISM	probabilistic symbolic model checker	概率符号模型检测器
QA	quality assurance	质量保证
R&D	research and development	研究与开发
RPG	recommended practices guide	实践指南建议
SIX	specialization index	专门化指数
SOS	structural operational semantics	结构化操作语义
SoS	systems on top of systems	系统上的系统

SMV   symbolic model verifier   符号模型验证器

SPT   schedulability performance and time   可调度性、性能和时间

STEP   standard for the exchange of product model data   产品模型数据交换标准

SysML   system modeling language   系统建模语言

TCTL   timed computation tree logic   定时计算树逻辑

TeD   telecommunications description language   电信描述语言

TOGAF   the open group architecture framework   开放组架构框架

UML   unified modeling language   统一建模语言

V&V   verification and validation   验证和确认

VV&A   verification, validation, and accreditation   验证、确认和认证

WebML   Web modeling language   网页建模语言

XML   extensible markup language   可扩展标记语言

参 考 文 献

[1] L. Aceto, W. J. Fokkink, and C. Verhoef. Structural Operational Semantics, chapter 3, pages 197-292. In Bergstra, J. A. , Ponse, A. , and Smolka, S. A. , editors, *Handbook of Process Algebra*. Elsevier Science, Amsterdam, 2001.

[2] D. Agnew, L. J. M. Claesen, and R. Camposano, editors. *Computer Hardware Description Languages and their Applications*, volume A-32 of *IFIP Transactions*. North-Holland, Amsterdam, 1993.

[3] L. Alawneh, M. Debbabi, F. Hassaïne, Y. Jarraya, and A. Soeanu. A Unified Approach for Verification and Validation of Systems and Software Engineering Models. In *13th Annual IEEE International Conference and Workshop on the Engineering of Computer Based Systems (ECBS)*, Potsdam, Germany, March 2006.

[4] H. Alla, R. David. *Discrete, Continuous, and Hybrid Petri Nets*. Springer, Berlin, 2005.

[5] R. Alur and T. A. Henzinger. Reactive Modules. *Formal Methods in System Design*, 15 (1): 7-48, 1999.

[6] A. Artale. Formal Methods Lecture IV: Computation Tree Logic (CTL). http://www. inf. unibz. it/~artale/, 2009/2010. Faculty of Computer Science-Free University of Bolzano Lecture Notes.

[7] ARTiSAN Software. ARTiSAN Real-time Studio. http://www. artisansw. com/pdflibrary/Rts_5. 0_datasheet. pdf. Datasheet.

[8] Averant Inc. Static Functional Verification with Solidify, a New Low-Risk Methodology for Faster Debug of ASICs and Programmable Parts. Technical report, Averant, Inc. s, 2001.

[9] J. Bahuguna, B. Ravindran, and K. M. Krishna. MDP-Based Active Localization for Multiple Robots. In *the Proceedings of the Fifth Annual IEEE Conference on Automation Science and Engineering (CASE)*, Bangalore, India, pages 635-640, 2009. IEEE Press.

[10] C. Baier. *On the Algorithmic Verification of Probabilistic Systems*. Habilitation, Universität Mannheim, Mannheim 1998.

[11] C. Baier, B. Haverkort, H. Hermanns, and J. -P. Katoen. Model-Checking Algorithms for Continuous-Time Markov Chains. *IEEE Transactions on Software Engineering*, 29 (7): 2003, 2003.

[12] C. Baier and M. Kwiatkowska. Domain Equations for Probabilistic Processes. *Mathematical*

Structures in Computer Science, 10 (6): 665-717, 2000.

[13] S. Balsamo and M. Marzolla. Performance Evaluation of UML Software Architectures with Multiclass Queueing Network Models. In *the Proceedings of the 5th International Workshop on Software and Performance* (*WOSP*), pages 37-42, New York, USA, 2005. ACM Press.

[14] J. Bansiya and C. G. Davis. A Hierarchical Model for Object-Oriented Design Quality Assessment. *IEEE Transactions on Software Engineering*, 28 (1): 4-17, 2002.

[15] M. E. Beato, M. Barrio-Solrzano, and C. E. Cuesta. UML Automatic Verification Tool (TABU). In *SAVCBS 2004 Specification and Verification of Component-Based Systems*, *12th ACM SIGSOFT Symposium on the Foundations of Software Engineering*, *Newport Beach*, *California*, *USA*. Department of Computer Science, Iowa State University, 2004.

[16] L. Benini, A. Bogliolo, G. Paleologo, and G. De Micheli. Policy Optimization for Dynamic Power Management. *IEEE Transactions on Computer-Aided Design of Integrated Circuits and Systems*, 8 (3): 299-316, 2000.

[17] A. Bennett and A. J. Field. Performance Engineering with the UML Profile for Schedulability, Performance and Time: a Case Study. In *the Proceedings of the 12th IEEE International Symposium on Modeling*, *Analysis*, *and Simulation of Computer and Telecommunications Systems* (*MASCOTS*), Volendam, The Netherlands, pages 67-75, October 2004.

[18] S. Bensalem, V. Ganesh, Y. Lakhnech, C. Mu noz, S. Owre, H. Rueβ, J. Rushby, V. Rusu, H. Saïdi, N. Shankar, E. Singerman, and A. Tiwari. An Overview of SAL. In C. Michael Holloway, editor, *the Proceedings of the Fifth NASA Langley Formal Methods Workshop* (*LFM*), *pages* 187-196, Hampton, VA, June 2000. NASA Langley Research Center.

[19] E. Best, R. Devillers, and M. Koutny. *Petri Net Algebra*. Springer, New York, NY, USA, 2001.

[20] A. Bianco and L. De Alfaro. Model Checking of Probabilistic and Nondeterministic Systems. In *Foundations of Software Technology and Theoretical Computer Science*, volume 1026 of *Lecture Notes in Computer Science*, pages 499-513. Springer, Berlin, 1995.

[21] D. Binkley. The Application of Program Slicing to Regression Testing. In *Information and Software Technology Special Issue on Program Slicing*, pages 583-594. Elsevier, Amsterdam, 1999.

[22] B. S. Blanchard and W. J. Fabrycky. *Systems Engineering and Analysis*. International Series in Industrial and Systems Engineering. Prentice Hall, Englewood Cliffs, NJ, 1981.

[23] C. Bock. Systems Engineering in the Product Lifecycle. *International Journal of Product Development*, 2: 123Ǔ137, 2005.

[24] C. Bock. SysML and UML 2 Support for Activity Modeling. *Systems Engineering*, 9 (2): 160-186, 2006.

[25] B. W. Boehm and V. R. Basili. Software Defect Reduction Top 10 List. *IEEE Computer*,

34 (1): 135-137, 2001.

[26] G. Bolch, S. Greiner, H. de Meer, and K. S. Trivedi. *Queueing Networks and Markov Chains: Modeling and Performance Evaluation with Computer Science Applications.* Wiley, New York, NY, 2006.

[27] A. Bondavalli, M. Dal Cin, G. Huszerl, K. Kosmidis, D. Latella, I. Majzik, M. Massink, and I. Mura. High-Level Integrated Design Environment for Dependability, Deliverable 2: Transformations. Report on the specification of analysis and transformation techniques, ESPRIT, December 1998. ESPRIT Project 27493.

[28] A. Bondavalli, A. Fantechi, D. Latella, and L. Simoncini. Design Validation of Embedded Dependable Systems. *IEEE Micro*, 21 (5): 52-62, 2001.

[29] A. Bondavalli, D. Latella, M. Dal Cin, and A. Pataricza. High-Level Integrated Design Environment for Dependability (HIDE). In *WORDS'99: Proceedings of the Fifth International Workshop on Object-Oriented Real-Time Dependable Systems*, page 87, Washington, DC, USA, 1999. IEEE Computer Society.

[30] G. Booch. *Object-Oriented Analysis and Design with Applications*, Second Edition. Addison-Wesley, Reading, MA, 1997.

[31] M. Bozga, J. C. Fernandez, L. Ghirvu, S. Graf, J. P. Krimm, and L. Mounier. IF: An Intermediate Representation and Validation Environment for Timed Asynchronous Systems. In Wing J. M., Woodcock J. and Davies J., editors, *World Congress on Formal Methods* in the Development of Computing Systems, Toulouse, France. Lecture Notes in Computer Science, vol. 1708, pages 307-327, Springer Berlin, 1999.

[32] G. Brat and W. Visser. Combining Static Analysis and Model Checking for Software Analysis. In *the Proceedings of the 16th IEEE International Conference on Automated Software Engineering (ASE)*, page 262, Washington, DC, USA, 2001. IEEE Computer Society.

[33] L. C. Briand, P. T. Devanbu, and W. L. Melo. An Investigation into Coupling Measures for C++. In *Proceedings of the 19th International Conference on Software Engineering*, Boston, MA, pages 412-421, ACM, New York, NY, 1997.

[34] F. Brito, e Abreu, and W. Melo. Evaluating the Impact of Object-Oriented Design on Software Quality. In *the Proceedings of the 3rd International Software Metrics Symposium*, Berlin, Germany, pages 90-99, 1996.

[35] M. Broy. Semantik der UML 2.0, October 2004.

[36] J. Campos and J. Merseguer. On the Integration of UML and Petri Nets in Software Development. In *the Proceedings of the 27th International Conference on Applications and Theory of Petri Nets and Other Models of Concurrency (ICATPN)*, June 26-30, volume 4024 of *Lecture Notes in Computer Science*, pages 19-36. Springer, Berlin, 2006.

[37] C. Canevet, S. Gilmore, J. Hillston, L. Kloul, and P. Stevens. Analysing UML 2.0 Activity Diagrams in the Software Performance Engineering Process. In *the Proceedings of the*

Fourth International Workshop on Software and Performance, pages 74 - 78, Redwood Shores, CA, USA, January 2004. ACM Press.

[38] C. Canevet, S. Gilmore, J. Hillston, M. Prowse, and P. Stevens. Performance Modelling with the Unified Modelling Language and Stochastic Process Algebras. *IEE Proceedings: Computers and Digital Techniques*, 150 (2): 107-120, 2003.

[39] E. Carneiro, P. Maciel, G. Callou, E. Tavares, and B. Nogueira. Mapping SysML State Machine Diagram to Time Petri Net for Analysis and Verification of Embedded Real-Time Systems with Energy Constraints. In *the Proceedings of the International Conference on Advances in Electronics and Micro-electronics (ENICS'08)*, pages 1 - 6, Washington, DC, USA, 2008. IEEE Computer Society.

[40] M. V. Cengarle and A. Knapp. UML 2. 0 Interactions: Semantics and Refinement. In *3rd International Workshop on Critical Systems Development with UML (CSDUML'04, Proceedings)*, pages 85-99, München. Technische Universität München, 2004.

[41] S. Ceri, P. Fraternali, and A. Bongio. Web Modeling Language (WebML): A Modeling Language for Designing Web Sites. *Computer Networks (Amsterdam, Netherlands: 1999)*, 33 (1-6): 137-157, 2000.

[42] P. Chen, A. Tang, and J. Han. A Comparative Analysis of Architecture Frameworks. In *the Proceedings of the 11th Asia-Pacific Software Engineering Conference (APSEC'04)*, pages 640-647, Los Alamitos, CA, USA, 2004. IEEE Computer Society.

[43] S. R. Chidamber and C. F. Kemerer. A Metrics Suite for Object Oriented Design. *IEEE Transactions on Software Engineering*, 20 (6): 476-493, 1994.

[44] F. Ciesinski and M. Größer. On Probabilistic Computation Tree Logic. In Baier C., Haverkort B., Hermanns H., Katoen J - P. and Siegle M., editors, *Validation of Stochastic Systems*, vol. 2925 pages 147-188, Springer, Berlin, 2004.

[45] A. Cimatti, E. Clarke, E. Giunchiglia, F. Giunchiglia, M. Pistore, M. Roveri, R. Sebastiani, and A. Tacchella. NuSMV Version 2: An OpenSource Tool for Symbolic Model Checking. In *the Proceedings of the International Conference on Computer-Aided Verification (CAV)*, volume 2404 of *LNCS*, Copenhagen, Denmark, July 2002. Springer.

[46] A. Cimatti, E. Clarke, F. Giunchiglia, and M. Roveri. NuSMV: A New Symbolic Model Checker. *International Journal on Software Tools for Technology Transfer*, 2: 2000, 2000.

[47] A. Cimatti, E. M. Clarke, F. Giunchiglia, and M. Roveri. Nusmv: A New Symbolic Model Verifier. In *Proceeding of International Conference on Computer-Aided Verification (CAV'99)*, Trento, Italy. *Lecture Notes in Computer Science*, vol. 1633, pages 495-499. Springer, Berlin, 1999.

[48] E. M. Clarke and E. A. Emerson. Design and Synthesis of Synchronization Skeletons Using Branching Time Temporal Logic. In *25 Years of Model Checking*, volume 5000 of *Lecture Notes in Computer Science*, pages 196-215. Springer, Berlin, 2008.

[49] CNN. Unmanned European Rocket Explodes on First Flight. http://www.cnn.com/WORLD/9606/04/rocket.explode/, 1996. Last visited: January 2007.

[50] Communications Committee. The International Council on Systems Engineering (INCOSE). http://www.incose.org/practice/whatissystemseng.aspx.

[51] O. Constant, W. Monin, and S. Graf. A Model Transformation Tool for Performance Simulation of Complex UML Models. In *Companion of the 30th International Conference on Software Engineering*, pages 923–924, New York, NY, USA, 2008. ACM Press.

[52] D. A Cook and J. M. Skinner. How to Perform Credible Verification, Validation, and Accreditation for Modeling and Simulation. In Special Systems & Software Technology conference Issue, *CrossTalk, The Journal of Defense Software Engineering*, vol. 18 (5) May 2005. Software Technology Support Center (STSC), U. S. Air Force.

[53] V. Cortellessa and R. Mirandola. Deriving a Queueing Network–Based Performance Model from UML Diagrams. In *the Proceedings of the 2nd International Workshop on Software and Performance (WOSP)*, pages 58–70, New York, NY, USA, 2000. ACM Press.

[54] V. Cortellessa, P. Pierini, R. Spalazzese, and A. Vianale. MOSES: Modeling Software and Platform Architecture in UML 2 for Simulation–Based Performance Analysis. In *the Proceedings of the 4th International Conference on Quality of Software–Architectures*, pages 86–102, Berlin, Heidelberg, 2008. Springer.

[55] P. Cousot, R. Cousot, J. Feret, and X. Rival L. Mauborgne, A. Miné. The ASTRÉE Static Analyzer. http://www.astree.ens.fr/. Last visited: May 2010.

[56] Coverity. Coverity prevent static analysis. http://www.coverity.com/products/coverityprevent.html. Last visited: May 2010.

[57] M. L. Crane and J. Dingel. On the Semantics of UML State Machines: Categorization and Comparison. Technical Report 2005–501, School of Computing, Queen's University, 2005.

[58] G. Csertan, G. Huszerl, I. Majzik, Z. Pap, A. Pataricza, and D. Varro. VIATRA: Visual Automated Transformations for Formal Verification and Validation of UML Models. In *ASE 2002: 17th IEEE International Conference on Automated Software Engineering*, Edinburgh, UK, September 23–27, 2002, 2002.

[59] J. B. Dabney and T. L. Harman. *Mastering SIMULINK*. Prentice Hall PTR, Upper Saddle River, NJ, 1997.

[60] J. S. Dahmann, R. M. Fujimoto, and R. M. Weatherly. The Department of Defense High Level Architecture. In *WSC'97: Proceedings of the 29th conference on Winter simulation*, pages 142–149, Washington, DC, USA, 1997. IEEE Computer Society.

[61] P. Dasgupta, A. Chakrabarti, and P. P. Chakrabarti. Open Computation Tree Logic for Formal Verification of Modules. In *the Proceedings of the 2002 conference on Asia South Pacific Design Automation/VLSI Design (ASP–DAC'02)*, page 735, Washington, DC, USA, 2002. IEEE Computer Society.

[62] R. Davis. Systems Engineering Experiences Growth as Emerging Discipline. http://www.nspe.org/etweb/1! −01systems.asp, November 2001. Engineering Times, National Society of Professional Engineers. Last Visited: September 7, 2006.

[63] Defence Research and Development Canada. Suitability Study for Mapping Systems of Systems Architectures to Systems Engineering Modeling and Simulation Frameworks. Technical Report, Department of National Defence, Canada, 2007.

[64] Defense Modeling and Simulation Office. Verification and Validation Techniques. http://vva.dmso.mil/Ref_Docs/VVTechniques/VVtechniques−pr.pdf, August 2001. Published as a Recommended Practices Guide (RPG).

[65] V. Del Bianco, L. · Lavazza, and M. Mauri. Model Checking UML Specifications of Real−Time Software. In *the Eighth IEEE International Conference on Engineering of Complex Computer Systems*, Greenbelt, Maryland, 2−4 December, 2002.

[66] T. DeMarco. *Controlling Software Projects: Management, Measurement and Estimation.* Prentice Hall PTR, Upper Saddle River, NJ, 1986.

[67] Department of Defense. *Instruction 5000.61: DoD Modeling and Simulation (M&S) Verification, Validation and Accreditation (VV&A)*, May 2003.

[68] Department of Defense Chief Information Officer. Department of Defense Net−Centric Services Strategy−Strategy for a Net−Centric, Service Oriented DOD Enterprise. Technical Report, Department of Defence, United States of America, The Pentagon Washington, DC, May 2007.

[69] Department of Defense, United States of America. *Data Administration Procedures*, March 1994.

[70] E. W. Dijkstra. Notes on Structured Programming. circulated privately, april 1970.

[71] D. Djuric, D. Gasevic, and V. Devedzic. Adventures in Modeling Spaces: Close Encounters of the Semantic Web and MDA Kinds. In Kendall E. F., Oberle D., Pan J. Z. and Tetlow P., editors, *International Workshop on Semantic Web Enabled Software Engineering (SWESE)*, Galway, Ireland, 2005.

[72] R. Dorfman. UML Examples: Elevator Simulation. http://www.web−feats.com/classes/dj/lessons/uml/elevator.htm. Last visited May 2010.

[73] L. Doyle and M. Pennotti. Systems Engineering Experience with UML on a Complex System. In *CSER 2005: Conference on Systems Engineering Research*, Department of Systems Engineering and Engineering Management, Stevens Institute of Technology, 2005.

[74] M. Duflot, M. Kwiatkowska, G. Norman, and D. Parker. A Formal Analysis of Bluetooth Device Discovery. *International Journal on Software Tools for Technology Transfer*, 8 (6): 621−632, 2006.

[75] H. Eisner. *Essentials of Project and Systems Engineering Management.* Wiley, NewYork, NY 2002.

[76] C. A. Ellis and G. J. Nutt. Modeling and Enactment of Workflow Systems. In *the Proceed-

ings of the 14th International Conference on Application and Theory of Petri Nets, Chicago, Illinois, USA, pages 1-16. 1993. Springer.

[77] G. Engels, C. Soltenborn, and H. Wehrheim. Analysis of UML Activities Using Dynamic Meta Modeling. In M. M. Bonsangue and E. B. Johnsen, editors, *the Proceedings of the International Conference on Formal Methods for Open Object - Based Distributed Systems (FMOODS)*, volume 4468 of *Lecture Notes in Computer Science*, pages 76-90. Springer, New York, NY 2007.

[78] R. Eshuis. *Semantics and Verification of UML Activity Diagrams for Workflow Modelling*. PhD thesis, University of Twente, 2002.

[79] R. Eshuis. Symbolic Model Checking of UML Activity Diagrams. *ACM Transactions on Software Engineering and Methodology*, 15 (1): 1-38, 2006.

[80] R. Eshuis and R. Wieringa. Tool Support for Verifying UML Activity Diagrams. *IEEE Transactions Software Engineering*, 30 (7): 437-447, 2004.

[81] H. Fecher, M. Kyas, and J. Schönborn. Semantic Issues in UML 2.0 State Machines. Technical Report 0507, Christian-Albrechts-Universität zu Kiel, 2005.

[82] D. Flater, P. A. Martin, and M. L. Crane. Rendering UML Activity Diagrams as Human-Readable Text. Technical Report NISTIR 7469, National Institute of Standards and Technology (NIST), November 2007.

[83] Fortify. Fortify Source Code Analyzer (SCA) in Development. http://www.fortify.com/products/detect/in_development.jsp. Last visited: May 2010.

[84] C. Fournet and G. Gonthier. The Join Calculus: A Language for Distributed Mobile Programming. In *the Applied Semantics Summer School (APPSEM)*, September 2000. Draft available from http://research.microsoft.com/fournet.

[85] S. Friedenthal, A. Moore, and R. Steiner. *A Practical Guide to SysML: The Systems Modeling Language*. Elsevier Science & Technology Books, July 2008.

[86] S. Friedenthal, A. Moore, and R. Steiner. OMG Systems Modeling Language (OMG SysML) Tutorial. www.omgsysml.org/INCOSE-OMGSysML-Tutorial-Final-090901.pdf, 2009.

[87] S. Gallotti, C. Ghezzi, R. Mirandola, and G. Tamburrelli. Quality Prediction of Service Compositions through Probabilistic Model Checking. In *the Proceedings of the 4th International Conference on Quality of Software-Architectures (QoSA'08)*, pages 119-134, Berlin, Heidelberg, 2008. Springer.

[88] V. Garousi, L. C. Briand, and Y. Labiche. Control Flow Analysis of UML 2.0 Sequence Diagrams. In *Model Driven Architecture - Foundations and Applications, First European Conference, ECMDA-FA 2005, Nuremberg, Germany, November 7-10, 2005, Proceedings*, volume 3748 of *Lecture Notes in Computer Science*, pages 160-174. Springer, 2005.

[89] M. Genero, M. Piattini, and C. Calero. Early Measures for UML Class Diagrams. *L'OBJET*, 6 (4), 2000.

[90] G. K. Gill and C. F. Kemerer. Cyclomatic Complexity Density and Software Maintenance Productivity. *IEEE Transactions on Software and Engineering*, 17 (12): 1284-1288, 1991.

[91] S. Gnesi and F. Mazzanti. Mu – UCTL: A Temporal Logic for UML Statecharts. Technical report, ISTI, http://www. pst. ifi. lmu. de/projekte/agile/papers/2004-TR-68. pdf, 2004.

[92] S. Gnesi and F. Mazzanti. On the Fly Model Checking of Communicating UML State Machines. In IEE INSPEC, editor, *SERA 2004 conference*, 2004.

[93] S. Gnesi and F. Mazzanti. A Model Checking Verification Environment for UML Statecharts. In *XLIII AICA Annual Conference*, *University of Udine-AICA 2005*, October 2005.

[94] J. O. Grady. *System Validation and Verification*. Systems engineering series. CRC, Boca Raton FL, 1998.

[95] GRaphs for Object–Oriented VErification (GROOVE). http://groove. sourceforge. net/groove-index. html. Last Visited: January 2010.

[96] R. Gronback. Model Validation: Applying Audits and Metrics to UML Models. In *BorCon 2004 Proceedings*, 2004.

[97] R. Grosu and S. A. Smolka. Safety–Liveness Semantics for UML 2. 0 Sequence Diagrams. In *the Proceedings of the 5th International Conference on Applications of Concurrency to System Design (ACSD'05)*, Saint Malo, France, June 2005.

[98] N. Guelfi and A. Mammar. A Formal Semantics of Timed Activity Diagrams and its PROMELA Translation. In *the 12th Asia – Pacific Software Engineering Conference (APSEC'05)* Taiwan, pages 283-290. IEEE Computer Society, 2005.

[99] P. J. Haas. *Stochastic Petri Nets: Modelling, Stability, Simulation*. Operations Research and Financial Engineering. Springer, New York, NY, 2002.

[100] R. Haijema and J. Van der wal. An MDP Decomposition Approach for Traffic Control at Isolated Signalized Intersections. *Probability in the Engineering and Informational Sciences*, 22 (4): 587-602, 2008.

[101] R. Harper. *Programming in Standard ML*. Online working draft, February 13, 2009.

[102] Hewlett–Packard Development Company L. P. HP Code Advisor Version C. 02. 15–User's Guide. http://h21007. www2. hp. com/portal/download/files/unprot/codeadvisor/Cadvise_UG. pdf. Last visited: May 2010.

[103] J. Hillston. Process Algebras for Quantitative Analysis. In *the Proceedings of the 20th Annual IEEE Symposium on Logic in Computer Science (LICS)*, pages 239 – 248, Washington, DC, USA, 2005. IEEE Computer Society.

[104] R. C. Hite. Enterprise Architecture: Leadership Remains Key to Establishing and Leveraging Architectures for Organizational Transformation. Technical Report Report GAO – 06 – 831, United States Government Accountability Office, August 2006. Report to the Chairman, Committee on Government Reform, House of Representatives.

[105] C. A. R. Hoare. Communicating Sequential Processes. *Communications of the ACM*, 26

(1): 100–106, 1983.

[106] H. P. Hoffmann. UML 2.0–Based Systems Engineering Using a Model–Driven Development Approach. *CROSSTALK The Journal of Defense Software Engineering*, November 2005.

[107] A. Hohl. HDL for System Design. In H. Schwärtzel and I. Mizin, editors, *Advanced Information Processing: Proceedings of a Joint Symposium Information Processing and Software Systems Design Automation*, pages 313–326. Springer, Berlin, Heidelberg, 1990.

[108] J. K. Hollingsworth. Critical Path Profiling of Message Passing and Shared–Memory Programs. *IEEE Transactions on Parallel and Distributed Systems*, 09 (10): 1029–1040, 1998.

[109] G. J. Holzmann. The model checker spin. *IEEE Transactions on Software Engineering*, 23 (5): 279–295, May 1997. Special issue on Formal Methods in Software Practice.

[110] Z. Hu and S. M. Shatz. Mapping UML Diagrams to a Petri Net Notation for System Simulation. In *the Proceedings of the Sixteenth International Conference on Software Engineering and Knowledge Engineering (SEKE'04)*, Banff, Alberta, Canada, pages 213–219, 2004.

[111] Q. Hu andW. Yue. *Markov Decision Processes with their Applications* . Springer, New York, NY 2008.

[112] E. Huang, R. Ramamurthy, and L. F. McGinnis. System and Simulation Modeling Using SysML. In *the Proceedings of the 39th conference on Winter simulation (WSC'07)*, pages 796–803, Piscataway, NJ, USA, 2007. IEEE Press.

[113] IEEE Std. 1220–1998. *IEEE Standard for Application and Management of the Systems Engineering Process*, 1998.

[114] *IEEE Std 1320.2–1998, IEEE Standard for Conceptual Modeling Language Syntax and Semantics for I DE F1X$_{97}$ (I DEF$_{object}$)* , 1998.

[115] *IEEE Std 1012–2004, IEEE Standard for Software Verification and Validation*, 2005.

[116] INCOSE. Overview of the ISO System. http://www.iso.org/iso/en/aboutiso/introduction/index.html. Last visited: December 2006.

[117] INCOSE. Systems Engineering Vision 2020. Technical Report TP–2004–004–02, International Council on Systems Engineering (INCOSE), September 2007.

[118] Institute of Electrical and Electronics Engineers. *IEEE Std 1278.1a–1998, IEEE Standard for Distributed Interactive Simulation–Application Protocols*, New York, NY, 1998.

[119] Institute of Electrical and Electronics Engineers. *IEEE Std 1516–2000, IEEE Standard for Modeling and Simulation (M&S) High Level Architecture (HLA) –Framework and Rules*, New York, NY, 2000.

[120] International Council on Systems Engineering (INCOSE) Website. http://www.incose.org/. Last Visited: February 2010.

[121] ISO. TC184/SC4, Setting the Standards for Industrial Data. http://www.tc184–sc4.org/. Last visited May 2010.

[122] ISO. *Industrial Automation Systems and Integration: Product Data Representation and Ex-*

change, 1994.

[123] I. Jacobson. *Object – Oriented Software Engineering*. ACM Press, New York, NY, USA, 1992.

[124] M. Janeba. The Pentium Problem. http://www. willamette. edu/~mjaneba/pentprob. html, 1995. Last visited: January 2007.

[125] Y. Jarraya, A. Soeanu, M. Debbabi, and F. Hassaïne. Automatic Verification and Performance Analysis of Time–Constrained SysML Activity Diagrams. In *the Proceedings of the 14th Annual IEEE International Conference and Workshop on the Engineering of Computer Based Systems (ECBS)*, Tucson, AZ, USA, March 2007.

[126] K. Jensen. *Coloured Petri Nets. Basic Concepts, Analysis Methods and Practical Use*, volume 1 of *Monographs in Theoretical Computer Science*. Springer, New York, NY 1997.

[127] C. Johnson and P. Gray. Assessing the Impact of Time on User Interface Design. *SIGCHI Bull.*, 28 (2): 33–35, 1996.

[128] B. Jonsson and K. G. Larsen. Specification and Refinement of Probabilistic Processes. In *the Proceedings of the 6th Annual IEEE Symposium on Logic in Computer Science (LICS)*, Amsterdam, Holland, pages 266–277. IEEE Computer Society, 1991.

[129] P. S. Kaliappan, H. Koenig, and V. K. Kaliappan. Designing and Verifying Communication Protocols Using Model Driven Architecture and SPIN Model Checker. In *the Proceedings of the International Conference on Computer Science and Software Engineering (CSSE'08)*, pages 227–230, Washington, DC, USA, 2008. IEEE Computer Society.

[130] M. Kattenbelt and M. Huth. Abstraction Framework for Markov Decision Processes and PCTL via Games. Technical Report RR – 09 – 01, Oxford University Computing Laboratory, 2009.

[131] S. K. Kim and D. A Carrington. A Formal V&V Framework for UML Models Based on Model Transformation Techniques. In *2nd MoDeVa Workshop–Model Design and validation*, Inria, France, 2005.

[132] P. J. B. King and R. Pooley. Derivation of Petri Net Performance Models from UML Specifications of Communications Software. In *the Proceedings of the 11th International Conference on Computer Performance Evaluation: Modelling Techniques and Tools (TOOLS)*, pages 262–276, London, UK, 2000. Springer.

[133] A. Kirshin, D. Dotan, and A. Hartman. A UML Simulator Based on a Generic Model Execution Engine. *Models in Software Engineering*, pages 324–326, 2007.

[134] Klocwork. Klocwork Truepath. http://www. klocwork. com/products/insight/klocworktruepath/. Last visited: May 2010.

[135] A. Knapp, S. Merz, and C. Rauh. Model Checking–Timed UML State Machines and Collaborations. In *FTRTFT'02: Proceedings of the 7th International Symposium on Formal Techniques in Real–Time and Fault–Tolerant Systems, Oldenburg, Germany*, pages 395–

414. Springer, 2002.

[136] C. Kobryn. Will UML 2.0 be Agile or Awkward? *Commun. ACM*, 45 (1): 107–110, 2002.

[137] K. Korenblat and C. Priami. Extraction of PI-calculus specifications from UML sequence and state diagrams. Technical Report DIT–03–007, Informatica e Telecomunicazioni, University of Trento, Trento, Italy, February 2003.

[138] A. Kossiakoff and W. N. Sweet. *Systems Engineering Principles and Practice.* Wiley, New York, NY, 2003.

[139] D. Kroening. Application Specific Higher Order Logic Theorem Proving. In Autexier S. and Mantel H., editors, *Proceedings of the Verification Workshop (VERIFY'02)*, Copenhagen, Denmark, pages 5–15, July 2002.

[140] M. Kwiatkowska, G. Norman, and D. Parker. Quantitative Analysis with the Probabilistic Model Checker PRISM. *Electronic Notes in Theoretical Computer Science*, 153 (2): 5–31, 2005.

[141] D. Latella, I. Majzik, and M. Massink. Automatic Verification of a Behavioural Subset of UML Statechart Diagrams Using the SPIN Model–Checker. *Formal Aspects in Computing*, 11 (6): 637–664, 1999.

[142] D. Latella, I. Majzik, and M. Massink. Towards a Formal Operational Semantics of UML Statechart Diagrams. In *Proceedings of the IFIP TC6/WG6. 1 Third International Conference on Formal Methods for Open Object–Based Distributed Systems (FMOODS)*, page 465, Deventer, The Netherlands, The Netherlands, 1999. Kluwer, B. V.

[143] W. Li and S. Henry. Maintenance Metrics for the Object Oriented Paradigm. In *First International Software Metrics Symposium*, pages 52–60, 1993.

[144] W. Li and S. Henry. Object–OrientedMetrics that Predict Maintainability. *Journal of Systems and Software*, Baltimore, MD, USA, 23 (2): 111–122, 1993.

[145] X. Li, Z. Liu, and J. He. A formal semantics of UML sequence diagrams. In *Proc. of Australian Software Engineering Conference (ASWEC'2004), 13 – 16 April 2004*, Melbourne, Australia, 2004. IEEE Computer Society.

[146] C. Lindemann, A. Thümmler, A. Klemm, M. Lohmann, and O. P. Waldhorst. Performance Analysis of Time–Enhanced UML Diagrams Based on Stochastic Processes. In *the Proceedings of the 3rd International Workshop on Software and Performance (WOSP)*, pages 25–34, New York, NY, USA, 2002. ACM Press.

[147] J. Long. Relationships Between Common Graphical Representations in Systems Engineering. Technical Report, Vitech Corporation, 2002.

[148] M. Lonsdale and J. Kasser. Memorandum of Understanding: The Systems Engineering Society of Australia (SESA) and the Australian Chapter of the INCOSE. http://www.sesa.org.au/sesa_incose_mou.htm. November 2004, the SETE'04 Conference, Ad-

elaide.

[149] J. P. López-Grao, J. Merseguer, and J. Campos. Performance Engineering Based on UML and SPN: A Software Performance Tool. In the *Proceedings of the Seventeenth International Symposium on Computer and Information Sciences*, pages 405 – 409. CRC Press, Boca Raton, FL, October 2002.

[150] M. Lorenz and J. Kidd. *Object - Oriented Software Metrics: A Practical Guide*. Prentice Hall, Upper Saddle River, NJ, 1994.

[151] R. C. Martin. OO Design Quality Metrics, 1994.

[152] Maude system. http://maude.cs.uiuc.edu/. Last Visited: January 2010.

[153] R. J. Mayer, J. W. Crump, R. Fernandes, A. Keen, and M. K. Painter. Information Integration for Concurrent Engineering (IICE) Compendium of Methods Report. Technical Report, Knowledge-Based Systems, Inc. , 1995.

[154] R. J. Mayer, M. K. Painter, and P. S. Dewitte. IDEF Family of Methods for Concurrent Engineering and Business Re-engineering Applications. Technical Report, Knowledge-Based Systems, Inc. , 1992.

[155] S. Mazzini, D. Latella, and D. Viva. PRIDE: An Integrated Software Development Environment for Dependable Systems. In *DASIA 2004: Data Systems in Aerospace*, Nice, France. ESA Publications Division, 2004.

[156] T. J. McCabe. A Complexity Measure. *IEEE Transactions on Software Engineering*, 2: 308-320, 1976.

[157] K. L. McMillan. The SMV System. Technical Report CMU - CS - 92 - 131, Carnegie Mellon University, 1992.

[158] K. L. McMillan. Getting Started with SMV. Technical Report, Cadence Berkeley Labs, 1999.

[159] S. Mehta, S. Ahmed, S. Al-Ashari, Dennis Chen, Dev Chen, S. Cokmez, P. Desai, R. Eltejaein, P. Fu, J. Gee, T. Granvold, A. Iyer, K. Lin, G. Maturana, D. McConn, H. Mohammed, J. Moudgal, S. Nori, N. Parveen, G. Peterson, M. Splain, and T. Yu. Verification of the Ultrasparc Microprocessor. In *40th IEEE Computer Society International Conference (COMPCON'95)*, San Francisco, California, USA, pages 452-461, 1995.

[160] J. Merseguer and J. Campos. Software Performance Modelling Using UML and Petri Nets. *Lecture Notes in Computer Science*, 2965: 265-289, 2004.

[161] E. Mikk, Y. Lakhnech, M. Siegel, and G. J. Holzmann. Implementing Statecharts in PROMELA/SPIN. In *WIFT'98: Proceedings of the Second IEEE Workshop on Industrial Strength Formal Specification Techniques*, page 90. IEEE Computer Society, Boca Raton, FL, USA, 1998.

[162] D. Miller. Higher-Order Logic Programming. In *the Proceedings of the Eighth International*

Conference on Logic Programming (*ICLP*), Jerusalem, Israel, page 784, 1990.

[163] R. Milner. An Algebraic Definition of Simulation Between Programs. In *the Proceedings of the 2nd International Joint Conference on Artificial Intelligence* (*IJCAI*), London, UK, pages 481-489, San Francisco, CA, 1971. William Kaufmann.

[164] R. Milner. *Communicating and Mobile Systems: The Pi-Calculus*. Cambridge University Press, Cambridge, 1999.

[165] MODAF. The Ministry of Defence Architecture Framework. http://www.mod.uk/modaf. Last visited: May 2010.

[166] F. Mokhati, P. Gagnon, and M. Badri. Verifying UML Diagrams with Model Checking: A Rewriting Logic Based Approach. In *The Proceedings of the Seventh International Conference on Quality Software*, (*QSIC'07*), Portland, Oregon, USA, pages 356-362, October 2007.

[167] Nasa. Software Quality Metrics for Object-Oriented System Environments. Technical Report SATC-TR-95-1001, National Aeronautics and Space Administration, Goddard Space Flight Center, Greenbelt, Maryland, June 1995.

[168] Navy Modeling and Simulation Management Office. Modeling and Simulation Verification, Validation, and Accreditation Implementation Handbook. Technical Report, Department of the Navy, US, March 2004.

[169] D. M. Nicol. Special Issue on the Telecommunications Description Language. *SIGMETRICS Performance Evaluation Review*, 25 (4): 3, 1998.

[170] H. R. Nielson, F. Nielson, and C. Hankin. *Principles of Program Analysis*. Springer, New York, NY 1999.

[171] Northrop Grumman Corp. and NASA ARC. *V&V of Advanced Systems at NASA*, 2002.

[172] G. Norman and V. Shmatikov. Analysis of Probabilistic Contract Signing. *Journal of Computer Security*, 14 (6): 561-589, 2006.

[173] I. Ober, S. Graf, and D. Lesens. A Case Study in UML Model-Based Validation: The Ariane-5 Launcher Software. In *FMOODS'06*, volume 4037 of *Lecture Notes in Computer Science*. Springer, Berlin, 2006.

[174] I. Ober, S. Graf, and I. Ober. Validating Timed UML Models by Simulation and Verification. In *Workshop on Specification and Validation of UML models for Real Time and Embedded Systems* (*SVERTS 2003*), *A Satellite Event of UML 2003*, San Francisco, October 2003, October 2003. Downloadable Through http://www-verimag.imag.fr/EVENTS/SVERTS/.

[175] Object Management Group. Meta-Object Facility (MOF) Specification, 2002.

[176] Object Management Group. XML Metadata Interchange (XMI) Specification, 2003.

[177] Object Management Group. *UML for Systems Engineering*, *Request For Proposal*, March 2003.

[178] Object Management Group. *MDA Guide Version 1. 0. 1*, June 2003.

[179] Object Management Group. *UML Profile for Schedulability*, *Performance and Time*,

January 2005.

[180] Object Management Group. *Unified Modeling Language*: *Infrastructure Version 2.0*, March 2005.

[181] Object Management Group. *Unified Modeling Language*: *Superstructure Version 2.0*, March 2005.

[182] Object Management Group. What is omg – uml and why is it important? http://www.omg.org/news/pr97/umlprimer.html. Last Visited April 2006.

[183] Object Management Group. About the Object Management Group (OMG). http://www.omg.org/gettingstarted/gettingstartedindex.htm. Visited: December 2006.

[184] Object Management Group. Introduction to OMG's Unified Modeling Language (UML). http://www.omg.org/gettingstarted/what_is_uml.htm. Last visited: December 2006.

[185] Object Management Group. *Unified Modeling Language*: *Infrastructure Version 2.1.1*, February 2007.

[186] Object Management Group. *Unified Modeling Language*: *Superstructure Version 2.1.1*, February 2007.

[187] Object Management Group. *OMG Systems Modeling Language* (*OMG SysML*) *Specification v1.0*, September 2007. OMG Available Specification.

[188] Object Management Group. *OMG Unified Modeling Language*: *Superstructure 2.1.2*, November 2007.

[189] Object Management Group. *A UML Profile for MARTE*: *Modeling and Analysis of Real-Time Embedded Systems*, *Beta 2*, June 2008. OMG Adopted Specification.

[190] Object Management Group. *OMG Systems Modeling Language* (*OMG SysML*) *Specification v 1.1*, November 2008.

[191] Object Management Group. *Unified Profile for DoDAF and MODAF* (*UPDM*), *Version 1.0*, December 2009.

[192] Object Management Group. Systems Engineering Domain Special Interest Group Website. http://syseng.omg.org/syseng_info.htm. Last visited: May 2010.

[193] H. A. Oldenkamp. Probabilistic Model Checking-A Comparison of Tools. Master's Thesis, University of Twenty, The Netherlands, May 2007.

[194] Open Group. The Open Group Architecture Forum. http://www.opengroup.org/architecture. Last visited: May 2010.

[195] Open Group. TOGAF. http://www.opengroup.org/togaf/. Last visited: May 2010.

[196] Optimyth. Checking. http://www.optimyth.com/en/products/checking – qa.html. Last Visited: May 2010.

[197] C. J. J. Paredis and T. Johnson. Using OMG's SysML to Support Simulation. In *the Proceedings of the 40th Conference on Winter Simulation* (*WSC'08*), pages 2350 – 2352. Winter Simulation Conference, Miami, Florida, 2008.

[198] T. Pender. *UML Bible*. Wiley, New York, NY, 2003.

[199] D. C. Petriu and H. Shen. Applying the UML Performance Profile: Graph Grammar-Based Derivation of LQN Models from UML Specifications. In *the Proceedings of the 12th International Conference on Computer Performance Evaluation, Modelling Techniques and Tools (TOOLS)*, pages 159–177, London, UK, 2002. Springer.

[200] D. Pilone and N. Pitman. *UML 2. 0 in a Nutshell*. O'Reilly, 2005.

[201] G. D. Plotkin. A Structural Approach to Operational Semantics. Technical Report DAIMI FN-19, University of Aarhus, 1981.

[202] R. Pooley. Using UML to Derive Stochastic Process Algebra Models. In Davies and Bradley, editors, *the Proceedings of the Fifteenth Performance Engineering Workshop*, Department of Computer Science, The University of Bristol, UK, pages 23–33, July 1999.

[203] PRISM Team. The PRISM Language-Semantics. Last Visited: March 2009.

[204] PRISM Team. PRISM-Probabilistic Symbolic Model Checker. http://www. prismmodelchecker. org/index. php. Last Visited: September 2009.

[205] G. Quaranta and P. Mantegazza. Using Matlab-Simulink RTW to Build Real Time Control Applications in User Space with RTAI-LXRT, In the Third Real-Time Linux Workshop, Milano, Italy, 2001.

[206] W. Reisig. *Petri Nets, An Introduction*. Springer, Berlin, 1985.

[207] J. Rumbaugh, I. Jacobson, and G. Booch. *The Unified Modeling Language Reference Manual*, Second Edition. Addison-Wesley, Reading, MA, 2005.

[208] J. Rutten, M. Kwiatkowska, G. Norman, and D. Parker. *Mathematical Techniques for Analyzing Concurrent and Probabilistic Systems*, volume 23 of *CRM Monograph Series*. American Mathematical Society, Providence, RI, 2004.

[209] J. Rutten, M. Kwiatkowska, G. Norman, and D. Parker. *Mathematical Techniques for Analyzing Concurrent and Probabilistic Systems*. In Panangaden P. , and van Breugel F. , editors, volume 23 of *CRM Monograph Series*. American Mathematical Society, Providence, RI, 2004.

[210] W. H. Sanders and J. F. Meyer. Stochastic Activity Networks: Formal Definitions and Concepts. *Lecture Notes in Computer Science*, pages 315–343. Springer, Berlin, 2002.

[211] M. Sano and T. Hikita. Dynamic Semantic Checking for UML Models in the IIOSS System. In *the Proceedings of the International Symposium on Future Software Technology (IS-FST)*, Xian, China, October 2004.

[212] T. Schäfer, A. Knapp, and S. Merz. Model Checking UML State Machines and Collaborations. *Electronic Notes in Theoretical Computer Science*, 55 (3): 13, 2001.

[213] Ph. Schnoebelen. The Verification of Probabilistic Lossy Channel Systems. In *Validation of Stochastic Systems-A Guide to Current Research*, volume 2925 of *Lecture Notes in Computer Science*, pages 445–465. Springer, Berlin, 2004.

[214] J. Schumann. Automated Theorem Proving in High-Quality Software Design. In Hölldobler S., editor, *Intellectics and Computational Logic*, Applied Logic Series, vol. 19, pages 295-312, Kluwer Academic Publishers, Dordrecht, 2000.

[215] Scientific Toolworks. Understand: Source code analysis & metrics. http://www.scitools.com/index.php. Last Visited: May 2010.

[216] F. Scuglík. Relation Between UML2 Activity Diagrams and CSP Algebra. *WSEAS Transactions on Computers*, 4 (10): 1234-1240, 2005.

[217] R. Segala and N. A. Lynch. Probabilistic Simulations for Probabilistic Processes. In *the Proceedings of the Concurrency Theory (CONCUR'94)*, pages 481-496, London, UK, 1994. Springer.

[218] Semantic Designs Inc. The dms software reengineering toolkit. http://www.semdesigns.com/products/DMS/DMSToolkit.html. Last visited: May 2010.

[219] B. Selic. On the Semantic Foundations of Standard UML 2.0. In *SFM*, pages 181-199, 2004.

[220] R. Shannon. Introduction to the Art and Science of Simulation. In *Proceedings of the 1998 Winter Simulation Conference*, volume 1, Washington, Washington DC, pages 7-14. IEEE, 1998.

[221] G. Smith. *The Object-Z Specification Language*. Kluwer Academic Publishers, Norwell, MA, USA, 2000.

[222] SofCheck. Sofcheck inspector. http://www.sofcheck.com/products/inspector.html. Last Visited: May 2010.

[223] H. Störrle. Semantics of Interactions in UML 2.0. In *Proceedings of the 2003 IEEE Symposium on Human Centric Computing Languages and Environments (HCC'03)*, Auckland, New Zealand, pages 129-136, IEEE Computer Society, Washington, DC, 2003.

[224] H. Störrle. Semantics of Control-Flow in UML 2.0 Activities. In *2004 IEEE Symposium on Visual Languages and Human-Centric Computing (VL/HCC 2004)*, pages 235-242, Rome, Italy, 2004. IEEE Computer Society.

[225] H. Störrle. Semantics of Exceptions in UML 2.0 Activities. Technical Report 0403, Ludwig-Maximilians-Universität München, Institut für Informatik, Munich, Germany, 2004.

[226] H. Störrle. Semantics and Verification of Data Flow in UML 2.0 Activities. *Electrical Notes in Theoretical Computer Science*, 127 (4): 35-52, 2005.

[227] SysML Forum. SysML Forum-Frequently Asked Questions. http://www.sysmlforum.com/FAQ.htm. Last visited: December 2009.

[228] N. Tabuchi, N. Sato, and H. Nakamura. Model-Driven Performance Analysis of UML Design Models Based on Stochastic Process Algebra. In *the Proceedings of the First European Conference on Model Driven Architecture-Foundations and Applications (ECMDAFA)*, volume 3748 of *Lecture Notes in Computer Science*, pages 41-58, 2005. Springer, Berlin.

[229] Technical Board. Systems Engineering Handbook: A "What To" Guide For All SE Practitioners. Technical Report INCOSE-TP-2003-016-02, Version 2a, International Council on Systems Engineering, June 2004.

[230] Technical Board. Systems Engineering Handbook: A Guide for System Life Cycle Processes and Activities. Technical Report INCOSE-TP-2003-002-03, Version 3, International Council on Systems Engineering, June 2006.

[231] The MathWorks Inc. PolySpace Embedded Software Verification. http://www.mathworks.com/products/polyspace/. Last visited: May 2010.

[232] F. Tip. A Survey of Program Slicing Techniques. *Journal of Programming Languages*, 3: 121-189, 1995.

[233] M. Tribastone and S. Gilmore. Automatic Extraction of PEPA Performance Models from UML Activity Diagrams Annotated with the MARTE Profile. In *the Proceedings of the 7th International Workshop on Software and Performance (WOSP)*, pages 67-78, New York, NY, 2008. ACM.

[234] M. Tribastone and S. Gilmore. Automatic Translation of UML Sequence Diagrams into PEPA Models. In *the Proceedings of the Fifth International Conference on Quantitative Evaluation of Systems September 2008 (QEST)*, StMalo, France, pages 205-214. IEEE Press, 2008.

[235] J. Trowitzsch, A. Zimmermann, and G. Hommel. Towards Quantitative Analysis of Real-Time UML Using Stochastic Petri Nets. In *the Proceedings of the 19th IEEE International Workshop on Parallel and Distributed Processing Symposium (IPDPS)*, page 139.b, Washington, DC, USA, 2005. IEEE Computer Society.

[236] G. C. Tugwell, J. D. Holt, C. J. Neill, and C. P. Jobling. Metrics for Full Systems Engineering Lifecycle Activities (MeFuSELA). In *Proceedings of the Ninth International Symposium of the International Council on Systems Engineering (INCOSE 99)*, Brighton, UK, 1999.

[237] C. Turrel, R. Brown, J. -L. Igarza, K. Pixius, F. Renda, and C. Rouget. Federation Development and Execution Process (fedep) Tools in Support of NATO Modelling & Simulation (m&s) Programmes. Technical Report TR-MSG-005, North Atlantic Treaty Organisation and Research AND Technology Organisation, May 2004.

[238] Universitat Bremen. udraw (graph) tool. http://www.informatik.uni-bremen.de/uDrawGraph/en/index.html.

[239] University of Birmingham. http://www.bham.ac.uk/. Last Visited: January 2010.

[240] University of Oxford. http://www.ox.ac.uk/. Last Visited: January 2010.

[241] UPDM Group. UPDM GroupWebsite. http://www.updmgroup.org/. Last visited: May 2010.

[242] U. S. Bureau of Land Management. IDEF Model. http://www.blm.gov/ba/bpr/idef.htm. Last Visited February 21, 2006.

[243] US Department of Defence. *DoD Architecture Framework Version 1.5, Volume 1:*

Definitions and Guidelines, April 2007.

[244] J. URen. An Overview of AP233, STEPŠs Systems Engineering Standard. http://www. dtic. mil/ndia/2003systems/slides. ppt, October 2003.

[245] USAF Research Group. Object – Oriented Model Metrics. Technical report, The United States Air Force Space and Warning Product–Line Systems, Pernambuco–Brasil, 1996.

[246] F. Vahid. *Digital Design with RTL Design, Verilog and VHDL*, Second Edition, 2010 Wiley, New York, NY.

[247] W. M. P. van der Aalst. The Application of Petri Nets to Workflow Management. *Journal of Circuits, Systems, and Computers*, 8 (1): 21–66, 1998.

[248] M. Y. Vardi. Branching vs. Linear Time: Final Showdown. In *the Proceedings of the 7th International Conference on Tools and Algorithms for the Construction and Analysis of Systems (TACAS)*, pages 1–22, London, UK, 2001. Springer.

[249] D. Verton. Software Failure Cited in August Blackout Investigation. http://www. computerworld. com/securitytopics/security/recovery/story/0, 10801, 87400, 00. html, 2003. Last Visited: January 2007.

[250] A. Viehl, T. Schänwald, O. Bringmann, and W. Rosenstiel. Formal Performance Analysis and Simulation of UML/SysML Models for ESL Design. In *DATE'06: Proceedings of the Conference on Design, Automation and Test in Europe*, pages 242 – 247, Belgium, 2006. European Design and Automation Assoc.

[251] V. Vitolins and A. Kalnins. Semantics of UML 2. 0 Activity Diagram for Business Modeling by Means of Virtual Machine. In *Proceedings of the Ninth IEEE International EDOC Enterprise Computing Conference (EDOC'05)*, Enschede, The Netherlands, pages 181 – 194, IEEE Computer Society, Los Alamitos, CA, 2005.

[252] E. Wandeler, L. Thiele, M. Verhoef, and P. Lieverse. System Architecture Evaluation Using Modular Performance Analysis: A Case Study. *International Journal on Software Tools for Technology Transfer*, 8 (6): 649–667, 2006.

[253] R. Wang and C. H. Dagli. An Executable System Architecture Approach to Discrete Events System Modeling Using SysML in Conjunction with Colored Petri Net. In *the Proceedings of the 2nd Annual IEEE Systems Conference*, Montreal, Quebec, Canada, pages 1–8. IEEE, April 2008.

[254] C. S. Wasson. *System Analysis, Design, and Development: Concepts, Principles, and Practices*. Wiley Series in Systems Engineering and Management. Wiley – Interscience, Hoboken, NJ, 2006.

[255] T. Weilkiens. *Systems Engineering with SysML/UML: Modeling, Analysis, Design*. Morgan Kaufmann Publishers Inc. , Burlington, MA, 2008.

[256] S. White, M. Cantor, S. Friedenthal, C. Kobryn, and B. Purves. Panel: Extending UML from Software to Systems Engineering. In *the Proceedings of the 10th IEEE Internation-*

al Conference on Engineering of Computer-Based Systems (ECBS), pages 271. IEEE Computer Society, Huntsville, AL, USA, April 2003.

[257] World Wide Web Consortium. *Extensible Markup Language (XML) 1. 0 (Fifth Edition)*, W3C Recommendation edition, November 2008. Online Resource http://www. w3. org/ TR/xml/.

[258] D. Xu, H. Miao, and N. Philbert. Model Checking UML Activity Diagrams in FDR. In *the Proceedings of the ACIS International Conference on Computer and Information Science*, pages 1035-1040, Los Alamitos, CA, USA, 2009. IEEE Computer Society.

[259] J. A. Zachman. A Framework for Information Systems Architecture. *IBM Systems Journal*, 26: 276-292, 1987.

[260] X. Zhan and H. Miao. An Approach to Formalizing the Semantics of UML Statecharts. In *Conceptual Modeling - ER 2004*, *23rd International Conference on Conceptual Modeling*, Shanghai, China, November 2004, Proceedings, pages 753-765, 2004.

[261] A. W. Zinn. The Use of Integrated Architectures to Support Agent Based Simulation: an Initial Investigation. Master of Science in Systems Engineering, Air Force Institute of Technology, Air University, Air Education and Training Command, Wright - Patterson Air Force Base, Ohio, March 2004.